上海潮滩研究

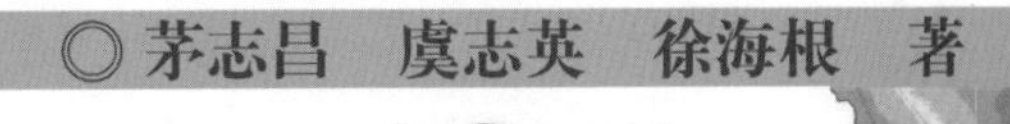

Shanghai　Chaotan　Yanjiu

上海市著名商标 ECNUP 华东师范大学出版社
全国百佳图书出版单位

图书在版编目(CIP)数据

上海潮滩研究/茅志昌,虞志英,徐海根著. —上海:华东师范大学出版社,2014.7
(华东师大新世纪学术著作出版基金)
ISBN 978-7-5675-2268-8

Ⅰ.①上… Ⅱ.①茅…②虞…③徐… Ⅲ.①长江-河口淤积-研究-上海市 Ⅳ.①TV152

中国版本图书馆 CIP 数据核字(2014)第 149704 号

审图号:沪 S(2014)032 号

本书由上海文化发展基金会图书出版专项基金资助出版
华东师范大学新世纪学术著作出版基金资助出版

上海潮滩研究

著　　者　茅志昌　虞志英　徐海根

组稿编辑　孔繁荣
项目编辑　夏　玮
审读编辑　谢志明
封面设计　高　山

出版发行　华东师范大学出版社
社　　址　上海市中山北路 3663 号　邮编 200062
网　　址　www.ecnupress.com.cn
电　　话　021-60821666　行政传真 021-62572105
客服电话　021-62865537　门市(邮购)电话 021-62869887
地　　址　上海市中山北路 3663 号华东师范大学校内先锋路口
网　　店　http://hdsdcbs.tmall.com

印 刷 者　上海丽佳制版印刷有限公司
开　　本　787×1092　16 开
印　　张　15.5
字　　数　271 千字
版　　次　2014 年 7 月第一版
印　　次　2014 年 7 月第一次
书　　号　ISBN 978-7-5675-2268-8/K·406
定　　价　56.00 元

出 版 人　王　焰

(如发现本版图书有印订质量问题,请寄回本社客服中心调换或电话 021-62865537 联系)

前　言

随着上海经济社会的飞速发展，有限的空间成为制约上海可持续发展的瓶颈之一。近十年是上海的重要发展时期，各界各行业对拓展生存空间和改善生态环境提出了更新更高的要求。

上海市濒海临江，位于我国海岸带的中部，地处长江三角洲前缘，具有得天独厚的区位优势，拥有丰富的潮滩湿地资源，+3 m、+2 m、0 m、-2 m、-5 m线以上面积分别为130.5 km^2、202.6 km^2、652.7 km^2、1 244.0 km^2、2 307.0 km^2（上海市滩涂资源报告，2012，上海吴淞高程，下同）。由于长江河口、杭州湾特定的地质地貌环境和水沙条件，上海潮滩形成发育演变的机理十分复杂，影响因素众多，与分布在渤海湾沿岸、江苏沿海等地的开敞型潮滩和分布于浙江、福建的港湾型潮滩相比，有其明显的特性，也与分布在欧洲，南、北美洲淤泥质海岸的潮滩有较大区别。加强上海潮滩研究，对保护开发利用潮滩湿地资源、拓展发展空间、改善生态环境、航道治理以及丰富我国淤泥质潮滩的研究内容等方面均有重要意义。

本书是在作者三十余年间，参与了上海市海岸带和海岛资源的综合调查、上海潮滩湿地资源的保护与开发利用、长江口航道治理、杭州湾北岸港口码头选址等项目研究实践基础上撰写的。

作者先后承担参加的与航道治理、潮滩湿地资源调查、保护与开发利用相关的研究项目主要有：上海市科委的“上海市海岸带和海涂资源综合调查(1980－1986)”；“上海市海岛资源综合调查(1989－1994)”；长江口航道建设有限公司的“长江口深水航道工程(1998－2008)”；上海市滩涂造地有限公司的“崇明东滩湿地拓展和保护利用(2004－2005)”、“上海市长江口砂源调查(2003－2005)”；上海市科委的“上海市滩涂资源可持续利用研究(2004－2007)”；上海市科技咨询服务中心的“长江口港口航道、水土生态综合研究(2006－2007)”；上海市水务局、上海市滩涂造地有限公司的“十一五后上海市滩涂资源开发利用和保护方案研究(2008－2010)”；上海市科委的“九段沙湿地碳汇监测技术体系及其碳汇能力评估(2010－2012)”；上海崇明东滩鸟类保护区的“崇明东滩鸟类保护区典型断面冲淤变化及潮沟监测(2011－2012)”、“崇明奚东沙保滩工程对自然资源和环境的影响及修复方案研究(2012－2013)”等。

兴建港口码头及铺设海底管道必须对工程所在区域的水沙运移条件、海(河)床及岸滩稳定性进行可行性分析，我们先后完成了多篇工程可行性研究报告。例：上海液化天然气有限公司的“上海液化天然气(LNG)海底管道路由海床稳定性研究(2005－2006)；上海中交水运设计研究有限公司的“上海临港物流园区奉贤分区建港岸段海床稳定性分析 (2007－2008)”；上海外高桥造船有限公司的“临港外高桥船厂海洋工程运出码头前沿海床稳定性分析(2007－2008)”；上海临港经济发展(集团)有限公司的“上海临港新城东港区 2 万吨级码头工程(2008－2009)”等。

本书共分 6 章。首先从潮滩的基本定义和国内外研究现状等着笔，论述了上海潮滩的研究背景与意义，然后分章论述了上海潮滩形成发育的自然条件、沉积特性、演变过程与机理、大型涉水工程影响、潮滩湿地资源的保护与开发利用等。

《上海潮滩研究》一书除了对其形成机理和演变规律等基础理论进行探讨外，其研究成果与国民经济建设也密切相关。长江河口潮滩与长江黄金水道唇齿相依，休戚相关，掌握潮滩的形成演变机理和演变趋势，有助于航道治理工程取得较好的效果；长江口有两个国家级自然保护区以及长江口中华鲟自然保护区，保护区的功能区域随潮滩沙体冲淤、植被演替而发生变化，研究潮滩演变趋势可为保护区范围适时进行动态调整提供依据，确保保护区的质量；随着经济社会的发展，潮滩湿地资源的保护与开发利用矛盾日益凸现，在保护与开发利用过程中，如何做到双赢甚至多赢，如何科学利用长江口外丰富的“泥库”资源，本书提出了对策与措施。

在课题研究过程中，得到了华东师范大学河口海岸学国家重点实验室、河口海岸科学研究院党政领导的大力支持；在完成“上海市长江口沙源调查”、“十一五后上海市滩涂资源开发利用与保护方案研究”等课题过程中，得到了上海市滩涂造地有限公司原董事长、总经理黄进、原总工周怡生、副总经理徐耀飞、上海市滩涂造地有限公司分公司原总工谢世禄、上海市水务局原副局长、上海市水利学会原理事长汪松年、上海市水务局原副局长宁祥葆、上海市水务局滩涂海塘处朱宪伟处长等的大力支持，提供了有关促淤圈围工程设计报告、地质钻孔等资料；在完成“崇明东滩鸟类保护区典型断面冲淤变化及潮沟监测”、“崇明奚东沙保滩工程对自然资源和环境的影响及修复方案研究”等课题过程中，得到了上海市崇明东滩鸟类自然保护区管理处汤臣栋主任、马强科长的大力支持。

在进行上述有关项目研究过程中，大量的工作是现场查勘、测量、取样。研究生郭建强、张田雷、赵常青、武小勇、刘蕾、刘玮祎、楼飞等参加了 2003 年以来的课题。他们和老师一起，冒严寒，顶酷暑，时而跋涉于潮滩淤泥之上，时而颠簸于江海恶浪之中，晕船呕吐，工作极为艰辛，然都能吃苦耐劳，按照要求认真完成各项任务。现场工作完成后，他们又协助资料汇集、计算分析、图件绘制、文字打印，为本书的出版付出了辛勤的劳动。本书出版得到上海文化发展基金会图书出版专项基金以及华东师范大学新世纪学术著作出版基金的资助。在此一并表示诚挚的谢忱！

由于受时间、条件、水平的限制，书中不妥或错误之处在所难免，敬请读者不吝指正。

茅志昌　虞志英　徐海根

2013 年 12 月

目录

第1章
绪　　论

1.1 潮滩定义

广泛分布于我国沿海的淤泥质潮滩名称较多，有的称滩涂，有的称海涂，也有的称海滩、潮坪。我国河口海岸学科奠基人陈吉余院士于1979年提出：海涂是潮涨潮落之所，位于高低潮位之间，与海岸地貌学所称的潮间带的含义相同。因此，我们是否可以把海涂的含义定为"高低潮位之间的地带"，使它明确起来。2000年，陈院士又进一步指出：滩涂就是潮滩，它为高潮淹没、落潮出露之所，与潮间带含义相当，但其物质运动与潮上带和潮下带密切联系。潮上带上界为罕见的大潮漫滩所能达及之处，在上海市以及中国的许多地方，潮滩已为海堤所限，无潮上带可言。潮下带在长江口约与10 m水深、最大浑浊带的外界相当(陈吉余，2007)。

习惯上，上海市将潮滩范围定在自海堤至5 m水深之内的浅水区域。

潮滩地貌具有明显的地带性。不同高程的潮滩由于所受潮水浸没时间、涨落潮流速、波浪冲刷强度、植被盖度以及沉积物质不同，所形成的潮滩地貌、植被群落、生物多样性等也有明显差异。因此，潮滩可划分为潮上带、潮间带及潮下带。

潮上带——位于大潮高潮位以上。基本上不受潮汐影响，只是在特大潮汐或风暴潮时，才会受到潮水侵漫。

根据潮位可以将潮间带划分为高潮滩、中潮滩、低潮滩三个地貌单元。

高潮滩——位于大潮高潮位与小潮高潮位之间。只有当大潮期高潮位时，才能全部被水淹没，泥沙才有条件在滩地淤积，使滩地淤高。不受小潮潮水影响，滩地干湿交替，动力作用弱，表层物质多由黏土质粉砂、粉砂质黏土组成，潮汐层理以水平层理为主。

中潮滩——位于小潮高潮位和小潮低潮位之间。每个潮的水沙都能参与滩地的建设和改造。动力作用有所加强，滩地表层物质多由粉砂组成，潮汐层理以波状层理为主。

低潮滩——位于小潮低潮位和大潮低潮位之间。每潮水均能上滩，只有大潮低潮位时才能全部裸露。滩地动力作用强，表层物质变粗，一般由砂质粉砂、粉砂质砂、细砂组成，潮汐层理以波状层理和交错层理为主。

高潮滩动力最弱，沉积物最细，芦苇和藨草植物茂盛，潮沟窄深。中潮滩动力较强，沉积物质变粗，常见波浪引起的冲刷坑地形。低潮滩为光滩，动力强，沉积物质粗。

潮下带——在大潮低潮位以下。常年受潮流、波浪作用。

1.2 潮滩研究的背景和意义

1.2.1 研究背景

(1) 土地资源紧缺

上海市地处长江三角洲的前缘，东濒东海，南临杭州湾，北部与江苏省海门、启东相连。历史上随着长江三角洲向海延伸，潮滩不断淤涨，陆域面积不断扩大，为上海的经济社会发展提供了空间资源。上海市潮滩资源十分丰富，分布于长江河口及杭州湾北岸(图 1.1)。新中国成立以来，已多次围垦，面积达 1 000 km^2 以上。随着上海市经济社会的持续发展，土地资源紧缺的问题日益突出，土地占补不平衡

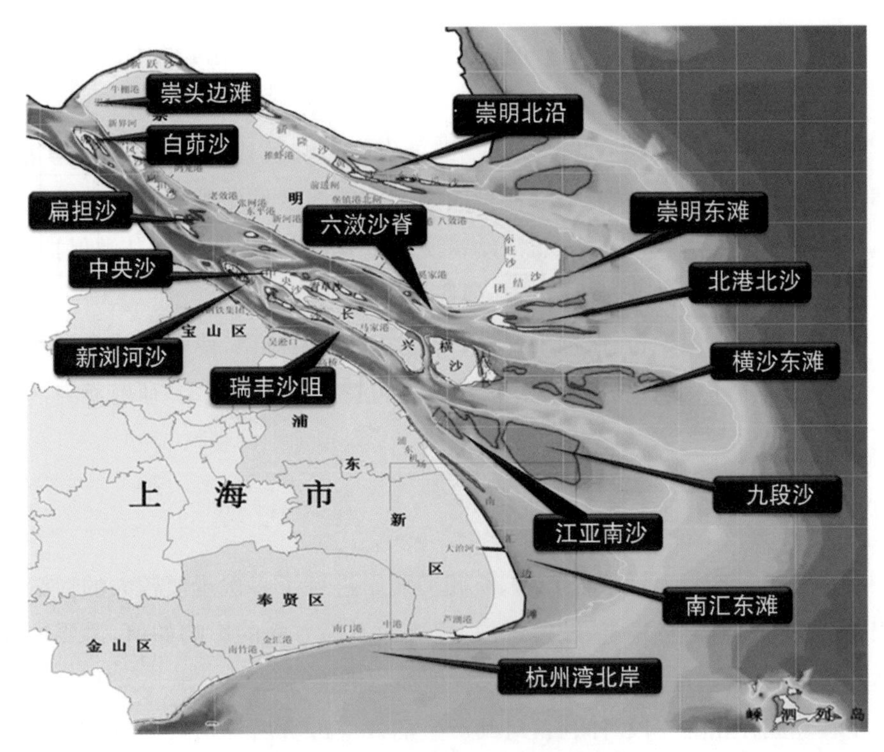

图 1.1　上海市潮滩湿地资源分布

的矛盾愈加明显,沿江沿海潮滩的开发利用已成为拓展上海市不断发展的重要空间资源。目前上海市高滩资源所剩无几,围地工程向中、低潮滩延伸,围地高程降至 0 m 线附近,有的地方降至 2 m 水深附近。目前实施的南汇东滩促淤圈围工程围堤规划建在 2～3 m 水深处。

(2) 长江入海泥沙减少与泥沙资源利用

长江每年携带数亿吨泥沙入海,大量泥沙在河口地区沉积,形成了丰富的潮滩湿地资源和宽广的水下三角洲。近 30 年来,长江年均入海泥沙由 4 亿多吨下降至 2 亿吨以下,加之近几年长江口大规模促淤圈围工程的实施,导致长江口及杭州湾潮滩淤涨速率的减缓,有的岸滩甚至由淤转冲。长江口外有一万多平方公里的水下三角洲,犹如一座巨大的"泥库"。如何科学利用泥沙资源,加大促淤力度,这些问题亟待研究,因为促淤工程本身也是潮滩湿地保护的一项积极措施。

(3) 自然保护区功能区域的动态调整

潮滩湿地资源具有抵御自然灾害、维持生物多样性、碳汇、调节气候、净化水体、为迁徙、越冬鸟类提供栖息地和越冬地等多种功能。长江口有两个国家级自然保护区——上海崇明东滩鸟类自然保护区和上海九段沙湿地自然保护区，以及上海市长江口中华鲟自然保护区。随着潮滩的自然淤涨及外来物种的入侵扩散，其生态功能处于动态变化之中，根据保护区及区内功能区域植被演替等造成鸟类栖息地变化或滩涂淤涨、中华鲟分布活动情况的变化，应对崇明东滩鸟类保护区、长江口中华鲟保护区范围适时进行动态调整。

如何在开发中保护、在保护中开发，两者之间如何协调，使资源的开发利用与保护处在良性循环状态，以满足上海经济社会可持续发展的需要，研究潮滩演变机理至关重要。

(4) 潮滩促淤圈围工程的后评估

20 世纪 50 年代以来，在长江口、杭州湾北岸进行了多次规模较大的促淤圈围工程。这些工程对河势稳定、航道水深、潮滩冲淤等方面的影响如何，需要进行后评估。总结经验教训，以供决策、设计、管理部门借鉴。

工程建成并相隔一段时间后，对其产生的效应进行后评估极为重要。我国比较重视工程的预评估(例项目立项评审)，但工程的后评估常常被忽视。

1.2.2 研究意义

潮滩作为海岸带的重要组成部分，地处海陆交接带，是陆海相互作用和人类活动响应最敏感的地带。潮滩是重要的空间资源，既是潜在的土地资源，又是宝贵的生态资源。

长江口是中等强度的潮汐河口，径流、潮流作用都比较强，河口形态呈三级分汊四口入海之势。上海潮滩的形成发育演变机理非常复杂，影响因素众多，既受到河流流量、输沙量、海洋潮汐的影响，又受河口汊道分流分沙、盐淡水异重流以及波浪作用。潮滩的物质来源既有流域、又有口外水下三角洲，泥沙运动形式既有悬沙输运又有底沙推移。

受科氏力作用，在涨、落潮流流路分歧的缓流地带常常成为泥沙落淤的场所，成为四条汊道中的潮滩(沙洲)、潮流脊形成的主要原因，例南支中的扁担沙，北支中的黄瓜沙群等；在平面上突然放宽的河段，水流由急转缓，底沙容易堆积，形成江心洲型的浅滩，例白茆沙等；在复式河槽河段，存在潮流位相差，导致水面横比降的加大，造成水流切滩形成横向通道，如扁担沙上先后出现的南门通道、新桥通道等；在江心岛屿尾部区域往往形成落潮缓流区，利于泥沙堆积，这是崇明东滩、横沙东滩不断向海淤涨延伸的主要原因。因此，上海潮滩与江苏滨海潮滩以及浙江、福建的港湾潮滩相比，有其明显的特性。

改革开放以来，随着上海经济社会的发展，对潮滩资源的开发利用保护的重要性愈加凸现。潮滩发育演变有其自身规律，无论是促淤圈围，还是湿地生态、鸟类栖息地以及长江口中华鲟的保护，都应在顺应河势、滩势自然演变规律的前提下，因势利导，才能达到利用与保护、发展与环境相协调和社会经济可持续发展的目的。

长江口整治是综合性的，而航道的治理是长江口整治的首要目的。长江河口潮滩与航道互为唇齿关系，研究潮滩的形成演变机理，有助于航道治理工程达到事半功倍之效果。

由此可见，对上海潮滩发育演变机理研究，有助于丰富我国淤泥质潮滩的研究内容，对上海潮滩湿地的保护开发利用具有理论和实践意义。

1.3 国内外潮滩研究概况

1.3.1 国外潮滩研究

国外淤泥质潮滩主要分布在欧洲的荷兰、法国等国的大西洋沿岸，英国的沃什湾，北美的芬地湾，南美的苏里南淤泥质海岸，美国路易斯安那西南部的淤泥质海岸等处。

淤泥质潮滩的冲淤变化涉及黏性土的性质和运动规律。Postma(1954)、Van Straaten 等(1957)在讨论瓦登海(The Wadden sea)潮滩时论述了悬浮物质的沉积受到“沉积滞后”和“冲刷滞后”这两种机制的影响。Partheniades(1965)通过对旧金山湾淤泥的试验分析得到了剪切力与淤泥浓度的关系。法国学者 Migniot (1968,1977)曾对淤泥的起动机理进行详细研究，用淤泥的宾汉极限剪应力 T_B 来反映黏结力的大小，建立了起动磨阻流速与 T_B 的经验关系式。

波浪、潮流是泥沙起动输移以及造成潮滩沉积物堆积、侵蚀的主要动力因素(Hir et al., 2000; Uncles & Stephens, 2000)，又是塑造潮滩剖面形态的重要因素(Roberts et al., 2000)。Beverly 等(2001)通过模型计算结果,认为潮汐不对称是潮滩泥沙输移的控制因子。Blanton 等(2002)也认为,潮滩上和潮沟内存在的涨落潮历时不对称和流速不对称对沉积物冲淤过程产生重要影响。

Md 等(2007)、Hollad 等(2009)研究了波浪对岸滩的作用。

水利工程对潮滩的影响在国外引起高度重视。Cuvilliez(2009)根据 1978—2005 年法国塞纳河河口(Seine estuary)淤泥质潮滩的地形变化评估了水利工程(堤坝、港口码头、大桥)对河口潮滩水沙运动及地形的影响。

另外,国外对新技术在潮滩开发中的应用研究以及规划管理等方面都有不少成果,他们的一些先进技术和理念值得我们借鉴(Rathbone, 1998; Roshanka, 2004)。

1.3.2 国内潮滩研究

我国对淤泥质潮滩规模较大的研究始于 20 世纪 50 年代中后期,当时主要是由于港口建设和河口航道治理工程的需要,对渤海湾、长江口、杭州湾海岸海滩进行了查勘及冲淤分析。以后有关高等院校、科研单位的专家学者,水利、交通部门的科技工作者对淤泥质潮滩进行了广泛的现场调查,开展了对潮滩的类型、形成发育的自然条件、动力沉积过程以及冲淤演变规律等方面的深入研究,取得了一系列举世瞩目的成果。

20 世纪 80 年代开展的上海市海岸带和海涂资源综合调查,对长江口、杭州湾的水文、泥沙、沉积、地质、植被、土壤、生物等方面进行了系统的调查研究,历时 7 年。其中由徐海根等(1986)编写的《上海市海岸带和海涂资源综合调查地貌专业报告》,在上海市潮滩资源保护开发利用中发挥着重要作用。

(1) 淤泥质潮滩类型

我国淤泥质潮滩不但分布广,主要分布在辽东湾、渤海湾、莱州湾、江苏沿海、长江口、钱塘江口、杭州湾、珠江口及浙闽港湾,约占大陆总海岸线的四分之一,而且类型众多,可分开敞型、港湾型、河口湾型三类(任美锷,1985)。开敞型潮滩主要分布于渤海湾、江苏沿海和长江口沿岸,其特点是潮滩滩坡十分平缓,近岸浅水区范围宽广;港湾型潮滩在浙江、福建较多,这些港湾都是外窄内宽,湾口与外面相通,港湾顶部浅滩遍布,滩涂资源丰富,例浙江省的象山湾、三门湾、乐清湾潮滩面积占三个港湾总面积的30%以上;河口湾淤泥滩主要分布于杭州湾及珠江口虎门—伶仃洋两岸。

上海潮滩为开敞型淤泥滩,但根据其形成发育演变的动力条件、沉积物来源、泥沙运动方式以及地理环境等因素,与苏北、渤海湾的潮滩相比,既有共同之处,又有相异之点,可视为开敞型潮滩的亚类,称为河口潮滩。

根据动态变化,我国潮滩可分为淤涨型、蚀退型和稳定型,以淤涨型为主。淤涨型潮滩多出现在泥沙供应较为丰富,且潮差较大的岸段,潮滩主要受潮流塑造,滩坡平缓,其剖面呈上凸型。当沿岸泥沙供应不足或中断、水流挟沙力增强,潮滩受冲刷,向陆地侵蚀,形成蚀退型潮滩,通常具有滩面物质粗化、滩坡变陡、剖面多呈下凹型的特点。稳定型潮滩出现在水动力条件与泥沙供应处于相对均衡状态,滩面略有冲淤,变幅小或呈季节性冲淤交替,总体上,滩面保持相对稳定。这三种潮滩类型随泥沙供应、动力强度和边界条件的改变而互相转换。

(2) 潮滩剖面塑造

剖面塑造是潮滩研究的一个基本理论课题。处在陆海交界的潮滩,其不同的剖面形态是水流动力、泥沙供应、沉积物组成、地理环境等条件变化下的综合地貌现象,形成机理十分复杂。早在20世纪60年代,陈吉余等(1961)对渤海湾潮滩的平衡剖面塑造过程进行了研究,强调了组成物质对淤泥质潮滩剖面塑造的重要性。逢自安(1980)、王宝灿等(1983)、曹沛奎等(1984)对浙江淤泥质潮滩剖面的塑造、冲淤变化进行了现场勘查研究。贺松林(1988)在讨论潮滩水动力特征和泥沙运动基础上,跟踪一个单位浑水体在潮周期中的流速时空变化过程,分析泥沙的搬运和沉积,获得了淤积型潮滩剖面为上凸型,侵蚀型潮滩剖面为下凹型的认识。高抒等(1988)认为,江苏淤泥质海岸剖面有两种基本类型:潮流作用为主的堆积岸剖面,波浪作用为主的侵蚀岸剖面。陈才俊(1991)指出了供沙丰度决定了海滩剖面的基本形式。陈君等(2010)根据江苏沿海60个潮滩剖面高程测量数据以及历史地形资料,研究结果认为,江苏沿海滩涂剖面形态主要有斜坡形、斜坡形+上凸形组合、下凹形、上凸形四种。

(3) 潮滩形成发育演变机理

随着社会的发展和人口的增加,潮滩作为沿海省市的重要潜在土地资源、生态资源,愈来愈受到人们的重视,对其形成发育冲淤机理进行了广泛研究,主要包括水动力条件、泥沙来源、细颗粒泥沙特性以及海滩对涉水工程的响应等，取得了丰硕成果，为潮滩资源的保护、开发、利用、管理提供了技术支撑和科学依据。

潮流和波浪是影响潮滩发育、冲淤变化的主要动力因素。张勇等(1993)、虞志英等(1994)、樊社军等(1997)对江苏北部淤泥质潮滩的侵蚀堆积动力机制进行了深入的探讨，认为在侵蚀岸段，波浪是导致岸滩侵蚀的主要动力，并建立了淤泥质海滩侵蚀演变模式，揭示了淤泥质海滩侵蚀过程中剖面形成以及变化特征。刘家驹(1988)、窦国仁(1995)等考虑了波浪和潮流对水流挟沙力的影响，研究了潮流和波浪共同作用下的水流挟沙力，并在河口冲淤计算中得到了应用。丁平兴等(2001)依据三维动量方程和连续方程，从理论上较严格的导出了适合河口海岸区域在波流共同作用下的三维悬沙扩散方程。

沿海开敞型潮滩，具有滩坡平缓，滩涂宽广的特点，潮流不对称现象非常明显，一般是涨潮流速大于落潮流速，涨潮期含沙量高于落潮期，泥沙净向岸输送，潮滩处于淤涨状态(任美锷，1984)。长江河口南汇边滩与南槽相连，研究发现存在水沙环流、滩槽泥沙交换现象(恽才兴，1983；李九发等，1988)。

波浪特别是台风、寒潮引起的风暴浪虽然历时短，但破坏力大，风暴浪对岸滩形成的地貌现象多为冲刷坑和浪蚀泥坎。冲刷坑多出现在滩面平缓、滩涂宽广的潮间带，高、中、低潮滩都有，多见于中潮滩和低潮滩的上部；泥质陡坎多出现在深槽逼岸、滩窄坡陡、易受台风浪作用的岸滩(茅志昌，1993)。史本伟等(2010)研究了崇明东滩波浪向岸衰减特征、盐沼植被对波浪衰减的贡献以及波高/波能密度与水深的关系。研究结果表明，单位距离上波高的损失率在盐沼中比在光滩上高 14～29 倍，单位距离上波能密度的损失率在盐沼中比在光滩上高 40～45 倍。

(4) 淤泥的特性

掌握淤泥质潮滩的淤积或侵蚀变化，必须要研究淤泥在水动力作用下的起动沉降规律。我国在 20 世纪 60 年代就陆续发表了一些半经验、半理论的黏性土起动流速公式，以窦国仁(1960)、唐存本(1963)、沙玉清(1965)、钱宁(1983)为代表，另有金镠等(1990)、洪柔嘉等(1992)对淤泥的流变特性、起动流速等进行了深入探讨。何青等(1997)在实验室里利用超声波方法对近河床的细颗粒泥沙沉积物(淤泥及浮泥)特征进行了试验。黄建维(2008，2011)论述了淤泥质海岸黏性泥沙的运动规律，并将其应用在海岸工程中。

(5) 潮滩对涉水工程的响应

一般来说,潮滩的自然演变是缓慢的,但一项大型涉水工程(例如围垦大堤、港口码头、水库、导堤等)的兴建,往往对滩涂地形产生剧烈的影响。例如长江口深水航道治理工程起了导流、挡沙作用,遏止了江亚南沙沙头、九段沙沙头的后退,九段沙滩面迅速淤高(刘杰等,2010)。从河槽演变角度考虑,水流结构的变化导致地形逐渐变化,但地形的改变会立即引起水流结构的变化。长江流域兴建的上万个大中小型水库(其中三峡水库库容量最大),大量泥沙沉积在库内,长江入海泥沙明显减少,对长江口水下沙洲的影响已有所反应(杨世伦等,2006)。一般而言,流域大型涉水工程对滨江河口潮滩的影响具有大范围、长周期、变化缓慢的特性,而河口地区的涉水工程对同区域潮滩的作用正好与其相反,具有局部、短周期、变化剧烈的特点。

(6) 潮滩的沉积构造

潮滩沉积物的分布规律、构造以及类型反映了当地水动力条件对沉积过程所起的作用。

刘苍字等(1980)在多次勘察基础上,探讨了江苏北部潮滩沉积物特征、沉积机制以及沉积模式。邵虚生等(1982)讨论了长江三角洲南部的上海潮坪原生沉积构造,认为在水平方向和垂直方向上都有明显的分异性。王颖等(1990)分析了平原型和港湾型潮滩的沉积物特征,前者在平面上有三个沉积带,在剖面上具有二元相结构,后者物质组成单一,全是淤泥,在平面上无明显的相带。

台风引起的大浪对潮滩作用非常巨大。任美锷(1984)通过对江苏王港地区潮滩沉积研究,发现在台风沉积物与下伏沉积物之间,存在冲刷面,台风对潮滩的总效应使海滩剖面变陡,沉积物变粗。许世远等(1984)根据沉积结构、沉积构造以及矿物、孢粉、有孔虫组合,从不同角度研究了杭州湾北部滨岸的风暴沉积特征。

(7) 新方法新技术运用

新方法新技术在潮滩研究中的运用,由定性分析过渡到半定量、定量的研究。金庆祥等(1988)运用经验特征函数分析了潮滩剖面的时空波动。Zhang 等(1993)用谱方法分析了潮滩剖面的半年周期和大小潮周期的沉积循环。近几年,地理信息系统(GIS)和数字高程模型(DEM)相结合作为计算潮滩冲淤量的有效方法得到了广泛应用(吴华林等,2004;潘雪峰等,2007;刘杜娟等,2010;张田雷等,2013)。利用数值模拟的方法论述潮滩上波浪掀沙、潮流输沙的物理过程,从流体力学角度探讨潮滩冲淤机制(曹祖德等,2009)。航空、遥感等先进技术手段也得到广泛运用(沈芳等,2006;郑宗生等,2010)。

(8) 潮滩湿地的保护利用及管理

湿地、森林、海洋并称为地球的三大生态系统,素有“地球之肾”美誉,直接关系到人类生存环境的保护和人与自然的和谐相处。自 20 世纪 90 年代以来,诸多学者发表了大量研究潮滩湿地生态功能的论著(陆健健,2003;陈家宽等,2003;黄桂林等,2006;操文颖等,2008;张高生等,2009),汪松年等(2006)进行了滩涂湿地保护与利用的动态平衡研究,提出了“拦沙促淤、低滩出水、湿地优化、高滩成陆”的方案设想。

对潮滩的规划管理也非常重要。金忠贤等(2002)从法制观念、编制要求等角度,提出了对上海潮滩实施长效管理的概念,并强调了科研先行的重要性和必要性。

1.4 研究内容

全书共分 6 章。

第 1 章,绪论。主要阐述潮滩的定义、研究背景、研究意义以及国内外研究进展(茅志昌执笔)。

第 2 章,潮滩发育演变的自然条件。主要阐述影响上海潮滩发育演变的四个主要因素:地理环境,动力(径流、潮流、波浪)条件,泥沙来源及其补给量,汊道分流比(茅志昌执笔)。

第 3 章,潮滩沉积特征。根据大量表层沉积物样品和地质钻孔资料,分别阐述崇明等三岛的成陆层序以及北支、崇明东滩、北港北沙、横沙东滩、九段沙、南汇边滩、杭州湾北岸等潮滩的表层沉积物粒径分布、沉积物的垂向层序。大量地质资料反映了长江河口沙洲的成陆过程和三角洲河口向海推展的过程,底层、中层、顶层三层沉积构造相当于三角洲沉积构造的底积层、前积层、顶积层,相应的沉积相为:前三角洲相、三角洲前缘相和三角洲平原相,对于九段沙等潮滩而言,目前沉积相为前三角洲相和三角洲前缘相(徐海根、茅志昌、虞志英执笔)。

第4章,潮滩演变分析。主要阐述长江口北支、南支的白茆沙、扁担沙、新浏河沙、中央沙、青草沙、南港的瑞丰沙咀、北港的六滧沙脊以及崇明东滩、北港北沙、横沙东滩、九段沙、南汇边滩、杭州湾北岸等潮滩的形成发育过程以及冲淤机理(茅志昌、虞志英、徐海根执笔)。

第5章,涉水工程影响。主要阐述徐六泾河段的通海沙、江心沙、圩角沙围垦、崇明北沿围垦、南北港分流口整治、长江口深水航道治理、横沙东滩促淤圈围、南汇边滩促淤圈围、杭州湾北岸围海等工程建成后,对河势变化、航道稳定、滩涂冲淤的作用进行了后评估,为"十二五"及以后本市潮滩湿地生态保护与开发利用、航道整治提供借鉴(虞志英、茅志昌、徐海根执笔)。

第6章,上海潮滩湿地资源的保护与开发利用。影响上海潮滩冲淤变化的主要因素有自然环境(包括长江来水来沙量变化、海平面上升等)和涉水工程(包括流域建水库、滩涂促淤圈围、航道整治等)。根据目前及以后长江下泄泥沙量持续偏低的情况,我们认为,实施"生态促淤"工程是寻求潮滩湿地资源生态保护与开发利用契合点的有效途径,能达到天人合一、双赢甚至多赢的目的。建议加强对"生态促淤"工程的前期可行性研究(茅志昌、虞志英、徐海根执笔)。

全书由茅志昌统稿和定稿。

第2章
潮滩发育演变的自然条件

上海潮滩发育演变主要决定于四大因素：地理环境，动力条件(包括径流、潮流、波浪)，泥沙的来源及其补给量，汊道分流比。

2.1 地理环境

2.1.1 长江河口的分段

长江河口的分段有广义和狭义两种。从广义上讲，长江河口由3个区段组成：大通至江阴，河槽演变受径流和边界条件控制，为近口段；江阴至口门(拦门沙滩顶)，径流和潮流相互消长，为河口段；自口门向外至30～50 m等深线附近，水下三角洲发育，为口外海滨。

自20世纪50—70年代徐六泾节点形成以后，徐六泾为长江河口一级分汊的起点，又是弱潮河段与中潮河段的分界点，也是盐水入侵的上界，作为长江河口段的上界，河口段下界为拦门沙浅滩滩顶附近(图2.1)。即以此为狭义的长江河口(茅志昌，2009)。

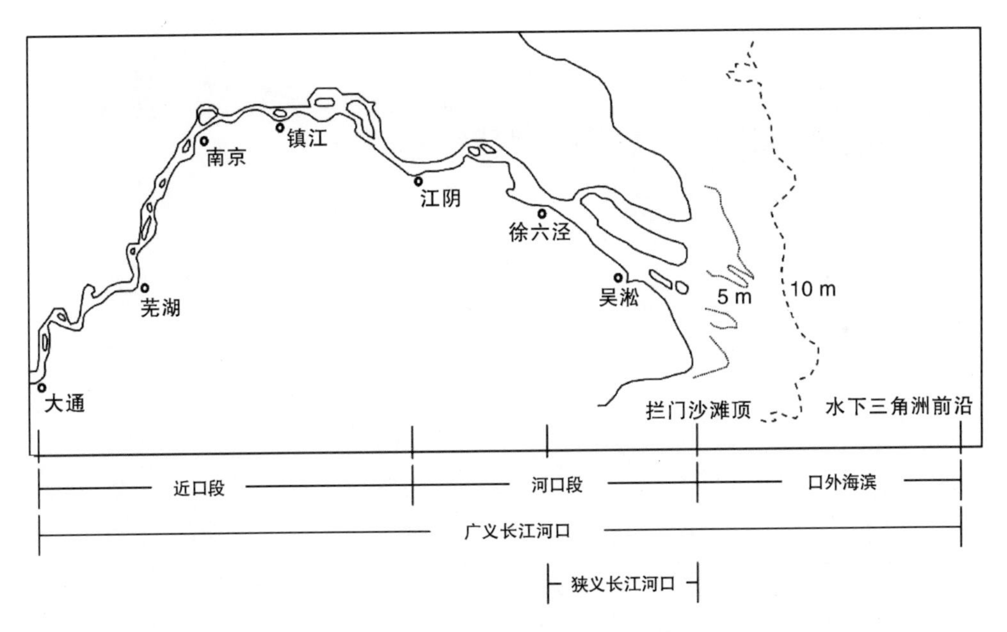

图 2.1　长江河口范围和分段示意图

2.1.2　长江河口概况

北支自20世纪50年代末至70年代，通海沙与江心沙陆续围垦堵坝，徐六泾断面成为人工节点后，北支分流比不断减少，涨潮流加强，河床不断束窄淤浅，潮差加大，大潮时大量水、沙、盐倒灌南支。

南支是排泄长江径流的主要通道，由于河道较宽，有白茆沙、扁担沙、新浏河沙等心滩、沙洲。南北港分流比各占一半左右，2007年实施了南北港分流口河段整治工程后，分流口河段河势相对稳定。自1998年实施长江口深水航道工程以来，南北槽分流比出现了明显的变化，南槽由工程前约40%增加至近期的60%左右，河道上冲下淤，同时也对南汇边滩发育产生影响。

长江口外有一个面积约为10 000 km^2 的水下三角洲，其上端为拦门沙滩顶，下界水深约30～50 m，北界与苏北浅滩相接，南界越大戢山、小戢山叠复在杭州湾的平缓海底上(图2.2)。长江口水下三角洲主要由长江输出的泥沙堆积而成，组成物质以北纬31°20′为界，北部较粗，南部较细，为长江口巨大的“泥库”，是维持长江口、杭州湾高悬沙浓度的重要沙源地。

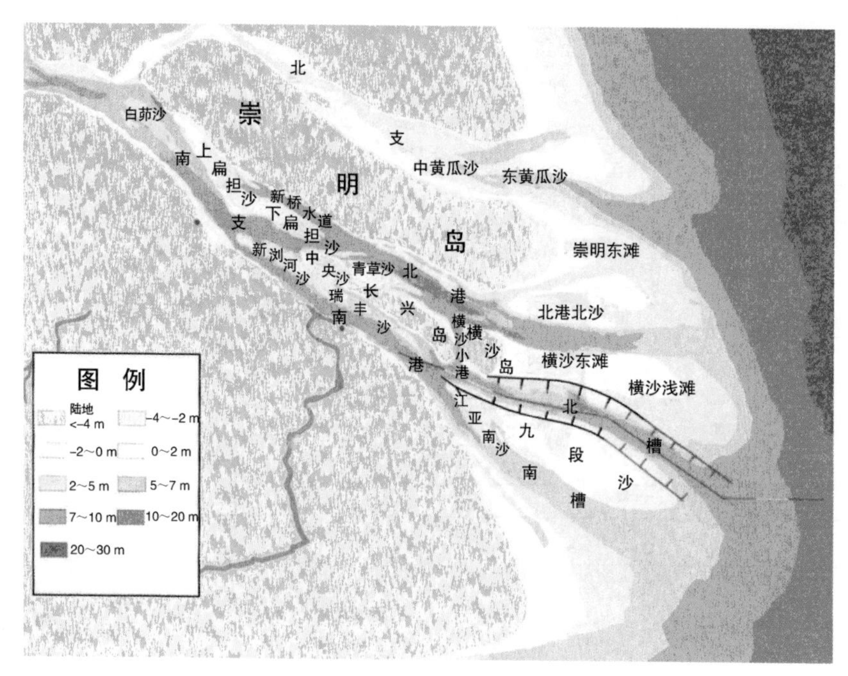

图 2.2 长江口示意图

2.1.3 杭州湾北岸

杭州湾北岸是长江三角洲南翼的组成部分。上海市所属杭州湾北岸岸线，东起南汇咀的汇角，西至沪浙交界的金丝娘桥，全长约 70 km，岸线基本为东西走向。东端的南汇咀人工半岛工程和西端的金山上海石化一～六期围堤工程成为两个“人工节点”，整个杭州湾北岸岸线呈微弯内凹的弧形海岸形态，对水沙运动产生一定的影响。

2.2 水流动力

2.2.1 径流量与进潮量

长江河口水量丰沛，据大通站资料，多年平均流量 29 300 m^3/s，最大流量 92 600 m^3/s(1954 年)，最小流量 4 620 m^3/s(1979 年)，年径流总量 9 240 亿 m^3。

径流量有明显的季节变化，洪季（5－10 月）占全年的 71.7%，枯季（11－4 月）占 28.3%。

长江口的进潮量在口外潮差近于平均潮差的情况下，为 266 300 m^3/s，是年平均径流量的 9.1 倍，进潮量枯季小潮为 13 亿 m^3，洪季大潮为 53 亿 m^3。

杭州湾为钱塘江河口的口外海滨，钱塘江年径流量仅为 290.5 亿 m^3，而杭州湾口的全潮进潮量为 210～366 亿 m^3。

2.2.2 潮　　流

(1) 潮流特性

本海区存在着两个潮波系统，东海前进波和黄海驻波，长江口、杭州湾主要受东海前进波影响。作为主要半日分潮波的 M_2 在长江口门附近的传播方向约 305°，口门附近潮波传播的方向对长江口河势演变具有深刻的影响（沈焕庭等，1988）。

潮波进入长江口、杭州湾后，受地形和径流的影响，潮波变形，为非正规半日浅海潮。其中在长江口南支、南北港和南北槽水道，属以前进波为主的变态潮波，涨、落急一般发生在高、低潮前 1.0～2.0 小时，转流发生在中潮位前后 1.0～2.0 小时。但在北支及南支水道的涨潮槽中，具有驻波性质，涨、落急发生在中潮位附近，转流发生在高、低潮位附近。长江口在拦门沙以上河段为往复流，过拦门沙后逐渐向旋转流过渡，在北槽口外及北港口外椭圆率超过 0.7，为旋转性最强的水域，口外为顺时针旋转流，旋转性强有利于泥沙的扩散。潮波进入杭州湾后，由于江面缩窄，水深变浅，导致潮波发生反射，近于驻波形态。

(2) 潮差

潮差是潮汐强弱的重要标志。长江口平均潮差超过 2 m，并在纵向和横向上都存在变化。纵向上由口外至口内潮差先增加，后又减小；横向上是北支潮差大于南支。

杭州湾湾内大部分水域的平均潮差大于 4.0 m，湾顶澉浦最大潮差达 8.93 m。潮差在纵向和横向上变化很大，纵向上由东往西潮差变大，横向上在湾口北岸芦潮港平均潮差比南岸镇海大 1.46 m（表 2.1）。

表 2.1　长江口、杭州湾平均潮差统计

测站	鸡骨礁	中浚	高桥	七丫口	三条港	芦潮港	金山嘴	乍浦	澉浦	镇海
平均潮差(m)	2.57	2.67	2.39	2.28	3.15	3.21	4.01	4.56	5.54	1.75
最大潮差(m)	4.52	4.62	4.66	4.02	5.95	5.06	6.24	7.57	8.93	3.30

(3) 涨落潮流速

长江口三个主要入海通道，北港和南、北槽主槽内，落潮流速大于涨潮流速。根据 2007 年 8 月大潮实测资料，北港、南、北槽主槽内落潮平均流速多在 1.00～1.40 m/s，涨潮平均流速多在 0.5～1.0 m/s，三个主槽内均为落潮优势流。北支大潮期涨潮流速大于落潮流速，小潮期则落潮流速大于涨潮流速。

杭州湾自东向西涨落潮流速不断增加，且普遍大于长江口。尤其是北岸，一般是涨潮流速略大于落潮流速，从湾口到湾顶，涨潮平均流速 1.30～2.40 m/s，落潮平均流速 1.20～2.10 m/s。

浅滩上普遍是涨潮流速大于落潮流速，涨潮输沙量大于落潮输沙量，为涨潮优势流、涨潮优势沙，有利于泥沙上滩落淤，潮滩淤涨。

(4) 余流

本海区余流速度总的来说是自西向东逐渐减小，其中长江口内大于口外，拦门沙以上河道余流流速较大，表层余流一般为 0.3～0.5 m/s，余流流向与径流流向一致，指向外海，但在涨潮槽内，余流流向往往指向上游，近底层更明显。此外，在南北槽、北港的拦门沙河段受盐水入侵影响，导致上层余流向海，下层余流向陆的环流现象。拦门沙以东的长江口外，表层余流流速平均约 0.2～0.4 m/s，流向以东向为主。杭州湾内的表层余流主要呈东北偏东向，与北岸走向平行。泥沙的净输移方向往往与余流流向一致。

(5) 洪水造床作用

长江河口水量丰沛，其中洪水对造床过程起着重要的作用。所谓洪水一般指大通站流量超过 60 000 m^3/s(接近长江口的造床流量)的径流量。

据统计 1950－2000 年间，大通站最大洪峰流量超过 60 000 m^3/s 有 25 次，洪水塑造河口河床的动力因素表现在河口水面比降增大和水流挟沙力的提高，常常引起水流切滩，形成新的潮汐通道和分流分沙比的调整。例如 1949 年和 1954 年的长江大洪水促使北槽 -5 m 线上下贯通，九段沙成为独立沙体，加速了长江口第三级分汊形成过程。

(6) 涨落潮流路分歧

长江河口宽阔，在科氏力作用下，存在明显的落潮流偏南、涨潮流偏北的流路分歧现象。在涨落潮流路之间的缓流区，泥沙容易落淤形成心滩、沙脊，如扁担沙、瑞丰沙嘴等，有的心滩逐渐发育成沙岛，如崇明、长兴、横沙三岛。而沙岛的两侧为水道，沙岛的尾部成为涨潮流分流、落潮流汇流之处，动力条件较弱，成为岛影缓流区，泥沙落淤，形成广阔的潮滩，如崇明东滩、横沙东滩。

2.2.3 风与波浪

长江口位于副热带季风气候区，季节性风向变化十分明显。夏季盛行偏南风，冬季盛行偏北风，春秋为过渡季节。浪向取决于风向，故沿海盛行浪向与盛行风向颇为一致。大风天气主要为台风和寒潮。

冬季上海地区常有寒潮出现，寒潮前锋过境时，常伴有西北或偏北大风，最大风力海上一般在 7 级以上。

影响上海的台风路线有两类，一类在浙江中部至长江口登陆的台风，风大浪高，例如 7708 号台风在崇明登陆，嵊山/佘山/高桥观测站分别测到 4.5 m、5.2 m、3.2 m 的大浪。另一类经长江口海面过境北上或转向的台风，出现机率较多，对上海的影响程度视台风离上海的距离、台风强度、移动速度而定。例如 8114 号台风，大戢山海洋站测得最大波高 6.0 m。

不同风向引起的波浪对潮滩的作用也不同，如为离岸风，受垂向环流作用，泥沙由外向岸作净输移，有利于潮滩淤积；如是向岸风，泥沙在环流作用下由岸向外净输移，泥沙输向深水区，岸滩受冲刷。

2.3 泥沙

上海市沿江沿海水域悬沙包括陆域来沙、海域来沙和底沙再悬浮三部分。其实这三部分来沙极大部分都是长江径流在不同时期携带入海的泥沙。

长江丰沛的水量和巨量的泥沙塑造了广袤的三角洲平原。但近30多年来，长江入海泥沙明显减少。

根据1951－2012年大通站资料统计，最大年输沙量6.78亿吨(1964年)，最小年输沙量7 110万吨(2011年)。1951－2000年年平均输沙量为4.245亿吨，1991－2000年、2001－2003年年均输沙量分别在3亿吨、2亿吨以上，2003年以后(除2005年输沙量为2.16亿吨外)，年均输沙量降至2亿吨以下。大通站悬移质含沙量下降也十分明显，由1950－2000年年平均值的0.486 kg/m³下降至2001－2009年年平均值的0.206 7 kg/m³，减少一倍多。另外，大通站悬沙中值粒径近年来呈现变细的趋势。长江入海泥沙减少主要由于长江流域兴建了四万多个大中小水库的拦沙效应、流域水土保护工作力度加大以及采砂等因素造成，三峡水库的兴建无疑起了重要作用。

长江口河床底质在横沙岛以西，沉积物较粗，中值粒径多为0.1 mm以上的细砂，横沙岛以东，除九段沙、横沙东滩沉积物较粗外，在拦门沙河段和口外水下三角洲水域，底沙变细，为0.008 mm左右。长江口外近底层涨落潮流速多在0.5 m/s以上，大于细颗粒泥沙的起动流速，导致床面泥沙再悬浮，在一个潮周期中出现2～4个沙峰过程(潘定安等，1996)，造成长江口拦门沙河段和杭州湾湾口较高的悬沙浓度。

钱塘江年输沙量约668万吨，主要影响范围在澉浦以上河段。杭州湾悬沙主要是海域来沙和底沙再悬浮，其中海域来沙主要来自湾外长江入海扩散的泥沙。湾内存在着两个高悬沙中心，一个在湾口南汇咀外侧，浓度为1.0～3.0 kg/m³，另一个在庵东滩地前沿，浓度为1.5～2.7 kg/m³。

2.4 汊道分流比

长江河口三级分汊四口入海，分流分沙比的变化对汊道、边滩、心滩的形成发育冲淤影响非常明显。例如1915年，北支分流比占南北支径流量的25%，北支为落潮槽。1958年后，北支分流比不断减少，北支成为涨潮槽。近几年北支分流比在5%以下，江中心滩、潮流脊丛生，崇明北沿边滩不断向北淤涨。

南、北槽分流比在1998年前分别占40%、60%左右，1998年后，北槽分流比不断减少，近几年占40%左右，而南槽约占60%。根据长江口分汊河道的分流分沙规律，随着汊道分流比增加，分沙比相应也增加，导致南槽上冲下淤。

第3章
潮滩的沉积特征

3.1 表层沉积物分布特征

表3.1是1965年5—6月从江阴到河口沿程河槽表层沉积物分布，反映了河槽表层沉积物有逐渐变细的特点。河口段上段，即江阴到徐六泾，河槽表层沉积物粒径较粗，是细沙物质；河口段下段，即徐六泾到南港河段，比上段的物质稍细一点，但还是较粗的细沙物质，两者都是床沙质，都是河流泥沙输移沿程沉积的结果。表明河口段以径流作用为主，径流是塑造河槽的主要动力。南槽已是河口段下段的下部，受盐淡水混合的影响，细颗粒泥沙发生絮凝沉积，所以河槽表层沉积物变细，一般为细粉砂和极细粉砂物质。口外，径流扩散，泥沙沉积，物质变细，北港口外中值粒径为0.009 0 mm。拦门沙水道中沉积物比较结果，北港较粗，北槽居中，南槽最细。

图3.1是根据20世纪80年代上海市海岸带沉积调查资料绘制成的长江口(徐六泾向下)表层沉积物中砂的百分含量分布图。从中可以看出，徐六泾以下的南支主槽、南港主槽河槽表层沉积物中砂的百分比含量大于80%，为细沙物质，崇明东滩、横沙东滩、铜沙浅滩、九段沙表层沉积物中砂的百分比含量也大于80%，也为细沙

表 3.1　长江口河槽表层沉积物沿程分布(单位:mm)

河段	颗粒组成(%)							
	0.25～0.10	0.10～0.05	0.05～0.025	0.025～0.01	0.01～0.005	0.005～0.001	<0.001	D50
江阴—中央沙	87.91	9.25	1.17					0.137 2
南港主槽	77.70	22.30						0.121 4
北港主槽	9.75	19.50	21.00	26.75	11.25	9.75	8.25	0.042 8
南槽江亚	4.50	16.50	25.50	24.00	10.75	9.75	9.25	0.022 5
南槽铜沙		1.98	7.63	23.11	25.91	26.64	14.66	0.006 1
南槽口门		1.00	8.50	2.50	27.50	24.00	13.00	0.007 0
北槽上段	7.25	18.38	36.00		7.00	31.25		0.018 7
北港口门	28.00	42.00	13.66	6.66	5.00	1.00	2.00	0.070 6
北港口外			7.75	29.12	27.44	20.49	8.45	0.009 0

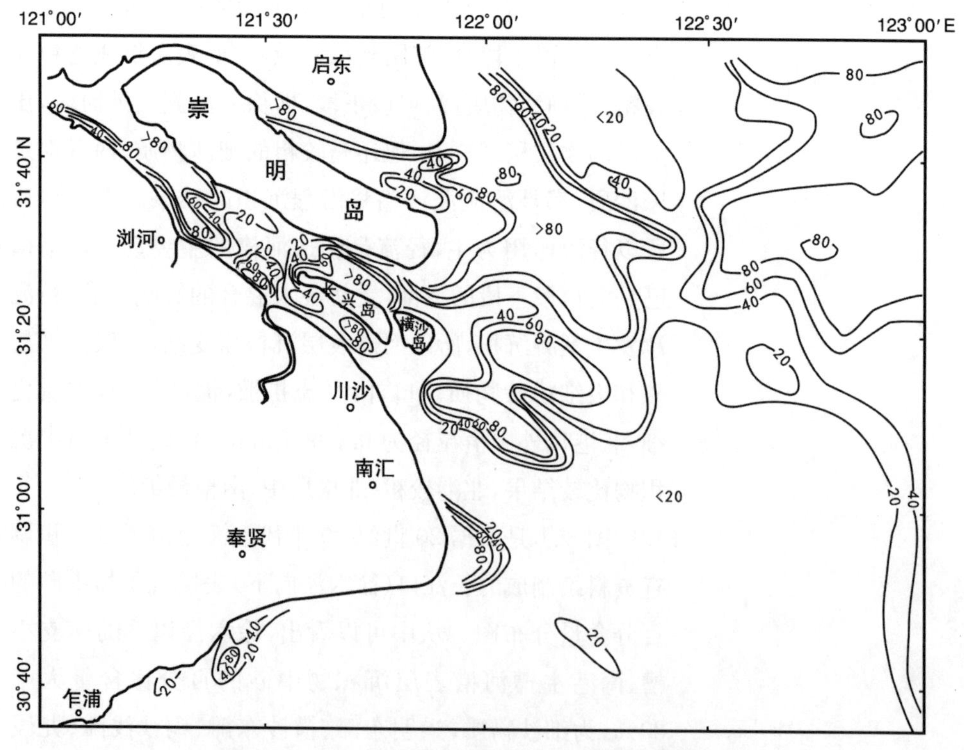

图 3.1　上海市海岸带表层沉积物砂百分含量分布

物质,它们是河口拦门沙系中的拦门沙浅滩,但同属于拦门沙系中的航道拦门沙,沉积物完全不同。由于航道拦门沙是拦门沙系上的水道,在盐淡水混合作用下,发生细颗粒泥沙絮凝沉降,所以表层沉积物很细,砂的百分比含量不足 20%。南支口外,砂的百分含量也不足 20%,是细颗粒泥沙扩散沉积区。北支口外,由于长江供沙不足,海床物质有所粗化。特别是 122°30′E 以东和 31°20′N 以北的一大片海区,表层沉积物中砂的百分含量大于 80%,中值粒径达 0.187 mm 左右,调查认为属于陆架残留砂沉积。

图 3.2 是根据 20 世纪 80 年代上海市海岸带沉积调查资料绘制的长江口表层沉积物中泥的百分含量分布图。从中可以看出,徐六泾以下南支主槽、南港主槽表层沉积物中泥的百分含量很小,不足 10%或 20%,崇明东滩、横沙东滩、铜沙浅滩、九段沙表层沉积物中泥的百分含量也不足 10%或 20%,但拦门沙航道中表层沉积物中泥的百分含量很高,有的超过 50%,南槽超过 70%。南支口外表层沉积物中泥的百分含量也高,有的也超过 50%,北支口外较粗,在口外东北部还有一大片海区表层沉积物中泥的百分含量不足 10%。

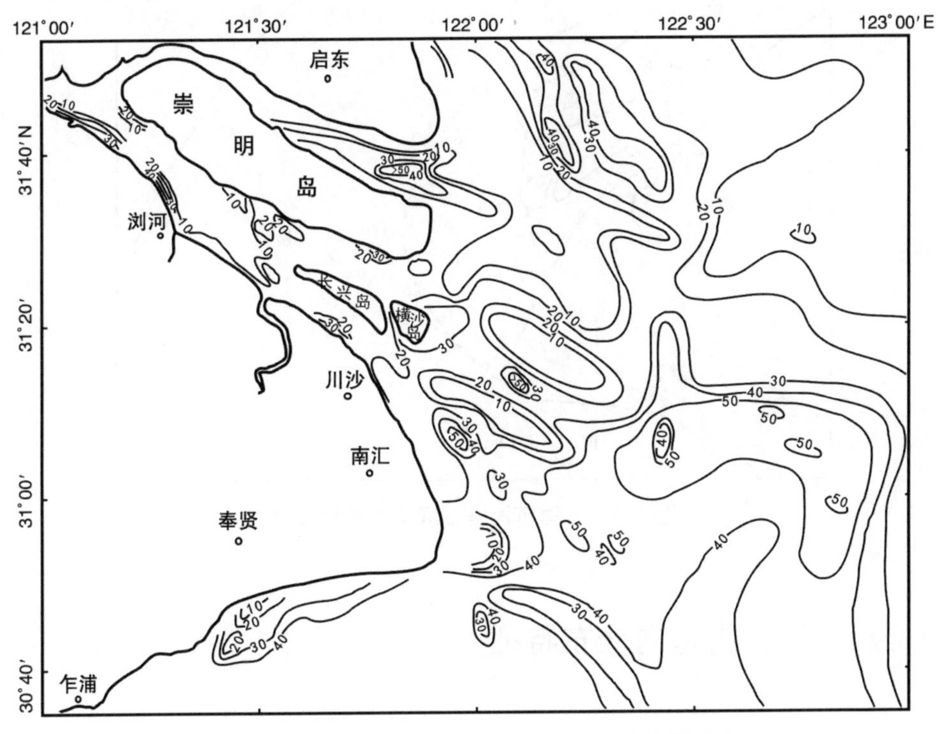

图 3.2　上海市海岸带表层沉积物泥百分含量分布

综上所述，并参考水文和地貌相关资料，上海市海岸带沉积物粒度分布大致可分成五个区（图 3.3）：河口汊道沉积区（Ⅰ），一般为细砂和粉砂质砂，中值粒径 0.125～0.062 5 mm 左右，分选很好。拦门沙系沉积区（Ⅱ），其中拦门沙浅滩，一般为细砂和粉砂质砂，中值粒径 0.125～0.062 5 mm，分选系数小于 0.6；拦门沙水道，一般为粉砂质泥和泥质粉砂，中值粒径在 0.016～0.003 9 mm 左右，分选较差。口外细物质沉积区（Ⅲ），河口拦门沙向外至水深 30～50 m 的范围，中值粒径 0.008～0.003 9 mm 左右。杭州湾北部沉积区（Ⅳ），物质较细，中值粒径 0.016～0.008 mm 左右。Ⅴ区大体位置在浅海砂质沉积区，东经 122°30′以东和北纬 31°20′以北，水深在 30 m 以上，沉积物质为细砂和中细砂，中值粒径 0.187～0.125 mm 左右，最粗的中值粒径为 0.213 mm，分选很好。这类沉积物在远离海岸的陆架上，其西侧和南侧，以粉砂质砂和砂—粉砂—泥沉积物毗连，不符合一般沉积分异规律，反映了晚更新世冰期低海面时期形成的粗物质，与目前沉积环境不相适应，所以它是在现代动力改造下的一种残留沉积（陈吉余等，1988）。

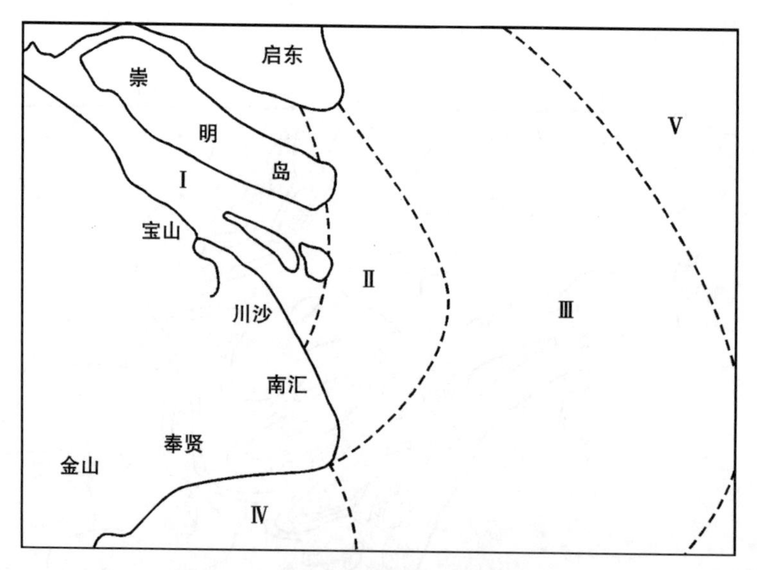

图 3.3　上海市海岸带沉积物粒度分区

3.2　沉积物垂向分布特征

20 世纪 60 年代，长江口江亚浅滩加速淤积，航道水深急剧恶化，给航运事业带来重大影响,为了改善航道水深,有关单位做了大量调查研究工作。华东师大河口海岸研究所在陈吉余教授带领下,在长江口首次进行了大范围的地质钻探工作,在沙岛上布置了 7 个钻孔,在航道上布置了 16 个钻孔(华东师范大学河口海岸研究所,1980)。这些钻孔资料至今仍然十分宝贵,为我们研究长江口沉积物垂向分布特征提供了依据。

地质历史上,长江口经历了沧海桑田的变化过程。冰后期海侵的结果,使古长江口成为溺谷,长江流域来沙不断地充填,随着时间推移,溺谷演变成河口湾,河口湾再演变成三角洲河口。图 3.4～图 3.7 为石头沙、园园沙、横沙、崇明岛 4 个陆地钻孔资料,它们的沉积序列反映了海洋环境到陆地环境的演变过程,反映了长江三角洲向海推进的过程,也反映了长江口沧海桑田的变化历史。

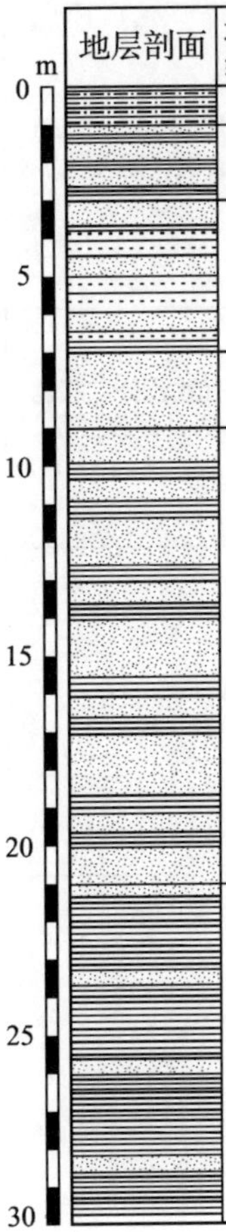

m	地层剖面	地层编号	地层厚度	岩 性 描 述
0		1	1.0	黄褐色泥质粉砂土,具有铁锈斑点及植物根系。
		2	2.0	呈灰色粉砂与黄褐色泥互层,呈明显的水平层理,泥质厚者达1 cm,粉砂中含云母小片。
5		3	4.0	青灰色细砂、粗砂与黄褐色粉砂质黏土互层,具有明显的水平层理,细砂层约厚1～2 cm,粉砂质黏土厚1 cm,砂散粒状成分以石英石为主,次为云母,含大量黑色、绿色矿物。
		4	2.0	青灰色细砂,质极纯,不具层理,成分以石英石为主,含大量云母碎片及黑色矿物,含白色贝壳碎片,局部夹0.5 cm粉砂黏土。
10 15 20		5	12.5	青灰色细砂、粗粉砂与黄褐色粉砂质泥互层,以水平层理为主,部分呈波状层理,砂质黏土层理厚1～4 cm。
25 30		6	8.05	呈灰色黏土,质纯,细腻,夹薄层细粉砂。

钻孔位置:石头沙西缘　　孔口标高:+2.0 m

图 3.4　长江口石头沙钻孔地层剖面

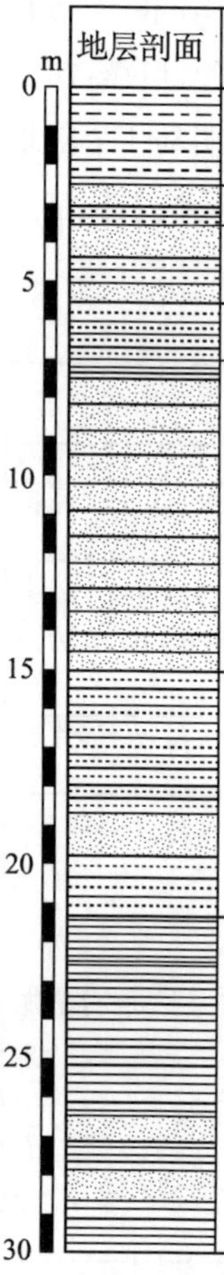

m: 0, 5, 10, 15, 20, 25, 30

地层剖面	地层编号	地层厚度	岩性描述
	1	2.5	黄色、灰黄色粉砂质黏土及泥质粉砂土，有铁锰锈斑，上部1 m受人为影响系耕土，下部水平层理，发育有褶皱状层理，层理厚0.5～2 cm，局部有粉砂集中。
	2	1.1	青灰色粗粉砂，夹薄层灰黄色粉砂质泥，质纯，含云母、石英。
	3	2.0	青灰色粗粉砂，粉砂与砂质泥互层，层理发育水平，微波层理为主，有少数斜交层理，砂厚1～5 cm，泥厚0.5～2 cm。
	4	1.4	灰色粉砂层夹泥，层理较明显，厚1.2 cm，水平层理。
	5	8.0	青灰色粉砂与灰黄色泥互层，层理发育，砂层厚0.5～4 cm，泥层厚0.3～2 cm不等，个别厚达5～8 cm水平，波状层理为主，并有泥沙成楔状插入。
	6	6.35	青灰色粉砂夹少量薄泥层，近下部变粗，粉砂−细砂偶夹有数公分，灰色粉砂黏土，层理发育，有水平、波状及斜交层理，局部见明显褶皱层理，砂厚一般3～10 cm，泥厚0.5～1.5 cm。
	7	8.65	青灰色黏土，质细腻而纯，砂量往下愈少，大约每隔4～5 cm黏土夹一层0.1～0.2 mm粉砂层，为水平状，见贝壳、螺类。

钻孔日期：1964.8.30　钻孔位置：东兴镇小学操场　孔口标高：+2.0 m

图 3.5　长江口长兴岛东兴镇钻孔地层剖面

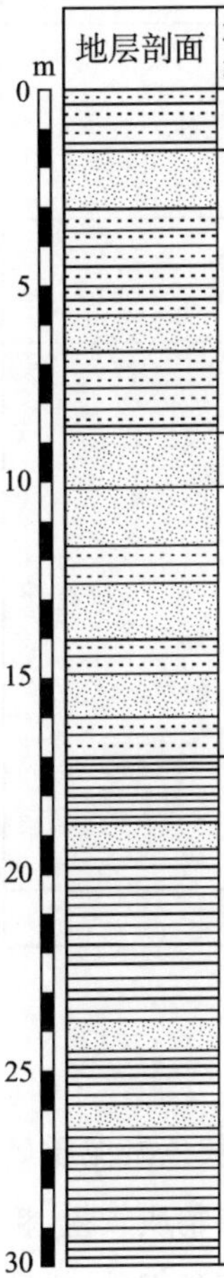

地层剖面	地层编号	地层厚度	岩性描述
	1	1.6	黄褐色粉砂质黏土,具铁锰锈色斑点,有不完整的水平层理,局部呈交错层理。
	2	7.2	青灰色粉砂、粗粉砂夹黄褐色砂质黏土层，水平层理，砂层厚3～8 mm，砂质黏土层厚约1.8 cm，有时粉砂与砂质黏土互层，含大量云母小片和贝壳碎片。
	3	1.35	深灰色粗粉砂，质纯，含云母片及贝壳小片。
	4	6.85	青灰色粗粉砂、细砂夹黄褐色砂质黏土层，水平层理，砂泥层厚约1 cm，含多量贝壳片。
	5	13.0	深灰色黏土，质纯、细腻具良好的黏塑性，黏土中夹有粉土和粉砂的薄土层，层厚1～2 mm，粉砂层厚0.5～1 cm，局部夹灰色细砂层，细砂中富集贝壳碎片。

钻孔位置：横沙岛斜桥解放军营房　　孔口标高：+3.0 m

图 3.6　长江口横沙岛斜桥钻孔地层剖面

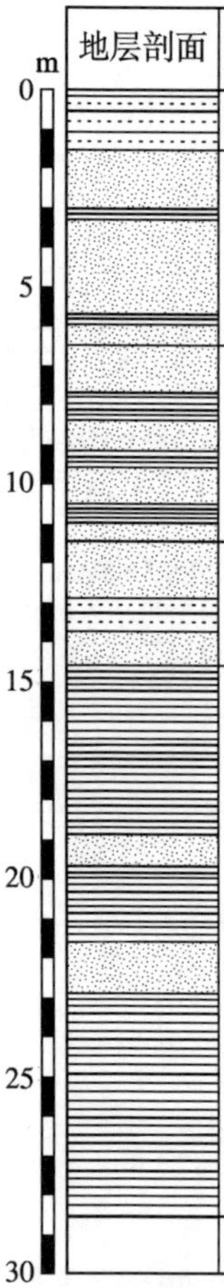

地层剖面	地层编号	地层厚度	岩 性 描 述
	1	1.55	黄棕色砂质黏土
	2	5.10	灰色、青灰色粉砂、粗粉砂或夹少量薄泥层，砂质较纯，有泥层处见波状层理和斜交层理，亦有褶皱状层理，局部处泥成楔状插入砂中。
	3	4.90	青灰色粉砂与砂质黏土互层，灰褐色砂质黏土夹青灰色粗粉砂。
	4	3.10	青灰色粗粉砂夹少量薄层砂质黏土。
	5	13.95	青灰色黏土夹薄层粉砂层。

钻孔日期：1964.9　　钻孔位置：崇明向化镇　　孔口标高：+4.0 m

图 3.7　长江口崇明岛向化镇钻孔地层剖面

从 4 个钻孔资料中，可以明显地分出三个层次。底层物质为青灰色淤泥质黏土，质纯而细腻，为浅海相沉积物，目前在长江口外有广泛分布。中层物质较粗，粗细相间，有青灰色淤泥质黏土和粉砂互层，有机质含量较高，或有青灰色细砂、粉砂和粉砂夹少量灰褐色淤泥及黏土互层。洪水沉积、风暴沉积保存完整，潮汐层理发育。这类地层在浅海相细物质沉积地层之上，反映海洋作用在减弱，河流动力作用在加强，所以洪水沉积、风暴沉积和潮汐沉积都有所反映。顶层沉积物又变细，由黄色、灰黄色、黄褐色泥质粉砂和粉砂质黏土、青灰色粉砂组成，氧化环境充分，它是长江流域来沙在潮间带的沉积体，成为陆地，反映着三角洲平原的成陆过程和三角洲向海推展的过程。底层、中层、顶层三层沉积构造与巴列尔(1912)表述的三角洲沉积构造相符合，相当于三角洲沉积构造的底积层、前积层和顶积层，相应的沉积相为：前三角洲相、三角洲前缘相和三角洲平原相。

长江口1号钻孔(图3.8)，位于长江口南槽深槽南侧，反映了河口航道拦门沙的沉积特征，它的下部反映了前三角洲浅海相细颗粒泥沙的沉积特征，它的上部反映了近代河口盐淡水混合条件下细颗粒泥沙絮凝沉降的沉积特征。

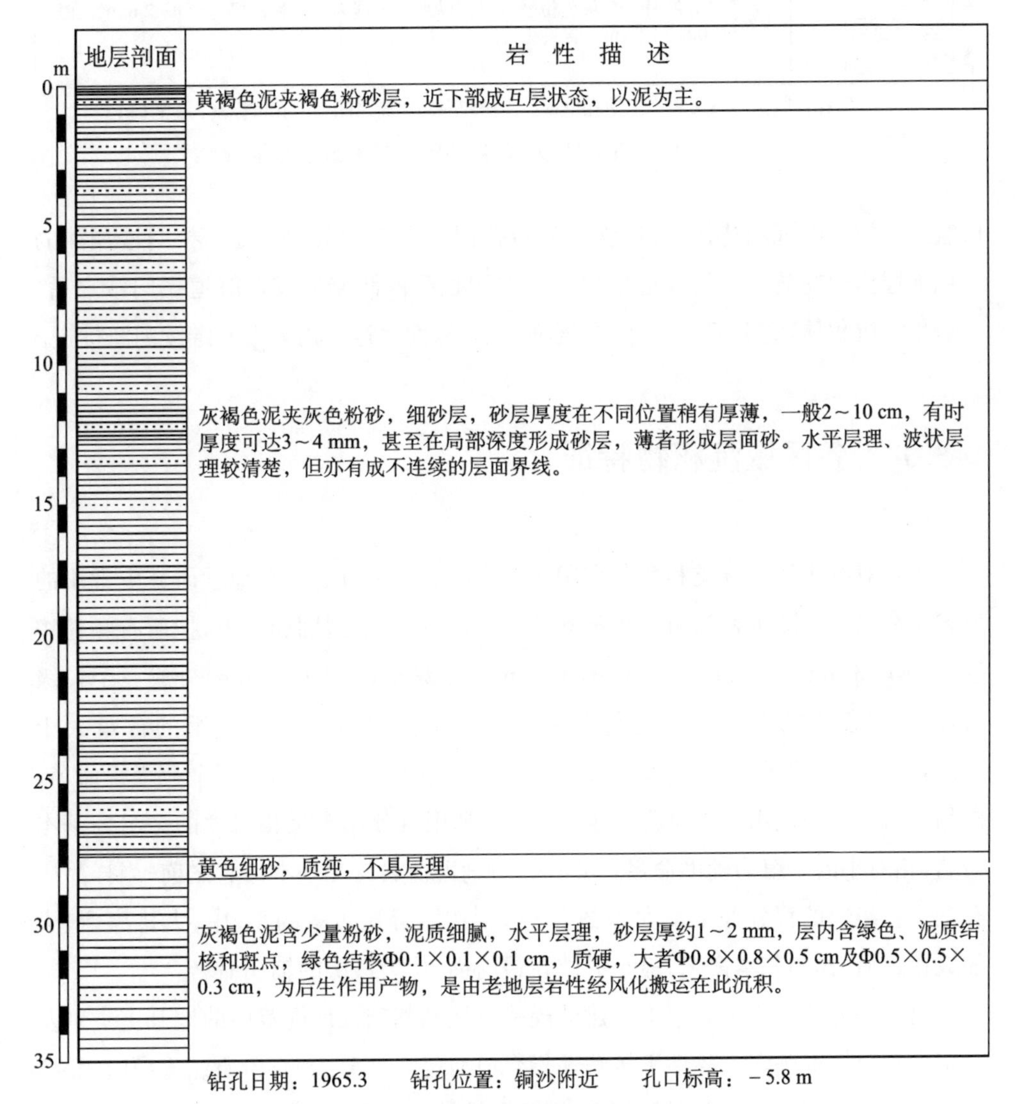

图3.8 长江口1号(铜沙)钻孔地层剖面

长江口7号钻孔(图3.9)，位于长江口南槽北侧，九段沙南缘。它既反映了河

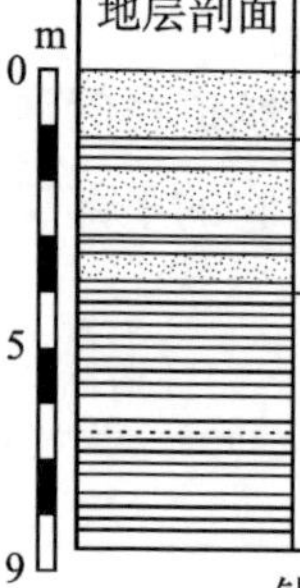

地层剖面	地层编号	地层厚度	岩性描述
	1	1.2	黄褐色细砂，夹少量青灰色、灰黑色细砂，不具层理。
	2	2.6	黄褐色泥与青灰色粉砂互层，具波状层理及水平层理，含贝壳。
	3	4.7	灰褐色泥夹青灰色粉砂薄层，以水平层理为主，粉砂层理厚1～2 mm，泥层厚0.5～1.5 cm，含贝壳碎片及有机质。

m 0 5 9

钻孔日期：1965.3.29　　钻孔位置：南槽57～55浮筒之间　　孔口标高：－9.1 m

图 3.9　长江口 7 号(九段沙东南角)钻孔地层剖面

口航道拦门沙的沉积特征，又反映了河口拦门沙浅滩的沉积特征。拦门沙浅滩的沉积地层出现在航道拦门沙地层之上。说明拦门沙浅滩形成在航道拦门沙之后，是新生的沉积体，它会演变，可能会逐渐成陆，从而促进三角洲平原继续向海推进。

3.3 各区域沉积物特征

本章对沉积物的分类和命名采用两种方法。一种方法是在地学研究中常用的三名法命名。潮滩沉积物由大小不同的颗粒组成，为了区别和分类，把所有颗粒按砂(＞0.063 mm)、粉砂(0.063～0.004 mm)、黏土(＜0.004 mm)分成三个粒级组，然后按各组的百分比重进行命名。样品中如只有一个粒级组的含量大于20%，其余两个粒级组的含量均不足20%，则用含量大于20%的那个粒级组命名；样品中有2个粒级组的含量都大于20%时，则用百分比含量相对大的一组为基本命名，相对小的一组为辅助命名，书写时，将辅助命名放在基本命名之前；当样品中有三个粒级组的百分含量均大于20%时，则按百分比含量的小、中、大排序，最大的放在最后，作为基本命名，最小的放在最前面，作为最次的辅助命名。

另一种方法采用上海市工程建设规范—地基基础设计规范中的地基土类别及其定名划分标准确定。黏性土按塑性指数(Ip)定名划分。例，粉质黏土(10＜Ip≤17)、黏土(Ip＞17)；砂土中的细砂、粉砂、粉性土中的砂质粉土、黏质粉土按粒径小于0.005 mm、大于0.074 mm的颗粒含量占全重的百分数来定名划分。例，粒径小于0.005 mm的颗粒含量小于全重的10%为砂质粉土，粒径大于0.074 mm

颗粒含量占全重的 50%～85%的为粉砂，粒径大于 0.074 mm 的颗粒含量大于全重的 85%为细砂等。另外，砂、粉砂、黏土的划分粒径标准也有一定差别：砂(>0.075 mm)、粉砂(0.075～0.005 mm)、黏土(<0.005 mm)。

本章在讨论潮滩表层沉积物特征时用的是前一种方法，讨论地质钻孔资料时用的是后一种方法。

3.3.1 北　支

(1) 表层沉积物分布

2006 年在北支崇头至界河取表层泥样 42 个，中值粒径(D_{50})多在 0.11～0.12 mm 之间，为细砂，小于 0.004 mm 的颗粒在 10%以下，大于 0.063 mm 的砂粒多在 80%以上。其中位于北支新跃沙北侧的沉积物比青龙港以西的沉积物要粗，D_{50} 多在 0.12～0.14 mm 之间。

2004 年在北支下段潮流脊滩面上取表层泥样 62 个(图 3.10)。

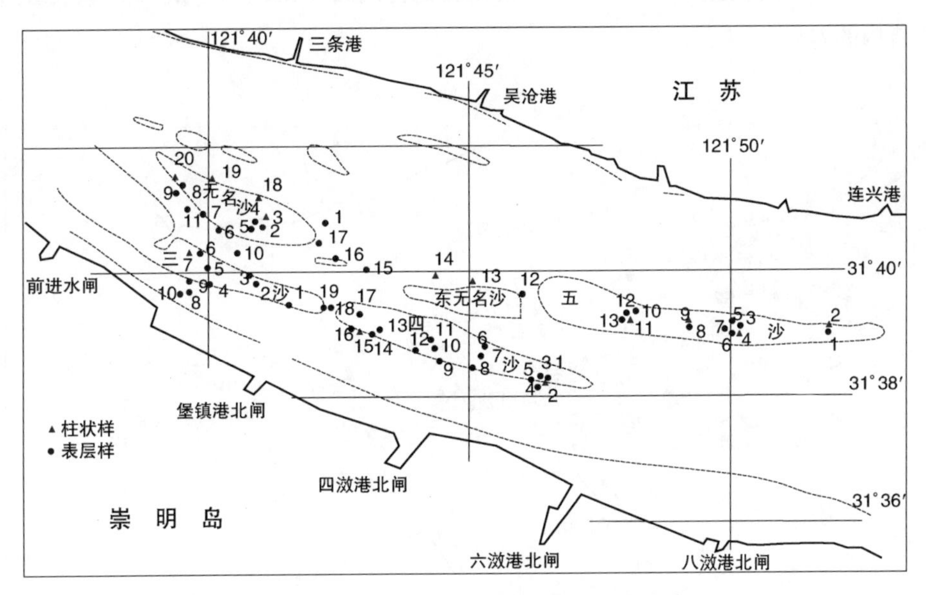

图 3.10　北支下段表层沉积物采样点分布

无名沙位于黄瓜三沙北侧，滩顶高程在 2.0 m 以上。无名沙南侧为粉砂和砂质粉砂，粉砂粒级含量多在 70%～80%，D_{50} 为 0.011～0.053 mm，大多在 0.03 mm

以下；北侧为细砂，细砂粒级含量占84%～95%，D_{50}为0.151～0.166 mm，黏土含量不足2%。无名沙南侧以落潮流作用为主，水流弱，北侧以涨潮流占优势，水流强，这是造成沉积物南细北粗的主要原因。

黄瓜三沙西高东低，表层沉积物东粗西细，东部以细砂为主，细砂含量占77%以上，西部以粉砂和粉砂质砂为主，粉砂含量多在70%以上，D_{50}多在0.011～0.025 mm之间，同时三沙北侧泥沙粒径比南侧粗。

黄瓜四沙地形也是西高东低，东部以细砂占优势，细砂占65%～97%，D_{50}为0.101～0.200 mm，西部以粉砂质砂、砂质粉砂为主，细砂占22%～64%，粉砂占32%～81%，D_{50}多在0.024～0.065 mm之间。

黄瓜五沙位于黄瓜四沙东北侧，水动力强，表层沉积物为细砂，细砂含量在90%以上，粉砂不足5%，黏土不足1%，D_{50}多在0.170 mm以上。

(2) 沉积物垂向分布

图3.11为北支下段地质钻孔位置图，孔深在-25～-30 m之间(上海吴淞高程)。图3.12为南侧纵向(K1～K8)钻孔沉积物剖面，反映了不同地点不同深度沉积结构的差异。

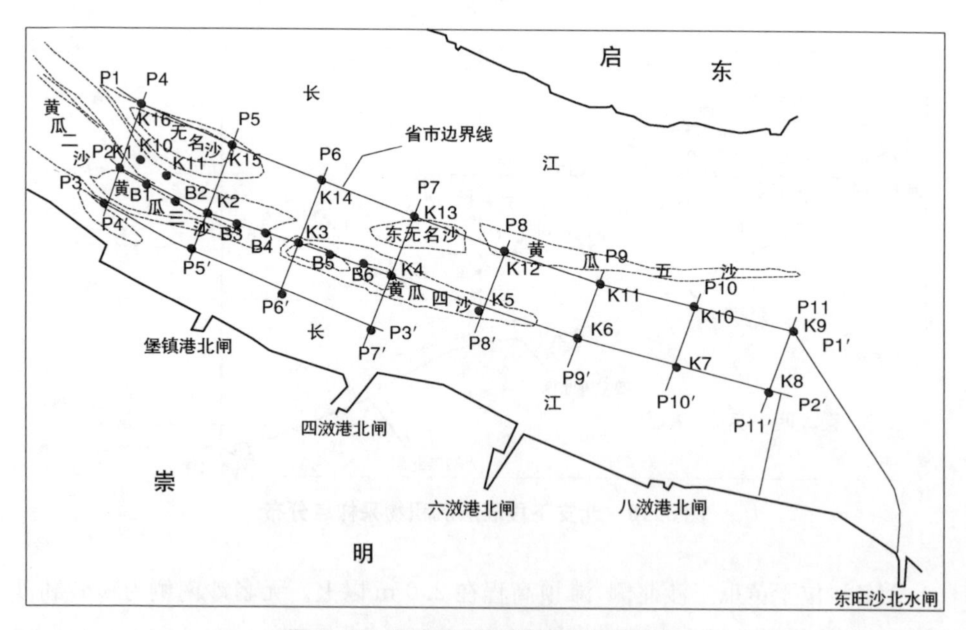

图3.11 北支下段地质钻孔位置分布

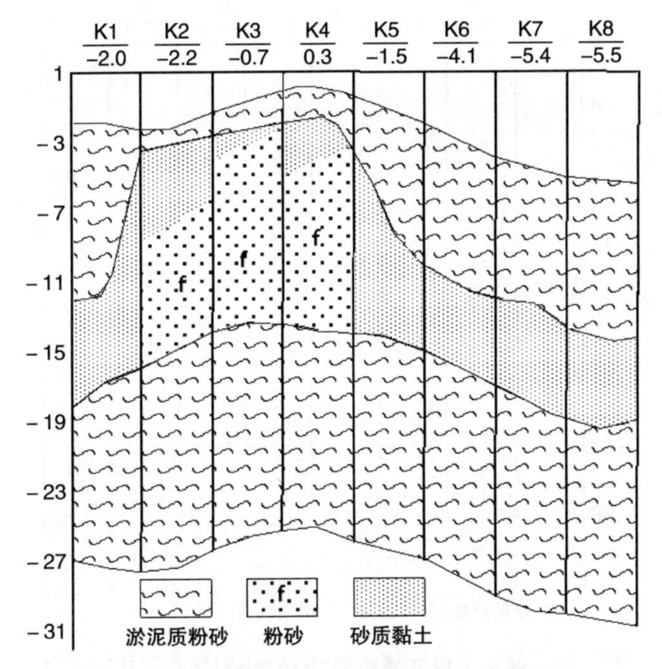

图 3.12 南侧纵向(K1～K8)钻孔沉积物剖面

K1 孔位于黄瓜三沙与黄瓜二沙之间的夹泓，淤泥质粉质黏土层厚度达 10 m，往东颗粒变粗，K2～K4 孔位于黄瓜三沙下段、黄瓜四沙上端，淤泥层厚 1.0～1.8 m，淤泥层下为砂质粉土、粉砂，K5 孔在黄瓜四沙尾部，K6～K8 孔位于崇明北沿六滧至八滧北水闸北侧涨潮槽，水深 5 m 左右，砂质粉土层厚约 5 m，淤泥层厚 8 m 左右，淤泥质粉砂黏土层顶板高程为 -13～-20 m，底板高程直至 -30 m 尚未穿透。

图 3.13 为北支下段北侧纵向(K16～K9)钻孔沉积物剖面，其中 K16～K13 孔位于无名沙、东无名沙北侧。由图可知，上层为淤泥，厚 1 m 左右。K12 孔在黄瓜五沙沙头。K11～K9 孔位于黄瓜五沙南侧的涨潮槽内，水深 5.8～7.3 m。河槽底部有一层厚 0.5～2.0 m 的淤泥质粉砂黏土，黏土与砂层的分界面，K12 为 -1.2 m，K11～K9 为 -6.1～-6.7 m，黏土层下面为砂质粉土、粉砂，砂层厚度 K12 为 6.0 m，K11～K9 约 11 m。K16～K9 在 -12～-20 m 以下的沉积物变细，属淤泥质粉质黏土层，底板高程直至 -32 m，尚未穿透。

贾海林(2001)根据崇明岛西北部永隆沙的钻探(孔口标高 +3.2 m，孔深 31.2 m)柱状样资料，绘制了沉积物垂向分布图(图 3.14)。

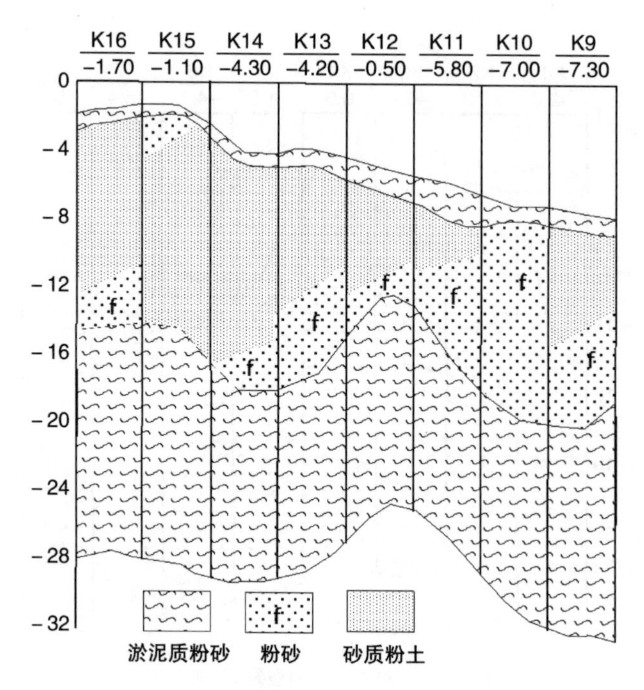

图 3.13　北支下段北侧纵向(K16～K9)钻孔沉积物剖面

层序	深度(m)	地层剖面	岩性描述
Ⅶ			黄褐色粉砂质黏土，下部灰褐色粉砂与黏土互层
Ⅵ	4 8		灰色极细砂、细砂
Ⅴ	12		灰色粉砂与黏土互层
Ⅳ	16		灰、黄灰色细砂，下部夹粉砂
Ⅲ	20		青灰色黏土
Ⅱ	24		灰色极细砂与黏土互层
Ⅰ	28		青灰色黏土

图 3.14　崇明永隆沙沉积物垂向分布

由图可知，0～－3.2 m的土层为三角洲平原相，沉积物类型主要为黏土质粉砂，D_{50}小于0.063 mm，粉砂和黏土含量较高；－3.2～－18.0 m土层呈三角洲前缘相，沉积物颗粒粗化，D_{50}为0.030～0.130 mm，砂的含量在50%以上，最高达91%，粉砂含量居次，多在15～40%之间，黏土含量在5%以下；－18.0～－31.2 m土层相对于前三角洲相（未穿透），沉积物颗粒细，D_{50}为0.008～0.030 mm，黏土含量一般大于15%，粉砂含量多在65%以上，砂含量不足5%。

由此可见，图3.14反映了北支地层层序自下而上划分为前三角洲相、三角洲前缘相和三角洲平原相，具有典型的三角洲地层沉积相序。前三角洲相沉积物以青灰色黏土为主，三角洲前缘相沉积物较粗，以灰—黄色细粉砂为主，三角洲平原相沉积物为黄褐色粉砂质黏土。它们代表了三角洲的演化过程，反映了水动力条件由弱转强再逐渐变弱的规律。北支下段地质钻孔资料与永隆沙钻探沉积物垂向分布相比较，两者是相符的。北支下段沉积物垂向地层结构相当于三角洲前缘相和前三角洲相。

3.3.2 崇明东滩

崇明东滩除受涨落潮流影响外，风浪对东滩的沉积物构造起了十分重要的作用。

(1) 表层沉积物

崇明东滩北沿滩地主要受北支涨落潮流的影响，动力相对较弱，沉积物较细，长期以来一直呈淤涨态势。高潮滩由黏土质粉砂组成，D_{50}界于0.003～0.016 mm，分选指数界于1.92～2.73之间；中、低潮滩由黏土质粉砂、粉砂质砂、粉砂组成，D_{50}在0.007～0.10 mm、分选指数在0.62～2.13之间。

崇明东滩东部以前哨农场场部正东断面为代表，高潮滩以粉砂为主，D_{50}为0.032～0.062 mm，中、低潮滩由粉砂、粉砂质砂、细砂组成，D_{50}为0.020～0.110 mm。潮下带（－5 m水深以内）受波浪潮流作用大，沉积物粗化，多由粉砂质砂、细砂组成，D_{50}为0.09～0.13 mm。

(2) 沉积物垂向变化

北八滧断面孔口标高4.3 m，孔深5 m，0～－5 m基本上是黏土质粉砂。东旺沙断面共钻孔三个，孔口标高分别为＋3.9 m、＋3.0 m、＋2.4 m，孔深4.0 m，位于中、高潮滩。从沉积物粒径垂向分布看，自滩面往下，沉积物逐渐变粗，从黏土质粉砂、粉砂到粉砂质砂，比较典型地反映潮间带沉积物随高程降低而动力逐渐增强的环境变异。

(3) 沉积构造

根据东旺沙断面钻孔资料分析，潮间带沉积物构造有如下特征：潮汐韵律层理发育，潮汐纹层薄，一般 1～2 mm 左右，风暴沉积是本断面最重要的特征。东滩为开敞海滩，除西北风外，各向风浪对它均有作用，所以在 3.0 m 高程以下的沉积物基本上是由粉砂和粉砂质砂、砂质粉砂、细砂组成。这种构造特征不同于由粗细相间的韵律层组成的杭州湾北岸潮滩沉积，东滩的韵律层并不是由砂和泥为主组成，而是由粗细不同的砂性物质组成。说明东滩沉积是在水动力能量较高的情况下形成，表明崇明东滩风暴沉积十分发育。

3.3.3 横沙东滩

(1) 滩面沉积物

横沙东滩由长江泥沙冲积而成，浅滩表层沉积是经过多年来长江径流、潮流和波浪对沉积物进行反复搬运、分选、再沉降的结果。通过对横沙东滩 27 个表层泥样粒径分析，可以看出，整个横沙东滩，除在串沟处分布有较细的黏土质粉砂外，绝大部分沉积物为较粗的砂、砂质粉砂和粉砂，D_{50} 在 0.1～0.15 mm 之间，小于 0.004 mm 的黏粒含量不足 10%，分选良好。

由于受到不同季节不同水文泥沙条件的影响，底沙的粒径级配存在着一定的差异，反映了沉积物的季节变化。冬季长江来水量少，潮汐作用强，同时受到频繁的寒潮大风引起的波浪扰动作用，滩面泥沙较粗，形成砂—粉砂为主体的滩面沉积层；春夏季节，长江水丰沙多，加之风小水面比较平静，有利于细颗粒泥沙沉降，滩面沉积物的组成出现细化。

(2) 沉积物垂向变化

图 3.6 为横沙岛东南部斜桥钻孔沉积物垂向分布，孔口标高 + 3 m，孔深 30 m。由图可知，垂向上土层为三层：0～－1.6 m 为黄褐色粉砂质黏土，－1.60～

－17.0 m 为青灰色粉砂、粗粉砂夹黄褐色砂质黏土层，－17.0～－30.0 m 为深灰色黏土(未穿透)，质纯，粘塑性良好，为浅海相沉积物。

3.3.4 九 段 沙

(1) 表层沉积物分布

九段沙高潮滩由黏土质粉砂、砂质粉砂组成，中、下滩由砂质粉砂、粉砂、细砂组成，D_{50}在 0.060～0.160 mm 之间。

(2) 沉积物垂向分布

1965 年在九段沙南侧的南漕，进行了编号为 7 号、8 号孔的地质钻探工作。7 号孔(图 3.9)位于九段沙下沙南侧，孔口标高－9.1 m，入土深度 8.5 m，8 号孔位于九段沙中部南侧，孔口标高－6.0 m，入土深度 9.6 m(图 3.15)。

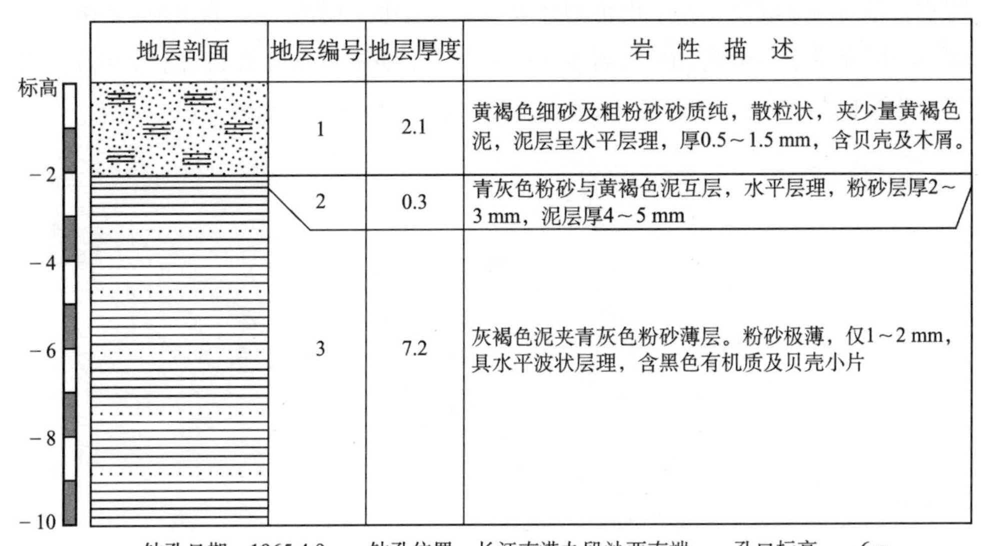

图 3.15 长江口 8 号(九段沙附近)钻孔地层剖面

由图 3.9、图 3.15 可知，7 号孔土层分三类：上部(0～－1.2 m)黄褐色细砂；中部(－1.2～－3.8 m)黄褐色泥与青灰色粉砂互层，层理发育；下部(－3.8～－8.5 m)灰褐色泥夹青灰色粉砂，具水平及波状层理。8 号孔土层大致可分二层：上层(0～－2.1 m)为黄色及黄灰色砂及粗砂粉砂，砂质纯。下层(－2.1～－9.6 m)灰褐色泥夹青灰色粉砂薄层。四十多年来，随着九段沙沙体向东南方向延伸淤涨，7号、8号孔所在位置目前水深约1.5 m及零米以上0.5 m。由此可以判断，7号、8号孔所在区域约有8.5 m厚的土层由细砂及粉砂组成。

3.3.5 南汇边滩

南汇边滩表层沉积物分布特点与崇明东滩相似，其横向分布具有显著的分带性，从低潮滩到中潮滩、高潮滩，沉积物粒径变细，分选性变差。高潮滩一般由粉砂质黏土、黏土质粉砂组成，以水平层理为主，D_{50}界于0.004～0.016 mm之间，中潮滩由粉砂、砂质粉砂组成，D_{50}为0.016～0.063 mm，低潮滩由砂质粉砂、粉砂、细砂组成，D_{50}在0.010～0.120 mm之间。

南汇边滩，尤其是大治河以南的南汇嘴浅滩向海伸展，所受波浪作用最强，风暴沉积与高潮滩正常的黏土质粉砂沉积迥然不同，界线分明，再作用面清楚，厚粗物质和厚细物质沉积反映了南汇边滩具有较大幅度冲淤特点。自2003年南汇边滩一线围堤建于零米线，中、高潮滩基本缺失。下面根据钻孔资料(图3.16)，按沉积物分布特点，以大治河口为界，分大治河口以北、以南加以叙述。

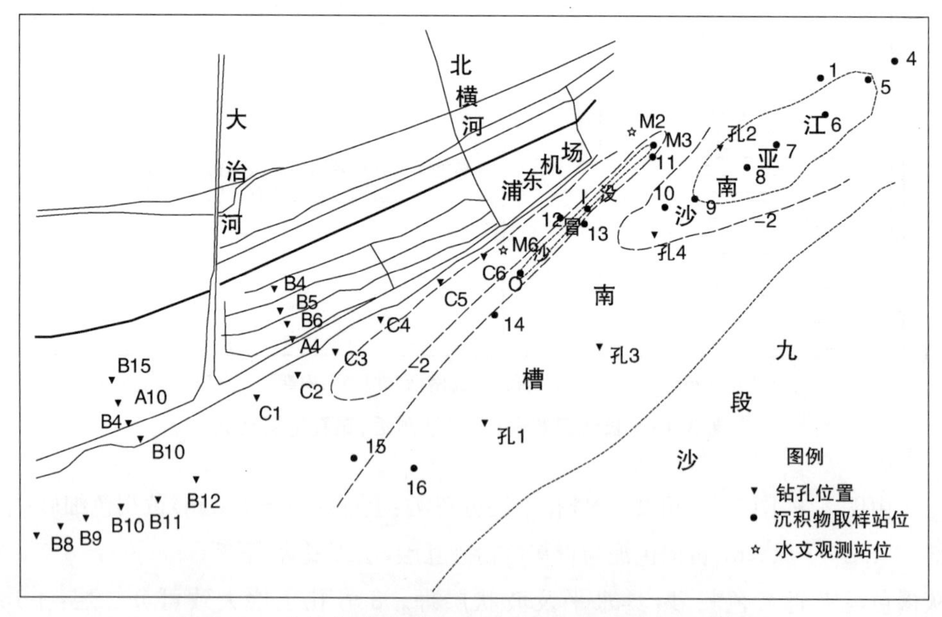

图3.16 南汇东滩地质钻孔和水文泥沙观测站位示意图

(1) 大治河口以北潮滩

南汇东滩五期圈围工程促淤顺堤外 1 000 m,沿堤线走向自上游向下游有 6 个钻孔(C1～C6),孔口滩面标高在 - 0. 8～ - 2. 85 m(上海吴淞高程)之间,孔深 5 m(图 3. 17)。

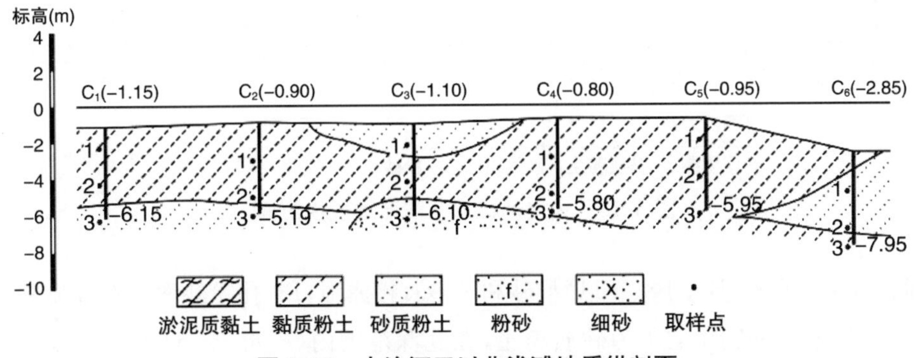

图 3. 17 大治河口以北浅滩地质纵剖面

钻孔资料反映,该浅滩地区 - 6 m 以浅的沉积层基本为黏质粉土,小于 0. 005 mm 的黏粒组占 10%～15%,但 0. 005～0. 074 mm 的粉粒仍占 85%～90%,而大于 0. 074 mm 的砂粒仅有两个孔的下层占 47%～60%,其他孔中均缺失,表明泥沙颗粒较细的特征很突出。从 C1 到 C6 的剖面图中可以看出,C3 孔的上层为砂质粉土,但在颗粒组成中仍缺失大于 0. 074 mm 的砂粒,泥沙依然较细的特点没有改变。C6 孔中 - 4. 10 m 以上沉积层泥沙为砂质粉土,但大于 0. 074 mm 的砂粒也缺失,同样没有改变泥沙颗粒较细的特点。只有 C2 和 C3 孔在 - 5 m 标高附近,沉积层泥沙颗粒较粗,大于 0. 074 mm 砂粒,C2 孔占 47%,C3 孔占 60%,属砂性物质。大治河口以北南汇边滩所受的动力作用较弱,有利于细颗粒泥沙沉积, - 6 m 以上沉积物一般以黏质粉土为主。

图 3. 18 为横剖面沉积物分布。从中看出,潮间带上层为黄灰色淤泥质黏土,而在 1 m 左右至 - 8. 9 m 左右,主要沉积物以黏质粉土为主,砂质粉土次之,偶有粉砂透镜体,在这一层下为灰色淤泥质黏土。

(2) 大治河口以南潮滩

大治河口向南到石皮勒,纵向也有 6 个钻孔,孔口滩面高程在 - 0. 90～ - 1. 55 m

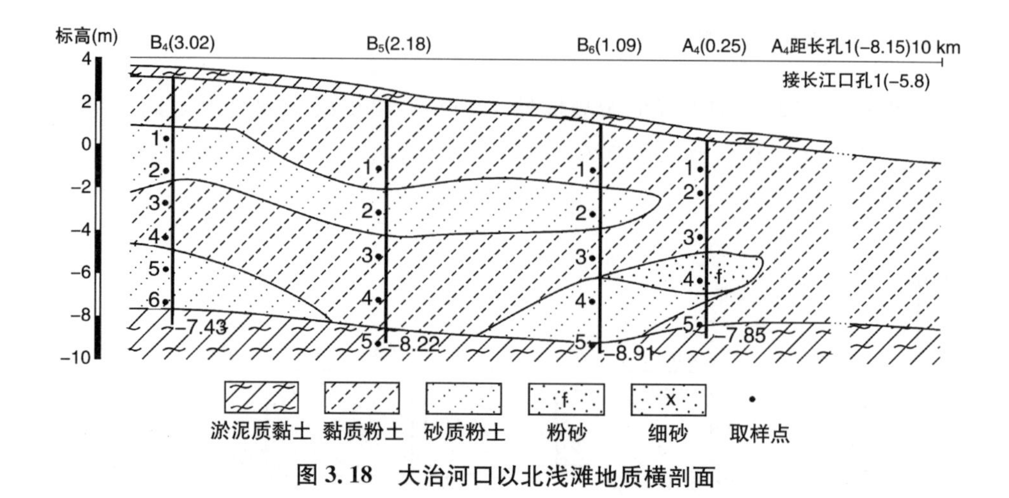

图 3.18　大治河口以北浅滩地质横剖面

之间，其中 3 个孔(B7、B8、B11)粉砂和细砂直接露滩，B9 孔粉砂埋藏在黏质粉土之下，B10 孔黏质粉土之下为砂质粉土，在孔深范围内(-6.75 m)未见粉砂，B12 在孔深范围内(-6.85 m)均为淤泥质粉质黏土(图 3.19)。B7、B9、B11 孔砂层，呈灰黄、青灰色，中密，云母片与贝壳碎片较多。其颗粒组成：砂粒占 86%～88%，粉粒占 12%～14%，几乎不含黏粒，干重度为 14.4～16.2 kN/m³，比重 2.68。砂质粉土见于 B7、B8、B10 孔的下部，呈灰黄色，湿，中密。其颗粒组成：砂粒含量占 4%～31%，粉粒含量占 66%～93%，黏粒含量占 7%～8%，干重度为 13.2～15.9 kN/m³，比重为 2.70。黏质粉土分布在孔 9、孔 10 上部，灰褐色，饱和，稍密。其颗粒组成：砂粒 13%，粉粒 76%～89%，黏粒 11%～12%，干重度为 14.6～16.7 kN/m³，比重为 2.71。淤泥质粉质黏土分布在 B11 孔下部，与 B12 孔深范围内沉积物一致，呈灰和灰褐色，富含水，软塑～流塑，干重度为 11.5～13.4 kN/m³，比重 2.72。从纵向钻孔剖面资料可以揭示以下几个事实(图 3.19)：①大治河口以南，浅滩沉积物增粗。②粉砂物质常以透镜体出现。③B10 孔以南的南汇嘴浅滩沉积物以粉砂和砂质粉土为主，沙层厚，分布广，储量大。在 B15 到 B′10 孔的横剖面(图 3.20)上也能反映上述特征。滩面高程从 0.77 m 降低到 -1.45 m，如剖面图所示，上层为黏质粉土，黏粒含量仅占 11%～15%，粉粒和砂粒含量占 85%～89%。该层下面基本上为细砂、粉砂和砂质粉土，在细砂、粉砂层中几乎不含黏粒，分选好。在砂质粉土中，砂粒和粉粒含量都在 90%以上。应予指出，无论是在横剖面中，还是在纵剖面中，沉积层面清晰。

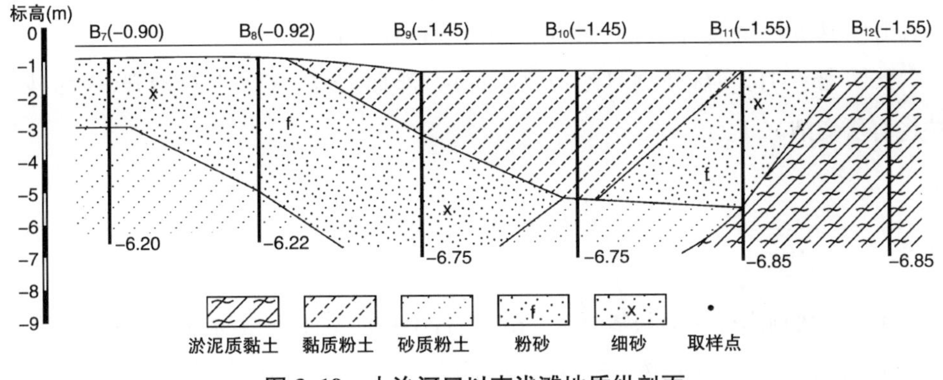

图 3.19　大治河口以南浅滩地质纵剖面

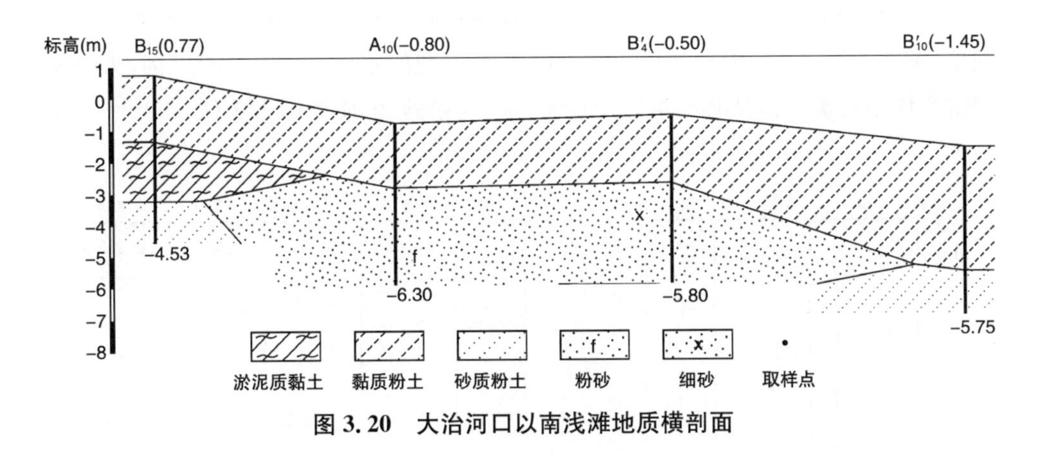

图 3.20　大治河口以南浅滩地质横剖面

3.3.6　新浏河沙

新浏河沙形成之前所在水域水深在 12～19 m，20 世纪 80 年代初，随着长江底沙的不断推移，堆积形成江心浅滩。表层砂由粉砂质砂、细砂组成，泥沙颗粒较粗，是分选较好的细砂物质，D_{50}在 0.075～0.186 mm 之间，其中细砂占 51%～96%，粉砂占 2%～47%，黏土含量不足 3%。

2004 年，有关单位对新浏河沙包进行了地质钻孔，7 个孔的孔口标高为 -1.0～-9.0 m，入土深度 5.0～14 m。取样土测试结果表明，新浏河沙包沉积物为黄色粉细砂层，粒径大于 0.075 mm 的颗粒含量为 80%以上，以细砂为主，呈分散状，局部夹黏性土微薄层（单层厚 0.2～0.5 cm）；砂层厚 4.8～14.0 cm（部分孔未穿透），

D_{50}为 0.149 4 mm。新浏河沙包是在 20 世纪 90 年代初由水流切割新浏河沙形成的，因此，其沉积物垂向分布特性与新浏河沙具有相似性。

2007 年 7 月，实施新浏河沙护滩工程后，滩面淤涨，高程不断抬升，表面沙颗粒将有所变细。

3.3.7 中 央 沙

中央沙滩顶高程在吴淞基面 3.0 m 左右，中央沙草滩沉积物为黄褐色及灰色粉砂黏土，厚度 1.5～2.0 m，0.005～0.074 mm 粉砂占 75%以上，土层在 +2.0～-15 m（有的孔可到 -22.0 m）范围内一般由细砂、粉砂、砂质黏土、黏质粉土组成。绝大多数钻孔资料显示，沉积层序存在灰黄色砂质粉砂与灰色黏质粉砂、粉砂黏土互层现象（图 3.21）。这与中央沙历史演变时期常出现的水深 2～5 m 的串沟，大量淤泥沉积槽中有关。但从整个沉积层序看，细砂、粉砂、砂质粉砂占主体。

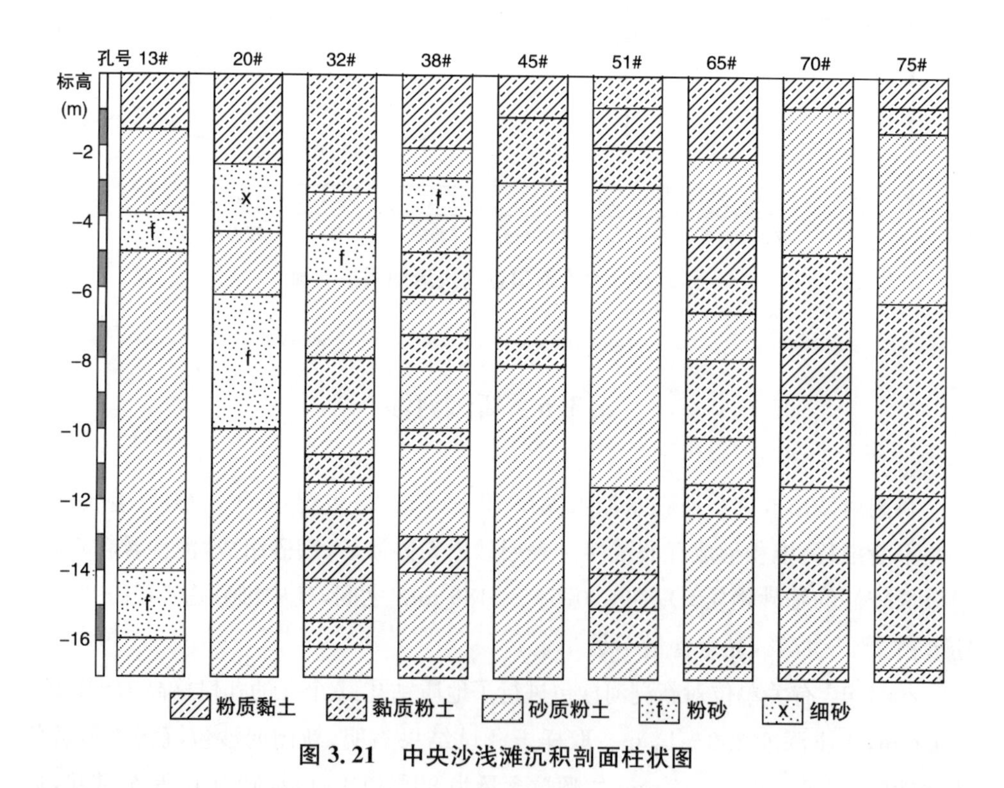

图 3.21 中央沙浅滩沉积剖面柱状图

3.3.8 北港六滧沙脊

六滧沙脊表层沉积物由细砂、粉砂质砂、砂质粉砂组成，D_{50}在0.09～0.17 mm之间，在奚家港东南侧的六滧沙脊下段组成物质较粗，细砂含量占87%以上，D_{50}在0.140 mm以上。

20世纪60年代，六滧沙脊所在范围为北港主航道，水深10 m以上。位于奚家港西南北港主槽内的16号钻孔，孔口标高－17 m，入土深度30 m(图3.22)。

图3.22反映了16号孔垂向地层大致可分为五层。0～－3.1 m，灰褐色细砂和粗粉砂，不含泥；－3.1～－17.7 m，深灰色泥夹薄层灰色粉砂，泥质纯；－17.7～－20.0 m，深灰色粉砂与黄褐色泥互层；－20.0～－27.5 m，黄褐色泥夹薄层粉砂，以泥为主；－27.5～－30 m，灰色细砂、粉砂，以砂为主。

根据地层层序，可以认为属于浅海相的深灰色泥层已被击穿。16号孔所在位置目前为六滧沙脊下段，沙体高程在0 m以上。由此可见，目前该河段细砂、粗粉砂层厚度达20 m左右。

3.3.9 北港北沙

北港北沙部分滩面落潮时露出水面，大部分为潮下滩，受风浪作用明显，表层沉积物较粗，D_{50}多在0.100～0.160 mm之间，砂含量在75%以上，黏土含量不足5%。但在涨落槽内的表层沉积物多为砂质粉砂，D_{50}为0.03～0.07 mm，砂占24%～45%，粉砂占48%～69%，黏土不足10%。

3.3.10 北港潮流脊

北港潮流脊大部分为潮下浅滩，部分沙脊落潮期出露水面。表层沉积物由细砂、粉砂质砂组成，D_{50}为0.100～0.192 mm，小于0.004 mm的黏粒含量多在3%以下，大于0.063 mm的颗粒占53%～96%。据钻孔资料(入土深度5 m)统计，小于0.005 mm的黏粒多在5%以下，粉砂含量多为5%～30%，大于0.074 mm的砂含量多在80%以上，有的土层由细砂组成，黏粒缺失。

地层剖面	地层编号	地层厚度	岩性描述
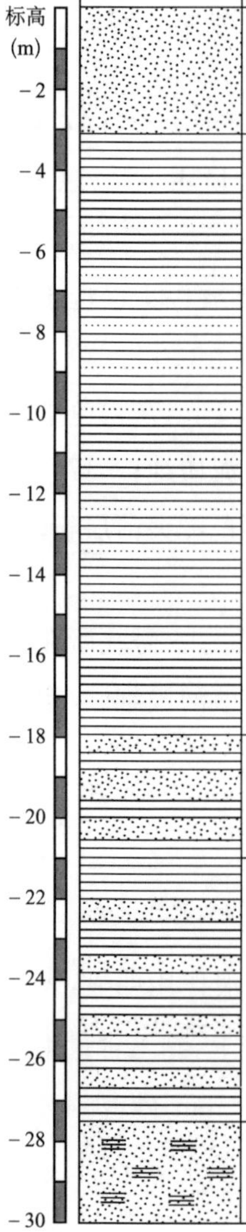 标高(m) −2	1	3.1	灰褐色细砂和粗粉砂，散粒状，不具层理，质纯，不含泥，无黏塑性，呈流沙状，矿物成分以石英、长石为主，次之黑色矿物和云母小片。
−4 −6 −8 −10 −12 −14 −16 −18	2	14.6	深灰色泥夹灰色粉砂薄层，泥质纯，细腻，黏塑性好，具水平层理，微波状层理，粉砂层厚1～2 mm，厚者达5 mm，有时粉砂不连续成层，含贝壳碎片，下部局部夹青灰色细砂层，含大量白色贝壳片。
−20	3	3.3	深灰色粉砂与黄褐色泥互层，具水平层理和微波状层理，粉砂层理厚1～2 mm,泥层厚1 cm左右,下部夹细砂层，厚<5 mm，含贝壳碎片。
−22 −24 −26	4	6.5	黄褐色泥与灰色粉砂互层，具水平层理和微波状层理，粉砂层理厚1～2 mm,泥质纯，细腻，层理厚1～2 cm，局部夹青灰色细砂，层厚3 mm，中含未腐烂植物质和贝壳碎片。
−28 −30	5		青灰色细砂，粉砂夹黄褐色泥层，砂呈散粒状，具水平层理，微波状层理，泥层厚2～10 mm，砂层理厚5～20 mm，含贝壳碎片。

钻孔日期：1965.5.9　　钻孔位置：长江口北港奚家港南面3公里左右　　孔口标高：−17 m

图 3.22　长江口 16 号(崇明奚家港南面)钻孔地层剖面

3.3.11　瑞丰沙咀

瑞丰沙咀表层沉积物由细砂组成，D_{50}在 0.100～0.200 mm 之间，80%以上的泥沙颗粒大于 0.063 mm，小于 0.004 mm 的黏土在 5%以下，0.004～0.063 mm 的粉砂仅占2%～18%，沉积物分选良好。另据地质钻孔资料分析（孔口标高0.14 m，入土深度45 m），土层分三层。0～－1.0 m淤泥；－1.0～－12.5 m砂质粉土；－12.5～－22.4 m砂质粉土夹粉质黏土；－22.4～－45.0 m粉质黏土（未穿透）。砂质粉土层（夹有粉质黏土）厚度达10.0 m左右，－22.40 m以下为浅海相的淤泥质黏土沉积。

3.3.12 杭州湾北岸

杭州湾北岸沉积物分布受长江口泥沙扩散和动力条件的影响，一般湾口物质较细，向湾内逐渐变粗，大致以金山咀为界，金山咀以东的地质类型以黏土质粉砂为主，金山咀以西则以砂质粉砂和粉砂占优势，而在金山咀至乍浦的近岸带有一条与岸线平行的砂带。

潮间带潮滩表层沉积物分布，从海堤向外，中值粒径变粗。高潮滩主要为黏土质粉砂，D_{50}为0.016～0.030 mm，中、低潮滩主要为粉砂、砂质粉砂，D_{50}为0.030～0.080 mm，分布范围东至芦潮港，西至上海石化厂。细砂—粉砂分布在金山咀岸滩，岸外已接近金山深槽，潮流作用强劲。据金山深槽附近的钻孔资料，在－30～－50 m的深度普遍有一层厚约20 m的晚新世粉、细砂层，平均粒径为0.050～0.110 mm。

风暴沉积是杭州湾北岸的重要地质现象。杭州湾大浪波高多为3～4 m，中、低潮滩受大浪作用显著，冲刷坑的长轴达2～5 m，使得滩面高低起伏，沉积物粒径粗化，为粉砂、粗粉砂。风暴过后，一部分细颗粒泥沙开始沉积。这种垂向上沉积物的不连续和粗化反映了杭州湾北岸风暴沉积结构的特点。

21世纪初以来，有关单位在杭州湾北岸实施了一系列促淤圈围工程，多数围堤建在吴淞高程零米线附近，高潮滩基本缺失，目前以中低潮滩为主。吴淞高程2.0～0 m之间的光滩，滩面沉积物为粉砂、砂质粉砂、粉砂质砂，D_{50}多在0.04～0.09 mm之间，黏土含量在10%以下。0～－8 m为水下斜坡，沉积物从上往下逐渐变细，斜坡上部相对较粗，D_{50}为0.06～0.02 mm，下部较细，D_{50}为0.02～0.006 mm。海床表层多为泥质粉砂。

第4章
潮滩演变分析

4.1 北支

4.1.1 水文泥沙特性

(1) 潮汐、潮流

北支的潮汐为非正规半日潮,受北支喇叭形河口影响,口外传入的潮波发生强烈变形,潮差增大,下段潮差大于上段。愈往上游,涨潮历时愈短,落潮历时愈长(表4.1)。

表4.1 青龙港、三条港潮位站潮位特征值统计表(吴淞零点)

特征值 \ 测站	青龙港	三条港
平均最高潮位(m)	5.32	5.53
平均最低潮位(m)	0.41	0.15
平均高潮位(m)	3.81	3.82
平均低潮位(m)	1.13	0.80
平均潮差(m)	2.69	3.07
平均涨潮历时(h)	3.2	4.9
平均落潮历时(h)	9.3	7.5

北支大、中潮涨潮流速大于落潮流速，青龙港码头前沿曾测得最大涨潮流速达3.70 m/s(1982年7月23日)。北支潮波变形强度大于南支，多年平均潮差也大于南支。

(2) 泥沙

北支的泥沙主要来自海域。涨潮平均含沙量通常高于落潮，2001年9月，青龙港河段大、中潮涨、落潮平均含沙量分别为3.03～3.69 kg/m^3、0.64～0.84 kg/m^3，涨潮含沙量为落潮含沙量的4～5倍。1958年以来实测潮流输沙量表明，大部分潮次涨潮输沙量大于落潮输沙量，造成北支河槽淤浅，并导致泥沙倒灌南支，成为南支上段河势不稳定的因素之一。

4.1.2 北支上段(崇头—青龙港)

北支是长江口第一级分汊水道，是在崇明岛的成型过程中形成的，历史上曾经是长江径流的入海主通道。18世纪以后，长江主流南移，南支成为长江主流入海通道，北支进流条件逐渐恶化，导致北支河道淤浅，河宽缩窄，河槽容积减小，处于衰亡过程中。

19世纪末至20世纪初，南北支分汊口上游通州沙水道主流走通州沙西水道，长江主流经浒浦、徐六泾一线下泄，在白茆沙头部前分为两股水流，其中一股水流直指北支。当时北支进流条件尚好，南、北支分流口河床断面面积比为2.4∶1(恽才兴，2004)，还能排泄长江径流总量的25％。

1915年海图反映了10 m等深线伸入北支纵深达16 km，北支5 m等深线基本全线贯通(图4.1)。

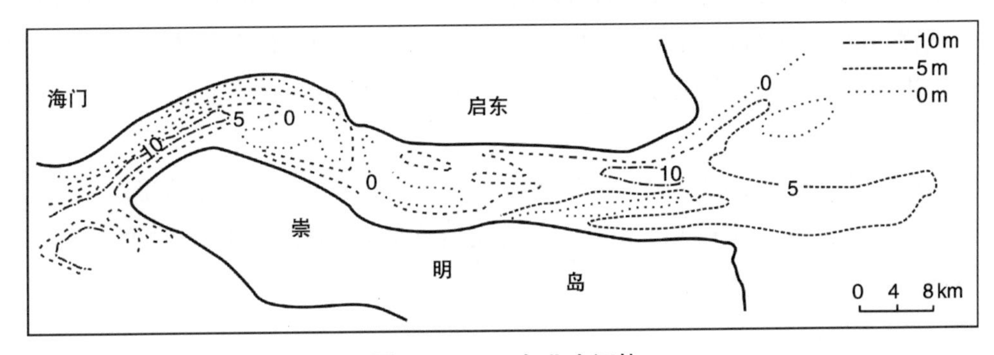

图4.1 1915年北支河势

1915－1958 年，其间经历了 1931、1949、1954 年长江大洪水，南通河段通州沙西水道发展，通海沙和江心沙淤涨，引起北支上口上游的徐六泾河段河槽发生了较大变化。造成北支上口 5 m 等深线中断，进入北支的分流量有所减少，南北支上口河床断面面积比为 4.9∶1(恽才兴，2004)。

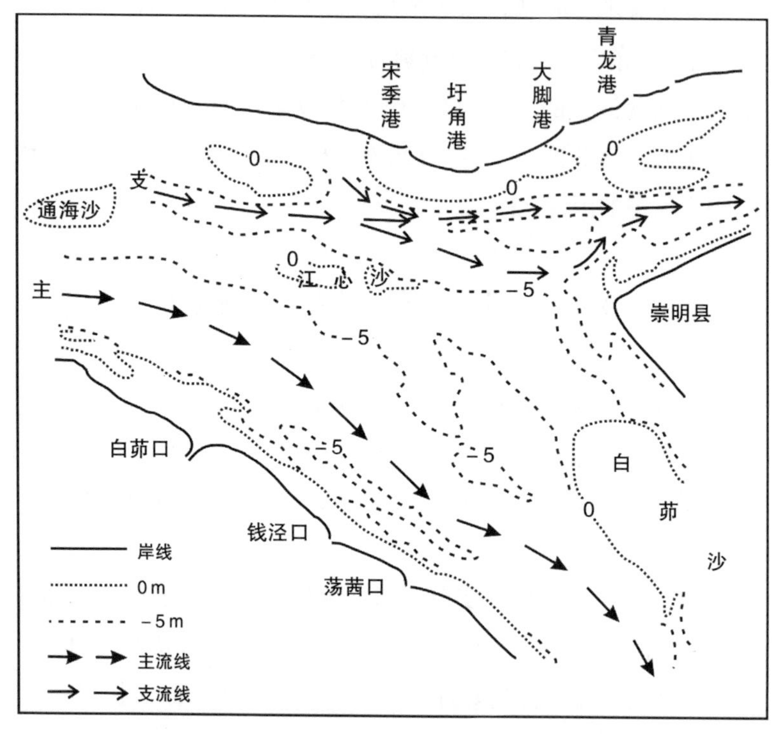

图 4.2　1940 年长江口南北支汇流区河势

1949 年、1954 年长江特大洪水后，位于天生港上游的海北港沙水道主流由北水道改走南水道，导致下游通州沙主流由西水道改走东水道，徐六泾一线顶冲点下移，长江主流偏靠南沿下泄，促使通海沙、江心沙、白茆沙等沙体不断淤涨扩展。进入北支的水流由江心沙夹泓和崇头水道进入，两股水流汇合后沿海门侧左岸下泄(图 4.3)。

徐六泾河段北侧大淤，老白茆沙北移并靠崇明岛。在 1958 年的海图上，北支上段 16 km 长的－10 m 槽已消失，仅在青龙港及北支北侧出现几个断续的－10 m 深潭，－5 m 槽主要分布在北支北侧及北支下口，北支南侧多为水深不足 5 m 的浅滩、沙洲(图 4.4)。

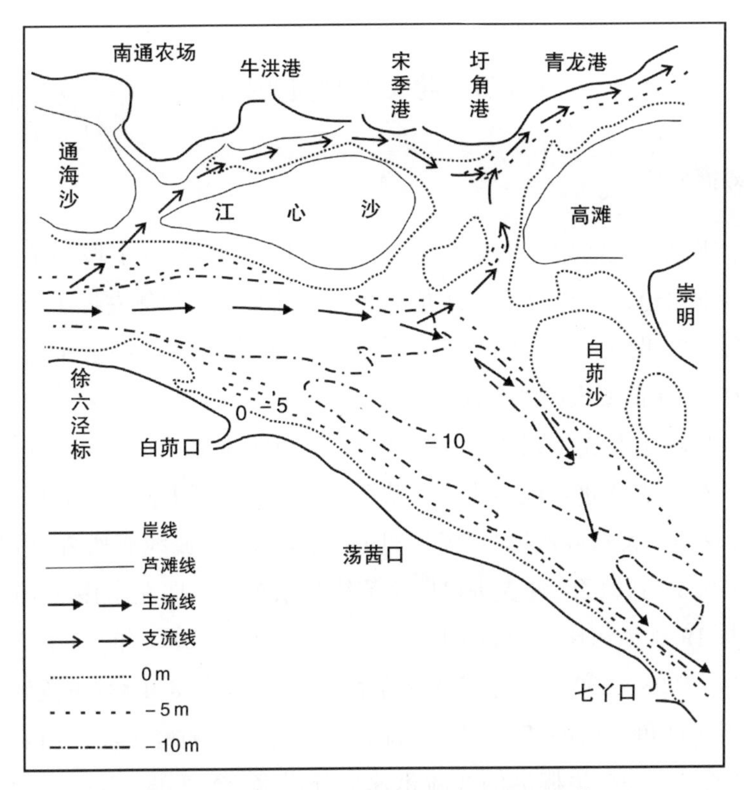

图 4.3　1958 年长江口南北支汇流区河势

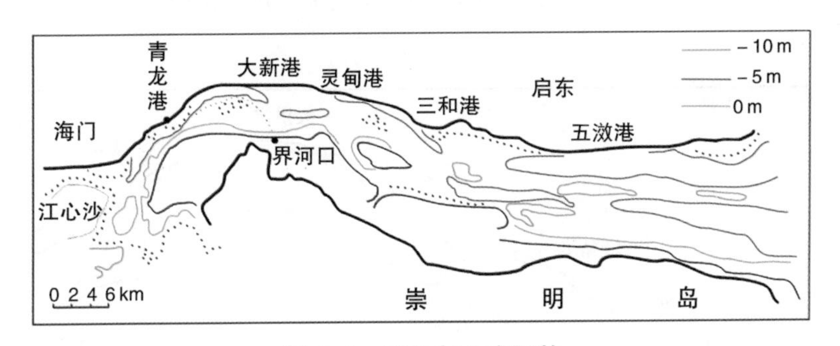

图 4.4　1958 年北支河势

1958 年以后，通海沙和江心沙先后围垦成陆，使徐六泾断面由 1861 年的 13 km 束狭至 1973 年的 5.7 km，成为人工节点。南、北支之间的分流角加大，几乎成直角正交，过水不畅，分流比由 1915 年的 25％减至 1958 年的 8.7％，大潮期出现水沙倒灌南支现象，北支已由落潮槽演变为涨潮槽。

4.1.3 北支上段演变特点

(1) 滩槽易位

北支青龙港以上河段呈西南—东北走向。1958 年,北支上段为单一河槽,径流从江心沙北水道及崇头两条通道进入北支,汇合后沿海门侧左岸下行,主流顶冲青龙港岸段。20 世纪 70 年代初,江心沙北汊封堵,长江径流贴崇头进入北支,深槽移至右岸,左岸深泓大幅度淤浅,逐渐成为浅滩。

图 4.5 反映了北支上段在 1978－2005 年期间主流线变化过程(胡凤彬等,2006)。1978 年,北支进口段主流线紧贴右岸崇头—牛棚港江岸后,开始向左岸过渡,进入青龙港—大新港弯道。1978－1983 年,右岸主流线有所外移,最大外移 2 500 m。1986－1991 年,北支进口段主流线从崇头往下向左岸移动,在圩角港断面主流线与 1983 年相比,左移约 1 300 m。1998 年与 1991 年比,主流线又左移 650 m 左右。1998－2001 年,主流线又左移约 300 m,2003 年后,主流线紧贴左岸海门港以下至圩角港下游江岸,至此,滩槽易位完成。随着主流线由右岸移至左岸,崇明岛西沿崇头—牛棚港的浅滩迅速向外淤涨,至 2003 年,已发展为上自崇头、下至牛棚港与崇明岸堤相连的边滩(图 4.6),称之为崇头边滩。目前崇头边滩 2 m 以上面积约 1.3 万亩,0 m 以上面积约 1.6 万亩(吴淞高程)。

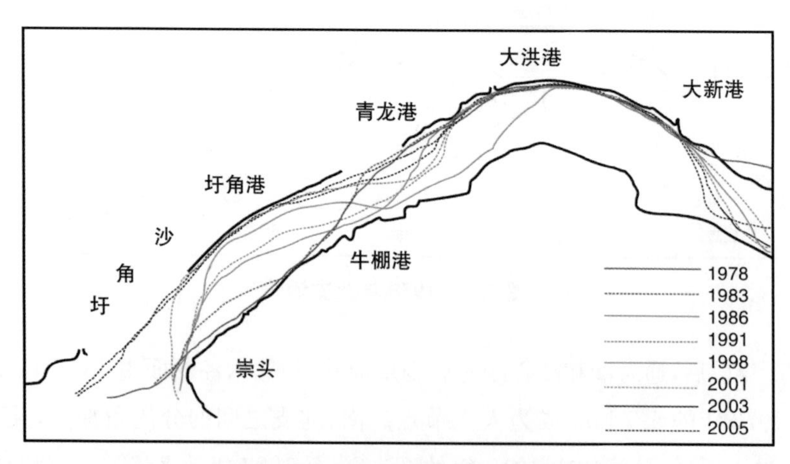

图 4.5 北支上段主流线变化过程(1978—2005 年)

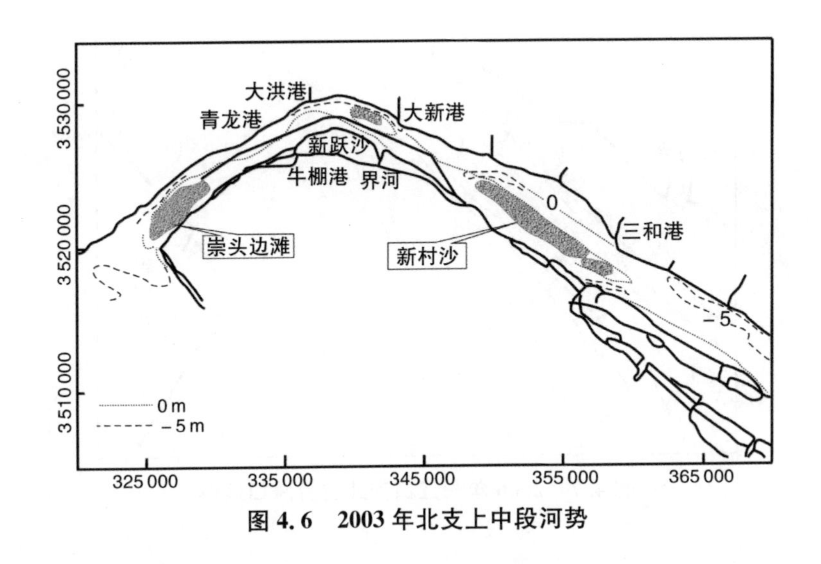

图 4.6　2003 年北支上中段河势

(2) 汇潮点迁移

随着灵甸沙、新跃沙相继围垦并岸，黄瓜沙(新隆沙)夹泓堵坝工程实施，北支中段河宽缩窄，潮波传播速度加快，北汊涨潮流得到加强，北支汇潮点位置西移。江苏海门市水利局曾于 1990 年冬季，在北支上段进行了两个航次的漂流测验。结果表明，汇潮点位置均在圩角港附近。另据长江口水文水资源勘测局 2004 年的水文测验资料，表明观测期间汇潮点已移出北支，在白茆沙北水道的范围内。两家单位的观测资料反映了，南北支分流口水流复杂，汇潮点处于迁移变化之中，汇潮点迁移出北支有利于北支上段水道水深的维持。汇潮点是相异方向的两股潮流相遇之处，汇潮点随河槽地形变化、径流分流量大小、潮波传播速度快慢而发生迁移，通常是一个汇潮区。汇潮区与河床淤积部位密切相关，应加强对汇潮区的检测工作，为北支整治工程提供基础资料。

(3) 崇头潮汐堆积体西伸

经 2006 年与 2008 年地形图比较，北支进口段发生了明显变化。在 2006 年地形图上，因受北支泥沙倒灌影响，形成崇头潮汐堆积体地形，－1 m、－2 m、－3 m、－4 m 等深线呈向西偏南向延伸，犹如一个等腰三角形，－4 m 航槽紧贴北支海门(图 4.7)。在 2008 年地形图上，崇头西侧出现一个朝西南向的水深小于 1.0 m 的沙体，同时－2 m、－5 m 等深线横越北支进口段(图 4.8)。显然这一地形增加了北支

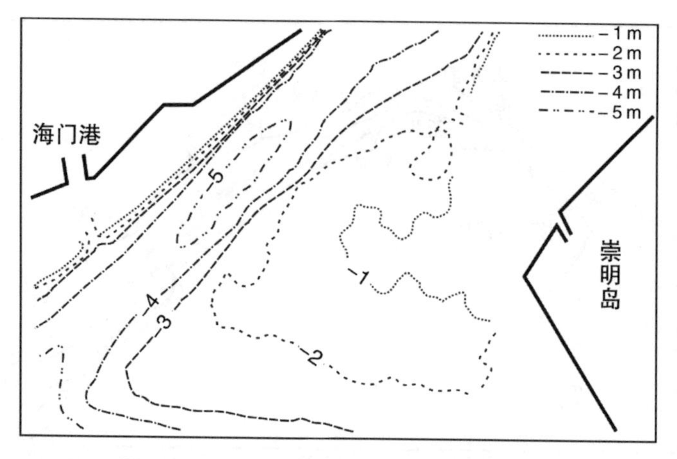

图 4.7　2006 年长江口南北支分流口地形

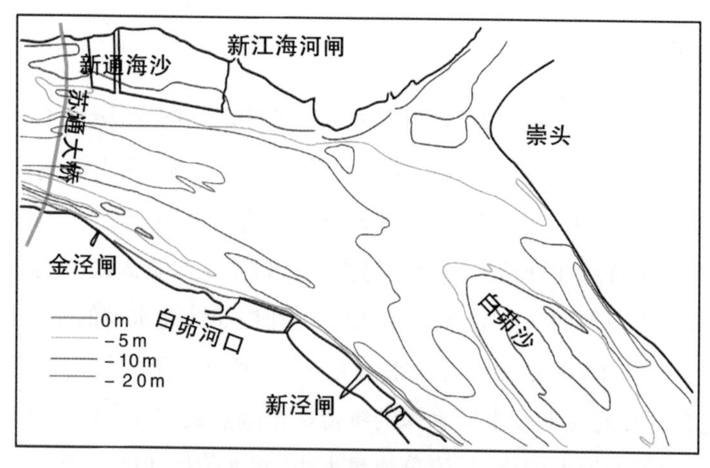

图 4.8　2008 年长江口南北支分流口地形

进流的阻力，不利于北支上段左岸航槽的稳定（胡凤彬等，2006）。

江苏海门市的新通海沙圈围工程围堤建成后，河宽平均缩窄 1.5 km，使徐六泾节点河段进一步缩窄至约 4.2 km。过水断面缩窄，围堤前沿的涨落潮流速加大，流向趋于平顺。应关注其对北支进口段水流、地形的影响。

据有关单位水文测验资料分析，长江分流北支的流量目前不足 5%，因此北支的治理应遵循改善北支上段的进流条件、维持北支必要的落潮分流比的原则。为此，建议在制定崇头边滩圈围规划治导线时要考虑北支上段合理的平面形态，对崇头边滩圈围应慎重考虑。

4.1.4 北支中段(青龙港—三条港)

北支中段水沙运动复杂,底沙运动活跃,滩槽冲淤频繁。下面分别就新跃沙、灵甸沙、新村沙、永隆沙、黄瓜沙(新隆沙)等沙体的变化加以分析。

(1) 新跃沙

北支上口河势的变化,导致进入北支落潮流顶冲北岸大洪港—大新港岸段,形成青龙港—大新港弯道岸线的凹岸、对岸崇明北沿岸线向北凸伸的弯曲型河段,落潮流经弯顶后折向东南下泄,造成崇明北沿界河以西水流缓慢,泥沙落淤,5 m、2 m 等深线大幅度北移,离海门岸堤最窄处分别为 500 m、750 m,距崇明北沿大堤最宽处分别为 3 600 m、3 200 m,淤涨大片浅滩,大部分水深不足 2 m,滩顶高程达 0.8 m(理论深度基面)。这是弯道水流造成凹岸冲刷、凸岸淤积的地貌现象。新跃沙在 20 世纪 50 年代后期已初具规模,1968—1969 年,对新跃沙进行了圈围,现在的崇明县新村乡就是在所围土地上筹建起来的。

(2) 灵甸沙

1958 年前后在灵甸港至三和港之间有一暗沙,取名灵甸沙,面积约 2 km^2。1958—1978 年,灵甸沙不断淤涨,面积达到 16 km^2。1978—1984 年,北支中段主流南移,灵甸沙体被切割成左、右两块,右沙体发展为后来的新村沙,左沙体于 1991 年后并靠北岸。

(3) 新村沙

新村沙,又称永隆新沙,由灵甸沙体被切割后的右沙体发展而成,位于灵甸港—灯杆港—三和港—红阳港河槽内,纵长 16 km,宽约 1.5 km(图 4.9)。因受新隆沙围堤下延以及新隆沙夹槽潜坝截堵等因素影响,新村沙北汊发展,南汊萎缩,呈北坍南淤趋势。

(4) 永隆沙

永隆沙是 1937 年在北支江中出露的一个沙洲。20 世纪 50 年代后期,北支变为涨潮槽,同时在科氏力作用下,形成北坍南涨的局面,坍落的泥沙进一步促进了

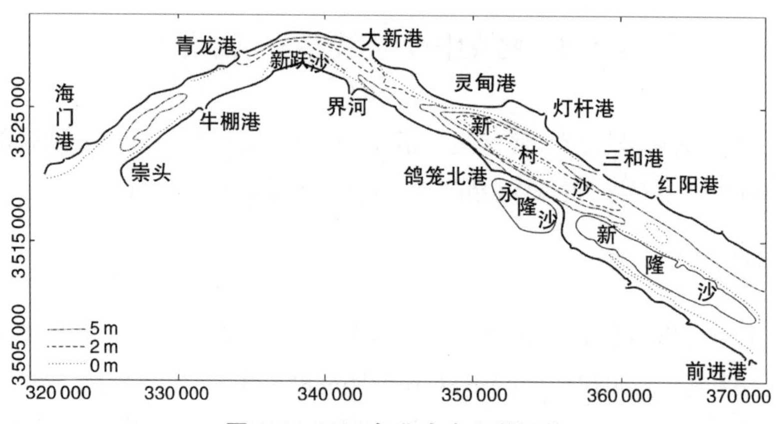

图 4.9　2001 年北支中上段河势

永隆沙向南淤涨，右汊迅速淤积萎缩，深泓北靠，1968 年围垦，1975 年永隆沙右汊筑坝促淤并靠崇明岛，河宽从 12 km 束窄至 4.5 km，喇叭状河口更为明显，潮汐作用进一步加强，加快了北支的淤积速度。

(5) 黄瓜沙(新隆沙)

永隆沙并靠崇明岛后，其下游的黄瓜沙(由黄瓜一沙和黄瓜二沙组成)，淤涨迅速，东西长约 19 km，南北最大宽度 2.4 km，滩顶高程在 2.0 m 以上。黄瓜沙与崇明岛北岸之间的夹泓已于 2003 年围堵，为上海建造了一个 17 km^2 的“北湖”，成为鸟类的栖息地。作为生态湖，为促进崇明生态旅游提供了景点。

4.1.5　北支下段(三条港—连兴港)

三条港以下，河槽宽度不断增大，连兴港断面河宽达 12 km。河段的地貌特征是:江心出现一系列与主流线方向一致的潮流脊，分别为黄瓜三沙、黄瓜四沙、黄瓜五沙、无名沙等，多发生在水道中央。潮流脊北侧为主槽，南侧为副槽，副槽处于淤浅萎缩之中。潮流沙脊主要由细砂、粉砂、砂质粉砂组成。

1958 年北支下段河道宽浅，三条港以下形成了顺河道走向存在于河道中央的心滩型潮流脊(图 4.10)，潮流脊与主槽高程差 8 m 左右。心滩型潮流脊，呈长条状，形成于涨落潮流路之间的缓流区，有利于泥沙堆积。在强劲的往复流作用下，平面位置相对比较稳定。

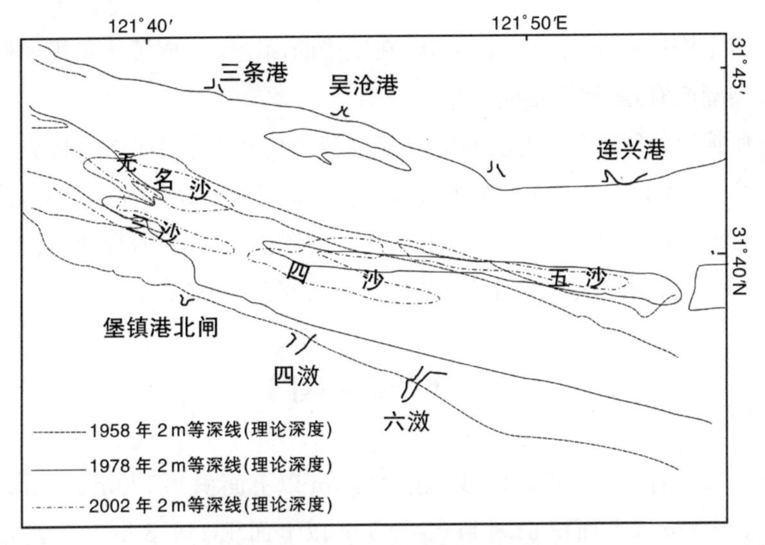

图 4.10 北支下段潮流脊变化

从图 4.10 可以看出，在 121°48′E 位置，1978 年和 1958 年潮流脊位置没有发生大的变化，在该位置下游向北迁移，在该点上游向南迁移。启东江岸同步侵蚀北移，崇明边滩向北淤涨，潮流脊北侧主槽北摆和南侧副槽随之向北移动，结果是潮流脊北移，这是海口段强劲涨潮流侵蚀后自然演变的结果。从图上还可以看出，上游潮流脊向南迁移，1958 年三条港附近潮流脊被冲刷，北支下泄水流通过被冲刷的潮流脊位置向南侧副槽输运，1978 年 2 m 等深线随着新隆沙(黄瓜沙)的强烈淤涨而从新隆沙尾部向南与北堡镇边滩相连，使北支下段主槽副槽分隔的形势主要体现在三条港下游，结果潮流脊头部冲刷，而且 121°48′E 以西潮流脊平面位置南移。

黄瓜五沙与 1978 年潮流脊位置相近，因为 1978 年以后启东江岸稳定，也使潮流脊位置渐趋稳。北堡镇上游黄瓜沙淤涨，但其北侧岸线冲刷后退，因而沙尾不断向下游淤积延伸，黄瓜沙北侧冲刷促使无名沙逐渐形成。无名沙的基础是 1958 年时潮流脊的上部。黄瓜沙尾延伸，形成了黄瓜三沙和黄瓜四沙。三沙、四沙是在 1978 年北支下段副槽的基础上逐渐形成的。无名沙、三沙、四沙是三条港断面上游北支局部河势演变造成的，北支主槽变化不大，北支副槽淤积趋势十分明显。吴沧港断面下游黄瓜五沙位置比较稳定。副槽中黄瓜四沙呈马蹄形心滩，水流比较复杂，同时揭示副槽淤积仍然是一种趋势。

2002年北支下段潮流脊分布又发生了一些变化，主要在吴沧港上下游。由于吴沧港断面主槽拓宽，涨落潮流路分歧，在主槽断面上又形成了一条规模较小的长条状心滩型潮流脊，顺河道走向分布。

综上所述，1958年后北支演变为以涨潮流占优势的涨潮槽，引起涨落潮泥沙输移不平衡，导致北支处于淤积萎缩过程中。同时北支涨落潮流路分离，江中出现浅滩，把河槽分成左右两汊，左汊涨潮动力强，右汊落潮动力弱，导致右汊逐渐淤浅直至衰亡。崇明北沿滩地总体上呈现向北淤涨的演变趋势。

4.1.6 北支口门

北支出口处有一沙洲谓顾园沙，顾园沙2 m以上面积0.5 km^2，0 m以上面积20.2 km^2，－2 m以上面积63.4 km^2，－5 m以上面积139.8 km^2（上海市滩涂资源报告，2012）。2005年以来，顾园沙基本上处于稳定状态。

顾园沙沙体及其附近地形变化对北支的水沙通量及河槽演变产生重要作用。

顾园沙南北两侧各有一条航槽，分别为顾园沙南槽、顾园沙北槽。北槽走向为东西偏北，南槽走向为东南西北，与外海潮波进入长江口时的传播方向相符。

通过2007年3月中旬在顾园沙南北槽的水文泥沙观测，对该水域的动力、泥沙条件有了初步认识。

顾园沙南槽水动力强度大于北槽。南槽涨落潮平均流速分别为1.25 m/s、0.96 m/s，最大涨落潮流速分别为2.42 m/s、1.81 m/s，北槽涨落潮平均流速分别为1.11 m/s、0.82 m/s，最大涨落潮流速分别为2.18 m/s、1.40 m/s。顾园沙南北槽涨潮流速均大于落潮流速。

南槽涨落潮流主流向为290°～303°、117°～125°，呈东南—西北向，北槽涨落潮流主流向为233°～240°、60°～63°，呈东北偏东—西南偏西向（图4.11）。

北槽大潮涨落潮平均含沙量分别为1.298 2 kg/m^3、1.371 7 kg/m^3，南槽大潮涨落潮平均含沙量分别为0.652 5 kg/m^3、0.910 6 kg/m^3，北槽含沙量明显高于南槽。大潮涨落潮平均含沙量大于小潮，为小潮的2.3～4.4倍。

20世纪50年代初，顾园沙已存在，0 m浅滩纵长13 km，南北最宽处2.5 km，面积约16 km^2，顾园沙南侧水道深7 m左右，北侧水道水深2～3 m，顾园沙主体长期稳定。由于顾园沙南槽与口门涨潮流方向基本一致，与北槽相比，涨落潮流速大，含沙量低，有利于南槽的生存发展，可以考虑作为建港的后备资源。

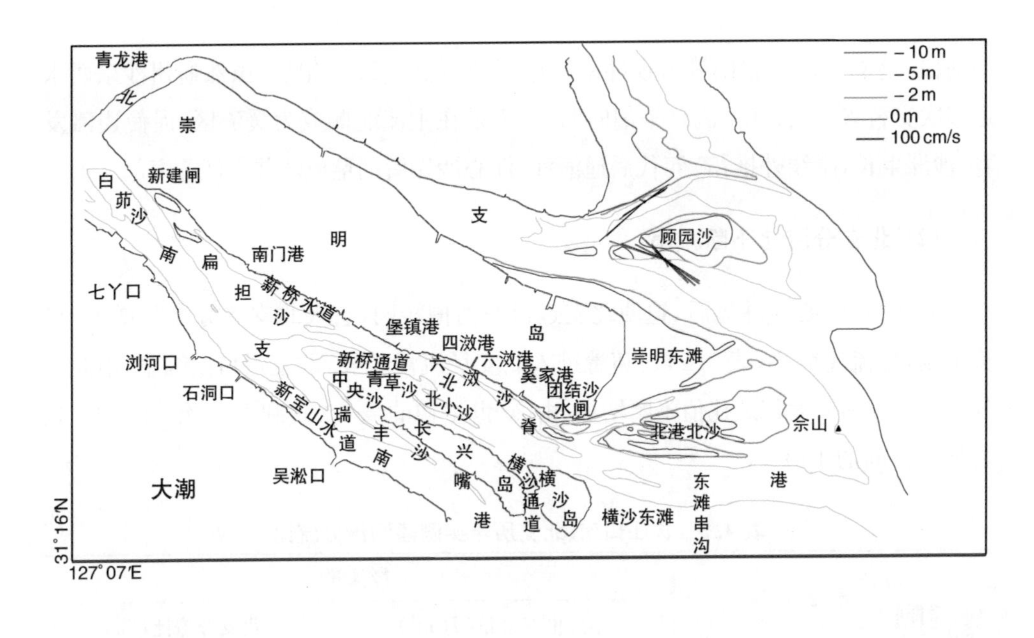

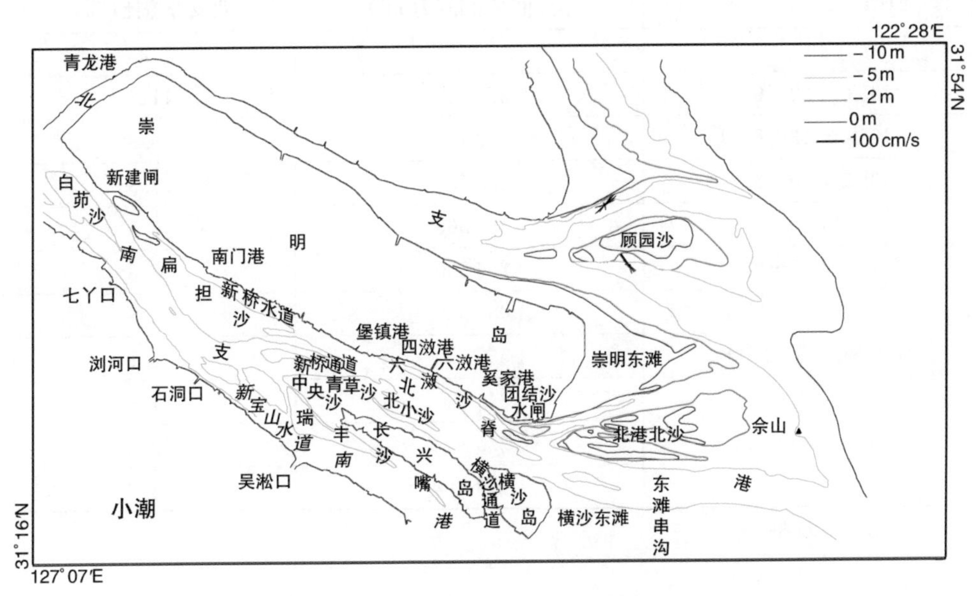

图 4.11　顾园沙南北水道流速矢量

4.1.7　北支淤浅萎缩原因分析

(1) 徐六泾河段长江主流长期南偏

19 世纪后期,长江主流经海北港沙北水道顶冲刘海沙,然后折向天生港至狼山河段，落潮主流受狼山挑流顶冲南岸徐六泾河段。20 世纪后，虽然通州沙东西水道多次交替兴衰，长江主流总是偏向南岸，于是在主流北侧成为缓流区，促使边滩发育，沙洲生长，岸线外推，50 年代后通海沙、江心沙先后围垦成陆并靠江苏海门。

(2) 北支分流比不断减小

通海沙、江心沙并靠后，迫使北支近口段河槽转向，进入北支的分流角增大，泄流不畅，分流比减小(表 4.2)。随着进入北支径流量减少，北支近口段缩窄，南北支分流口河床断面面积之比值不断增加，由 20 世纪初的 2.4∶1，到 1958 年的 4.9∶1，增加至目前的 10∶1。

表 4.2　长江口南、北支历年实测落潮量分流比

时间	径流量	
	南、北支总量(万 m^3)	北支分流比(%)
1915		25
1958.9.22—9.23	372 600	11.8
1959.8.13—8.21	312 100	9.3
1959.8.20—8.21	335 500	−2.3
1971.8.9	287 500	−7.5
1978.8.5—8.7	206 500	−2.8
1984.8.28—9.4	1 083 989	4.8
1988.3.3—3.11	1 557 000	3.7
2002.9.22—9.31	349 780	−1.9
	335 130	2.2
	319 414	3.2

“−”表示北支倒灌

(3) 水沙条件有利于形成潮流脊地形

北支径流下泄量的不断减少，导致涨潮流加强，涨潮流夹带大量泥沙进入北支。在科氏力作用下，涨潮流偏北，落潮流偏南，在涨落潮流的分歧处，流速减弱，泥沙容易落淤，形成江心沙、潮流脊。同时，涨潮流夹带大量泥沙进入北支，为潮流脊的发育提供丰富的物质来源。潮流脊的形成使北支河道转化为复式河槽，潮流脊北侧为北汊，南侧为南汊。显然北汊涨潮流强，南汊落潮流弱，形成北支河槽呈北冲南淤、江心沙洲南靠崇明岛北沿、过水断面不断缩窄的特点。

(4) 围垦工程使北支喇叭状河型愈加明显

解放后,北支上、中段的多次围垦工程缩窄了北支河宽,喇叭状河型愈加明显。20 世纪 60 年代北支上段通海沙、江心沙围垦,70 年代永隆沙并靠崇明岛,北支中段河宽从 12 km 缩窄至 4.5 km,使北支喇叭状河型更加明显,加剧了潮波变形,进一步促使北支进潮量、进沙量的增加。90 年代实施的圩角沙围垦工程,将北支上段海门与崇明的岸堤距离由 4.0 km 缩窄至 3.0 km,原圩角沙群间滩面水流归槽,促进了圩角港—长江水厂一线前沿航槽形成和发展,完成滩槽易位的地形变化。北支上段圩角沙的圈围进一步恶化了北支的进流条件,加剧了北支的潮波变形,加速了北支淤积萎缩过程。

4.2 南支河段

4.2.1 白 茆 沙

白茆沙河段位于长江口南支上段,自徐六泾至七丫口,全长约 35 km,江面宽度在 7.5～11 km 之间。江中的白茆沙将长江南支上段分为白茆沙南水道和北水道,南北水道水流在下游七丫口断面处汇合。此河段平面形态上为藕节型,是较为稳定的江心洲河型,目前保持着白茆沙南北水道“南强北弱”的态势。说明长江来水变差系数小,挟沙力和挟沙量基本平衡。

白茆沙在 1861 年图上已经存在,至今已有一百五十多年的历史了,根据其发育演变的特点,分为三个阶段叙述:

(1) 1861－1958 年

1861 年,白茆沙 5 m 水深以浅面积约为 36 km^2,徐六泾主槽直指白茆沙北水道。

1900－1912 年,其间连续有 6 年(1905－1912)为大水年份,大水趋直,主流改走南水道,白茆沙北移。

1912－1926 年,南水道不断冲深展宽。1920 年后,南水道内形成 5 m 水深以浅的沙包,同时形成白茆沙中水道,替代北水道。1930 年,白茆沙 5 m 水深线与崇明岛相连，新白茆沙南、中水道10 m水深贯通。

1948年后，通州沙西水道萎缩，东水道替代西水道，又遇1954年长江特大洪水，主流再次走白茆沙南水道，老白茆沙北靠崇明岛。

近百年来，白茆沙河段的河势变动往往受制于上游通州沙河段的演变和主流摆动，根本原因则是来水来沙条件的变化及边界条件的改变。长江主泓出徐六泾后，经历了两次较大的摆动，第一次为19世纪末，因上游河道主流改道，以致主流由白茆沙北水道转入南水道；第二次为20世纪20年代，上游主流再度摆动，切滩形成由北向南的白茆沙中水道，主流改走中水道。每次由北往南的摆动，大约需要三四十年时间。

(2) 1958—1997年

1958年徐六泾节点形成后，原白茆沙北水道淤浅，老白茆沙北移并靠崇明岛，中水道代替北水道。南水道冲刷扩大，在六文泾北侧白茆沙南水道河道中形成了一个新的沙体，即为新白茆沙的雏形。之后该沙体迅速发展，逐渐发育成较完整的浅滩并淤高扩大，5 m等深线以浅面积由1965年的1.5 km^2扩大至1992年的33.8 km^2。徐六泾深槽多年来一直稳定指向白茆沙北水道，但由于北水道弯道阻力大，水流过滩入南水道，因而南水道下口宽深并顺直与南支中段主槽相接。1981年以后，主流线北偏，白茆沙北水道有所恢复，到90年代初，白茆沙南、北水道-10 m深槽均贯通，成为历史上发展最好的10 m航槽双通道时期，90年代以后白茆沙沙体开始后退并萎缩。

(3) 1997—2004年

1997年后主流线南偏，白茆沙北水道上口再度萎缩，同时白茆沙头受冲，整个沙体往下游移动并缩小。据统计，1997—2004年，白茆沙沙头5 m等深线后退约1.3 km，沙尾5 m等深线上提约3 km，白茆沙5 m水深以浅沙体面积累计减小了9 km^2，年均减小约1.8 km^2(表4.3)。

表4.3 白茆沙沙体5 m水深线近年来的变化

年份	面积/km	沙头下移距离/m	沙尾下移距离/m	沙体最高点高程/m	沙体个数
1999	36.6	—	—	-1.9	2
2001	34.7	470	-510	-1.9	2

续　表

年份	面积/km	沙头下移距离/m	沙尾下移距离/m	沙体最高点高程/m	沙体个数
2002	32.9	940	－1 620	－2.2	2
2003	31.5	1 110	－1940	—	2
2004	27.5	1 297	－2 860	—	2

注:(1)沙头、沙尾下移距离“＋”表示下移,“－”表示上提,下移距离均与1999年情况相比;沙体最高点高程“－”表示0 m以上。

4.2.2　白茆沙南北水道

现在的白茆沙南北水道是在1958年前后形成的,随着白茆沙淤积扩大抬高,白茆沙南北水道逐渐成型、加深、发展。白茆沙南水道呈东南走向,与南支下段主槽平顺相接,水流较为顺畅,故长期维持着良好的水深。白茆沙北水道受北支水沙倒灌等因素影响,使北水道上口萎缩、淤浅。20世纪80年代开始,由于上游河势变化,在长江径流作用下,北水道冲深,直至1994年,白茆沙南北水道10 m水深贯通。

1998年、1999年长江发生大洪水,白茆沙南侧串沟被冲开,形成10 m等深线向下游闭合的中水道。至21世纪初,中水道10 m等深线由向下游闭合转为向上游闭合,反映了中水道由落潮流控制转由涨潮流控制,中水道将由盛转衰。中水道的出现破坏了白茆沙的完整和稳定。据作者估算,白茆沙南北水道分流比若保持在2∶1左右,中水道替代北水道的历史现象难于重现。

白茆沙南、北、中水道的变化对白茆沙沙体的稳定起到非常重要的作用。1997年以来白茆沙南水道呈发展趋势,白茆沙北水道呈持续淤积趋势,至2007年10 m槽中断长度达6 km,白茆沙南北水道继续保持“南强北弱”的态势。随着白茆沙南水道的发展和北水道的淤浅,加以南岸围堤的挑流作用,落潮主流出七丫口后北偏,扁担沙南沿受冲,导致七丫口至浏河口区段的南支主槽宽度增加。

影响白茆沙河势稳定的因素非常复杂,其中最主要的有以下四种:

(1) 徐六泾深槽位置摆动。历史资料表明,徐六泾节点段深槽位置在20世纪70年代和20世纪末处于南移阶段,10 m槽偏离白茆沙北水道,造成北水道恶化。目前徐六泾15 m、12 m深槽过白茆河口后转为东南向下延,12 m槽与白茆沙南水道相接,有利于白茆沙南水道发展,不利于北水道的稳定。

(2) 特大洪水破坏白茆沙沙体。如1920－1921年长江大洪水,白茆沙被切开形成中水道，导致河势大调整。又如1954年大洪水，老白茆沙北移并靠崇明岛。1998—1999年大洪水白茆沙再次受冲，产生中水道。

(3) 北支泥沙倒灌造成白茆沙北水道上口的淤积，1958年后这一现象非常明显。今后随着崇明北沿二期促淤圈围工程的上马，北支中、下段河槽缩窄近二分之一，将减少北支水沙倒灌南支，对白茆沙北水道的稳定是有利的。

(4) 边界条件。徐六泾河段通海沙和江心沙的围垦，使河道由13 km缩窄至5.7 km，至新建闸断面为8.4 km，中间最宽11 km，成藕节状河段，有利于白茆沙体的相对稳定。白茆沙北水道北边界崇明南岸修建了一系列护岸丁坝，加固了海塘，限制了弯道的自由发展。同时白茆沙近几年高程在增加，增强了抗冲能力。

综上所述，白茆沙河段近年来河势是相对稳定的，但白茆沙南北水道"南强北弱"以及白茆沙头受冲下移等现象，对白茆沙河段河势稳定带来隐患。夏益民等(1998)、林顺才等(2006)认为，控制白茆沙河段河势稳定是关系到南支河段河势稳定的关键，建议抓紧对白茆沙河段进行治理。

4.2.3 扁担沙

扁担沙是南支河道中规模最大的江心沙洲。0 m、-2 m、-5 m以浅面积分别为22 km^2、71 km^2、117 km^2，是上海市主要的后备土地资源之一(图4.12)。但因大部分潮滩高程低于吴淞零点，所以至今尚未圈围利用。

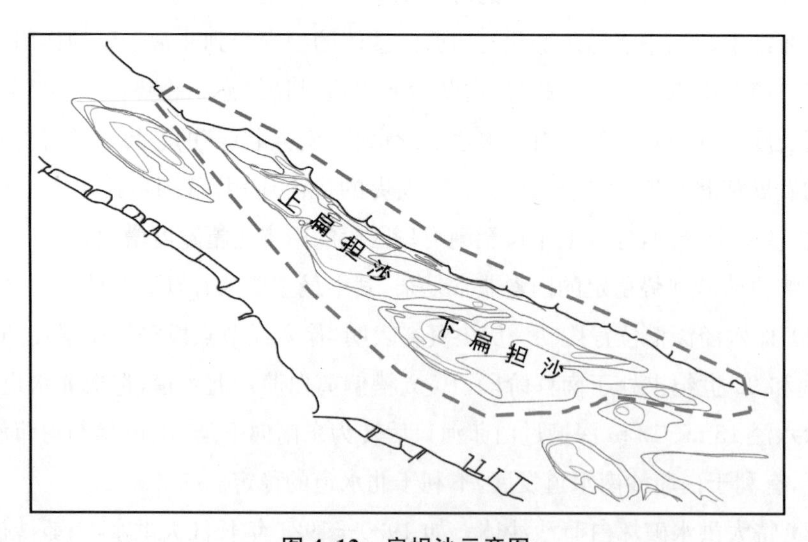

图4.12 扁担沙示意图

(1) 历史演变

在 1861 年海图上，白茆沙南北水道汇流后主流靠南岸下泄，崇明岛西南岸外成为缓流区，形成大片边滩沙咀(浅滩)，根部与崇明岛相连(图 4.13)。在南门港以南的浅滩上一度淤积成陆，即南丰沙，形成于 1900－1912 年间(图 4.14)，后在东南风浪和涨潮优势流综合作用下向西迁移，沙尾受冲坍塌，面积逐渐缩小，1912 年时沙体长 7 km，1924 年沙体长 6 km，1958 年面积还有 3.79 km^2，1963 年为 2.395 km^2，1969 年只有 0.71 km^2，1975 年 1 月冲刷殆尽，但南丰沙基座依旧存在。

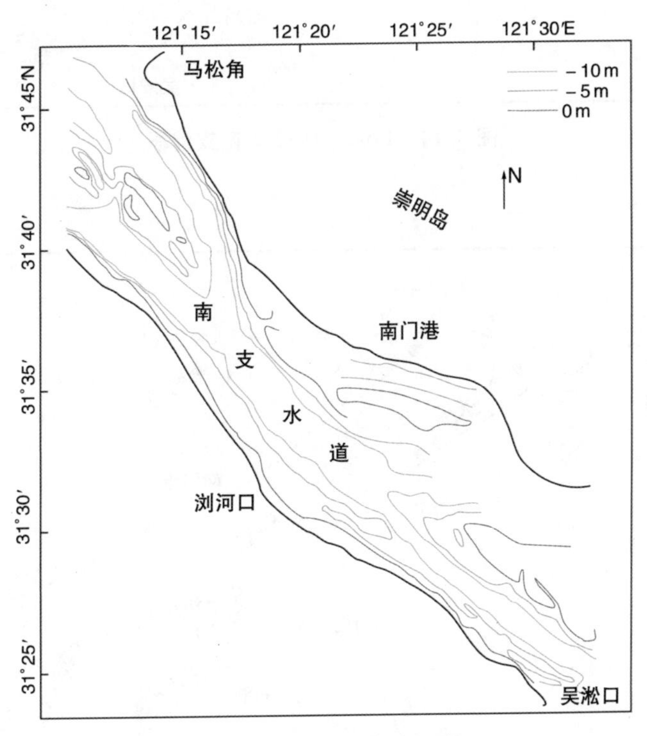

图 4.13　1861 年南支河段

20 世纪 50 年代，南北支分汊口河势发生了重大变化，在其过程中扁担沙基座逐渐淤涨扩展。1949 年和 1954 年，长江发生特大洪水，大水流路趋直，老白茆沙南水道发展迅速，老白茆沙北水道迅速萎缩，老白茆沙向北移动并靠崇明岛，北支口大淤，老白茆沙沙尾和扁担沙相连，扁担沙基本成形(图 4.15)。60 年代，扁担沙自上向下明显存在 5 条横向串沟，以适应南支主槽和新桥水道之间的水沙交换。在老白茆沙南水道中出现了一个新的沙体，即现在白茆沙的雏形，南北两侧水道就

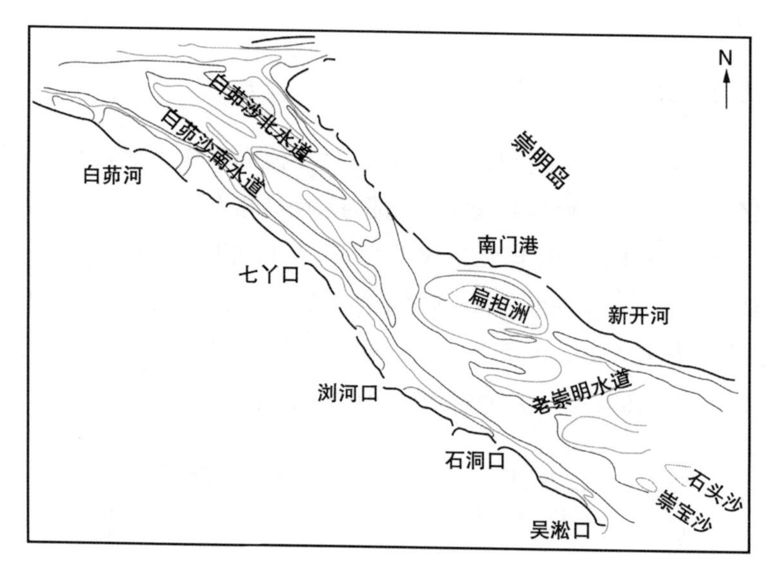

图 4.14　1900—1912 年南支河段

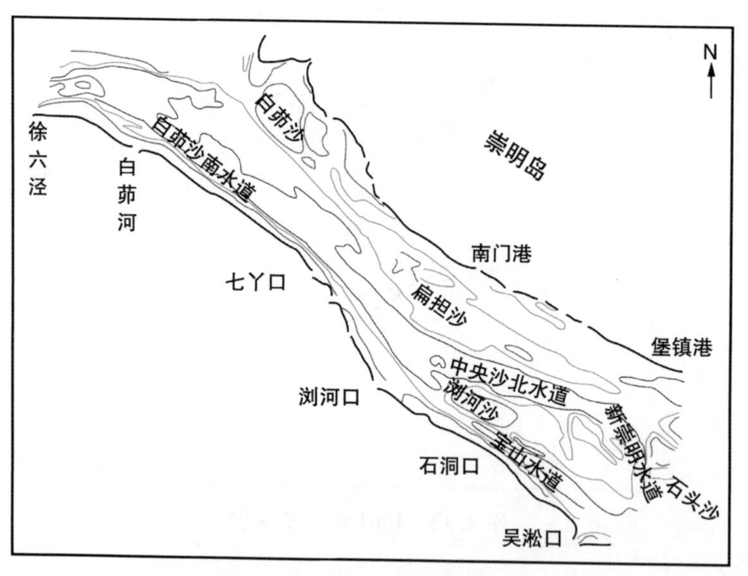

图 4.15　1958 年南支河段

是现在的白茆沙南北水道的初期形态。

1966 年白茆沙南北水道汇流后主流靠南岸下泄进入南北港分流河段，老白茆沙向崇明岛西南岸并岸，扁担沙以边滩沙咀形态顺主槽走向分布在南支河道中，0 m 沙体增加，横向串沟清晰(图 4.16)。

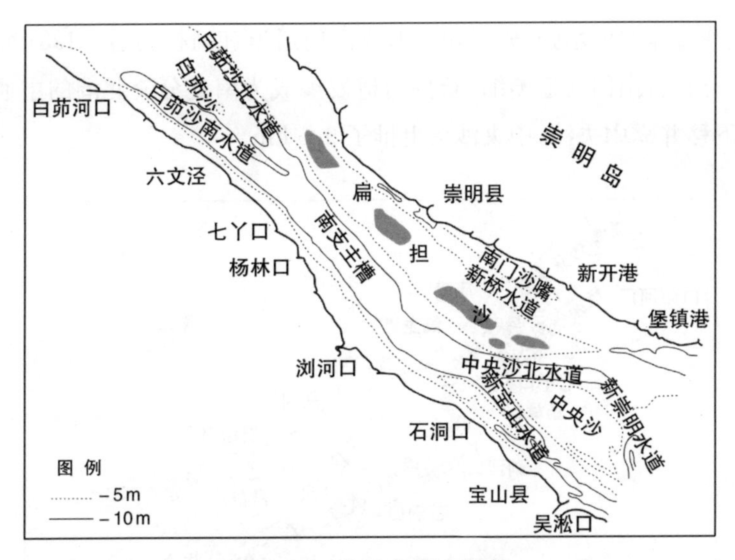

图 4.16　1966 年南支河段

70 年代初，南支河段出现两股分汊：新宝山水道和中央沙北水道，南支落潮流分别经新宝山水道和中央沙北水道进入南、北港，河势十分稳定。因此 1973 年的河势是历史上长江口南北港分流口河段最为稳定的河势(图 4.17)。

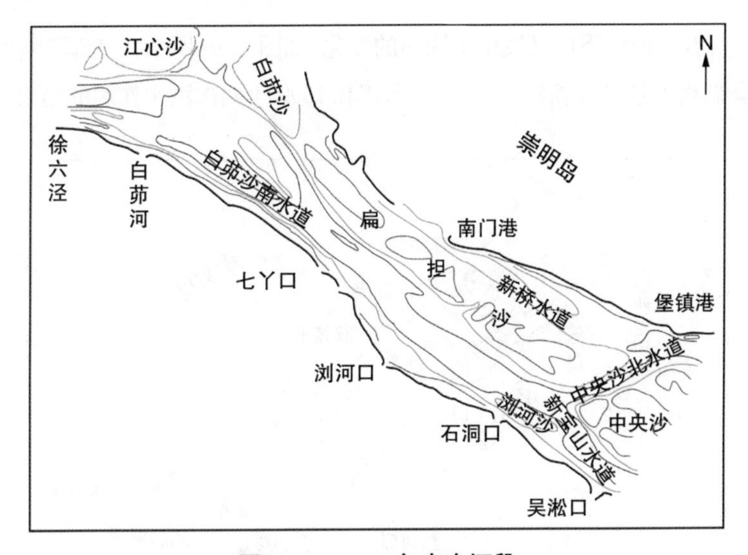

图 4.17　1973 年南支河段

20 世纪 70 年代后期至 80 年代初，南支“三沙”(浏河沙、中央沙、扁担沙)动乱，扁担沙下段发生了剧烈的变化，如图 4.18 所示。当时中央沙北水道萎缩，南沙头形成，扁担沙过滩水流增强，先后切滩形成南门通道和新桥通道。1981 年以后，中央沙北水道消亡，南门通道萎缩，新桥通道发展成为南支分流北港的主通道，扁担沙尾切滩下移并靠中央沙，中央沙头上推了 9.5 km。

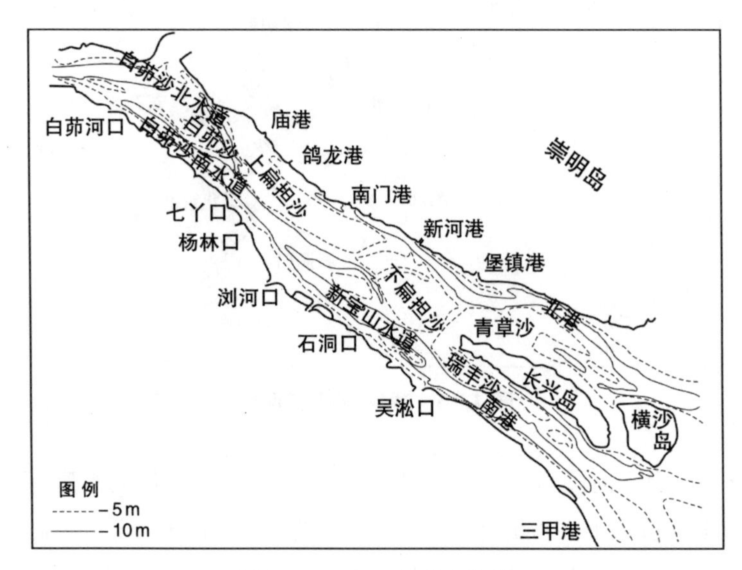

图 4.18　1981 年南支河段

21 世纪初，扁担沙下段又发生了明显的变化，如图 4.19 所示。尾部除新桥通道外，又形成了新新桥通道和新桥沙。这是 1998 年和 1999 年两次洪水作用的结果(图 4.20)。

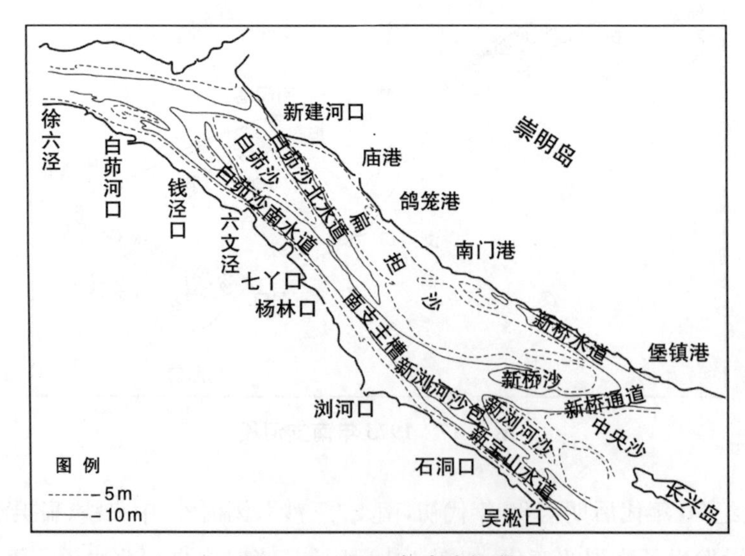

图 4.19　2001 年南支河段

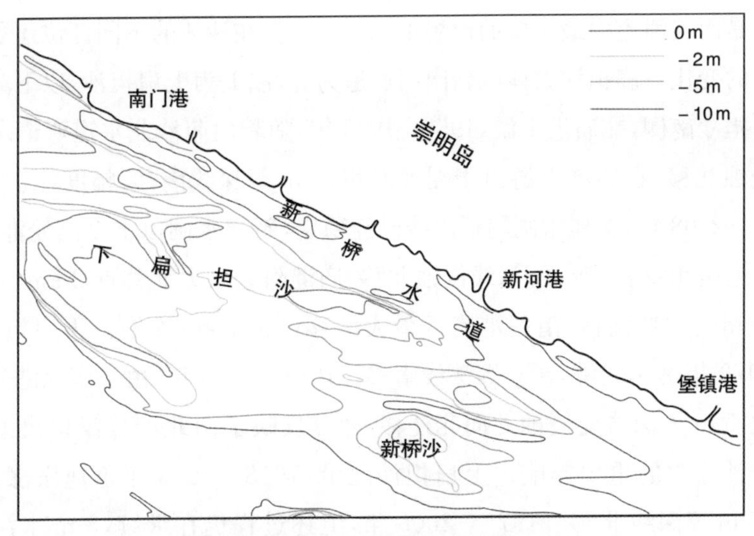

图 4.20　2007 年下扁担沙地形

(2) 稳定性分析

1) 1958 年以来扁担沙主体基本稳定

1958—2008 年扁担沙主体基本稳定，横亘在南支河段，其北侧为新桥水道，南侧为南支主槽(图 4.21)。主体稳定主要表现在沙体的轴线走向、基本长度、总体

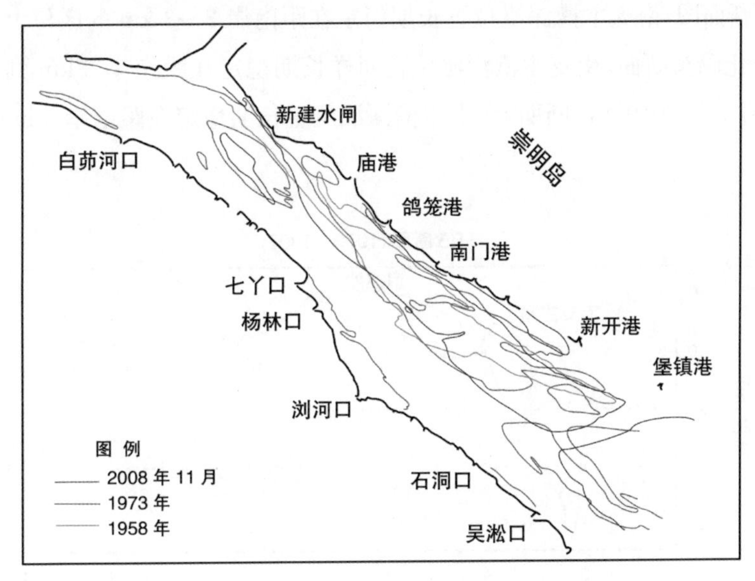

图 4.21　1958—2008 年南支河段 5 m 等深线变化

规模始终是南支河道中最主要的地貌单元之一。但在沙体的不同部位还是发生了许多重要的变化。扁担沙大体以新南门通道为界，以上为上扁担沙，以下为下扁担沙。上扁担沙南侧，在庙港上游，1958－1973 年，随着白茆沙北水道弯道发展，5 m 等深线侵蚀北移，在庙港下游由于泥沙淤积，5 m 等深线南移，幅度约在 1 km 以上。1973－2008 年，新建水闸附近岸线已经稳定，新建水闸以下至鸽笼港岸外，白茆沙北水道向北发展，5 m 等深线侵蚀北移，庙港附近最大北移近 2 km，鸽笼港下游淤积，5 m 等深线南移，南门港附近最大南移也达 1 km 左右。下扁担沙南沿，1958－1973 年迅速淤涨，5 m 等深线南移。1973－2008 年，由于南北港分汊口汊道的变化，5 m 等深线受侵蚀并向北迁移，充分反映了南北港分汊口汊道的变化对下扁担沙产生的重要影响。上扁担沙北沿，1958－1973 年迅速淤涨，新桥水道萎缩，5 m 等深线北移。1973－2008 年，上述过程仍在继续，5 m 水深以浅滩地面积继续扩涨，新桥水道上部淤积逐渐走向消亡。下扁担沙北沿，1958－1973 年，由于新桥水道涨潮动力轴线靠近北岸，这样就促进淤积，5 m 等深线向北迁移。1973－2008 年 5 m 等深线仍在向北迁移。

2）南支主槽长期稳定

南支主槽位于扁担沙南侧，平面外形上是一条顺直向南微弯的单一河槽，150 多年来长期稳定。下面 3 张断面图可以说明南支主槽是长期稳定的水道。图 4.22 为七丫口断面图，南支主槽深泓位置长期稳定在距南岸 2～3 km 的区位上，图 4.23 为长江石化码头断面，南支主槽深泓位置同样长期稳定在距南岸 2 km 到 3 km 的位置上，图 4.24 为浏河口断面，南支主槽深泓位置长期稳定在距南岸 5 km 到 6 km 的位置上。

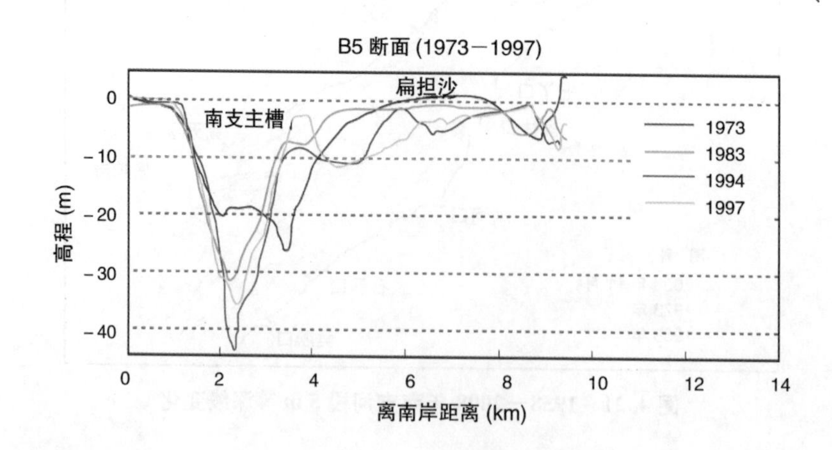

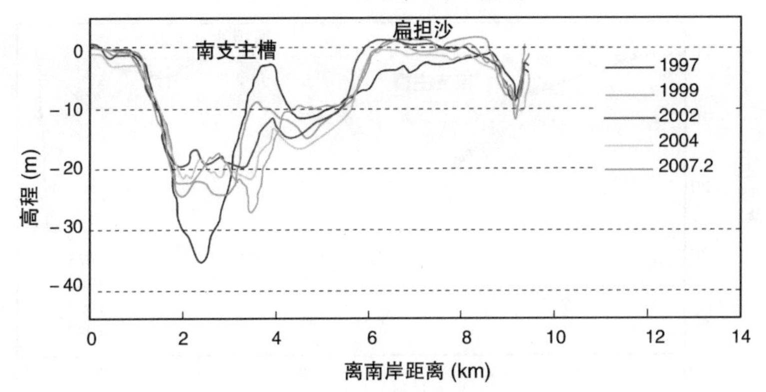

图 4.22　七丫口断面

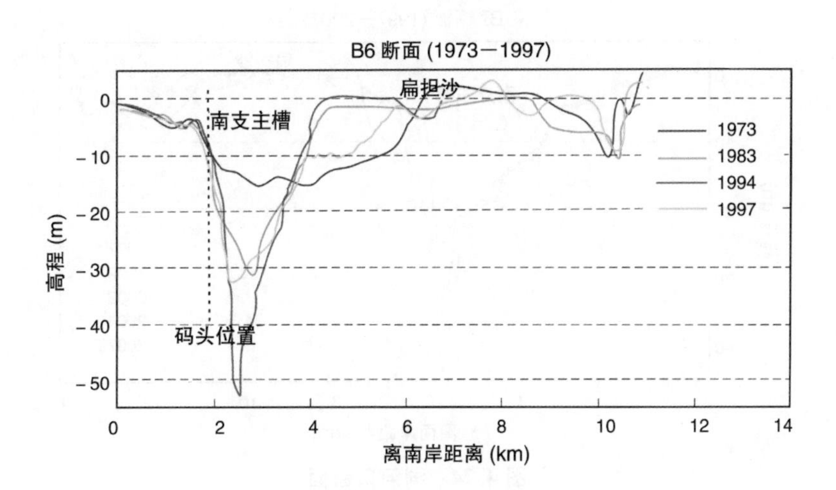

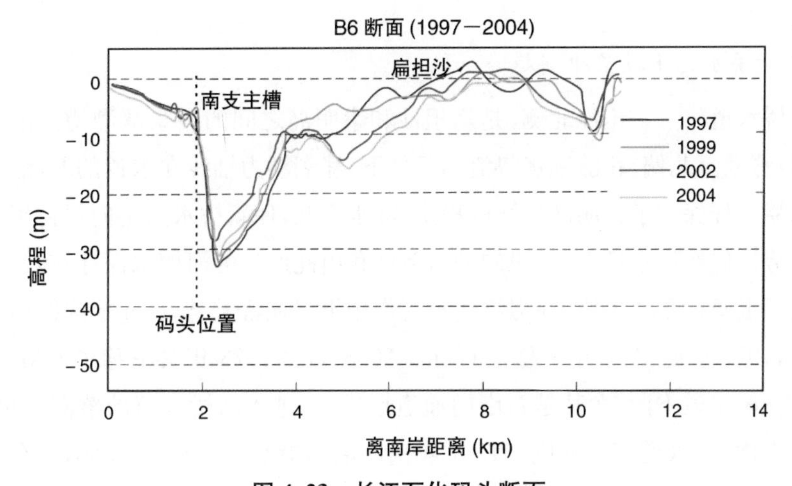

图 4.23　长江石化码头断面

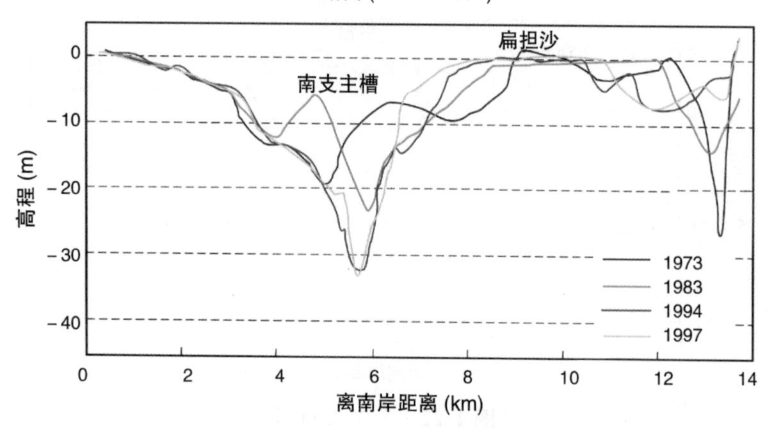

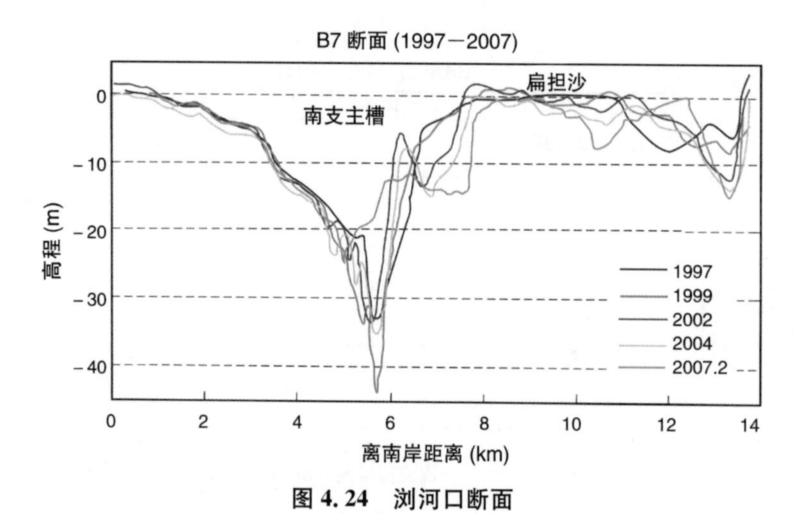

图 4.24　浏河口断面

3）新桥水道下段呈冲刷趋势

新桥水道位于扁担沙北侧，是扁担沙和崇明岛之间的一条涨潮槽。由于柯氏力作用，涨潮流北偏，在涨潮优势流的条件下，涨潮动力轴线在水道的北侧，一系列护岸保滩工程保护了崇明岛岸线的稳定，深水靠北，使新桥水道走向保持了长期稳定的态势。但新桥水道上、下段的动力条件和由此产生的河槽水深存在较大差异。南门港以上新桥水道上段，在涨潮优势流作用下呈淤涨趋势，5 m 等深线向上游的闭合点，1973 年比 1958 年下移了 6 km，2008 年比 1973 年又下移了 5 km。南门港以下新桥水道下段，尤其是新南门通道形成后，进入新桥水道的落潮流量增加，落潮流占优势，水道产生冲刷。1997 年南门港前沿水深只有 6～7 m，并存在一个纵长为 5 km 的南门沙嘴。2008 年新桥水道自崇明三沙港往东至推虾港形成纵长

11 km 的 10 m 深槽，新河港以东为 10 m 涨潮槽，在推虾港至新河港约 4.5 km 河槽内水深小于 9 m，估计为南门沙嘴下移泥沙堆积所致。

(3) 下扁担沙潮流泥沙特征值分析

为了解下扁担沙潮流泥沙运动特性，我们分别于 2007 年和 2008 年进行了现场观测。

1) 2007 年观测

2007 年 5 月 2－3 日(农历三月十六～十七)在新桥通道(1#)、新新桥通道(2#)、新桥水道(3#)进行了水文泥沙同步观测，特征值统计如下(表 4.4，表 4.5)。

表 4.4　潮流特征值统计(2007.5.2—3)(流速:m/s　历时:h)

	涨潮			落潮			优势流(%)	单宽落、涨潮量之比
	潮周期平均流速	潮周期垂线平均最大流速	历时	潮周期平均流速	潮周期垂线平均最大流速	历时		
1#	0.39	0.74	3.9	0.90	1.30	8.4	81	4.1∶1
2#	0.47	1.05	4.4	0.80	1.22	8.0	72	2.4∶1
3#	0.61	1.04	4.8	0.80	1.10	7.5	66	1.8∶1

表 4.5　含沙量特征值统计(2007.5.2—3)(单位:kg/m³)

	涨潮		落潮		优势沙(%)	单宽落、涨潮输沙量之比
	潮周期平均含沙量	潮周期垂线平均最大含沙量	潮周期平均含沙量	潮周期垂线平均最大含沙量		
1#	0.107 1	0.159 4	0.135 3	0.189 0	83	5.0∶1
2#	0.138 1	0.251 9	0.178 5	0.325 0	69	2.2∶1
3#	0.157 7	0.194 9	0.186 8	0.373 8	66	2.0∶1

表 4.4、表 4.5 反映了：落潮流历时新桥通道最长，新桥水道最短，相差近 1 个小时，涨潮流历时正好相反；平均落潮流速，新桥通道最大为 0.90 m/s，平均涨潮流速新桥水道最大为 0.61 m/s，涨落潮流主流流向与汊道走向一致(图 4.25)；新桥通道涨、落潮平均含沙量最低，分别为 0.107 1 kg/m³、0.135 3 kg/m³；1#、2#、3# 测站单宽落潮量与单宽涨潮量之比分别为 4.1∶1、2.4∶1、1.8∶1，单宽落潮输沙量与单宽涨潮输沙量之比分别为 5.0∶1.0、2.2∶1.0、2.0∶1.0，反映了单

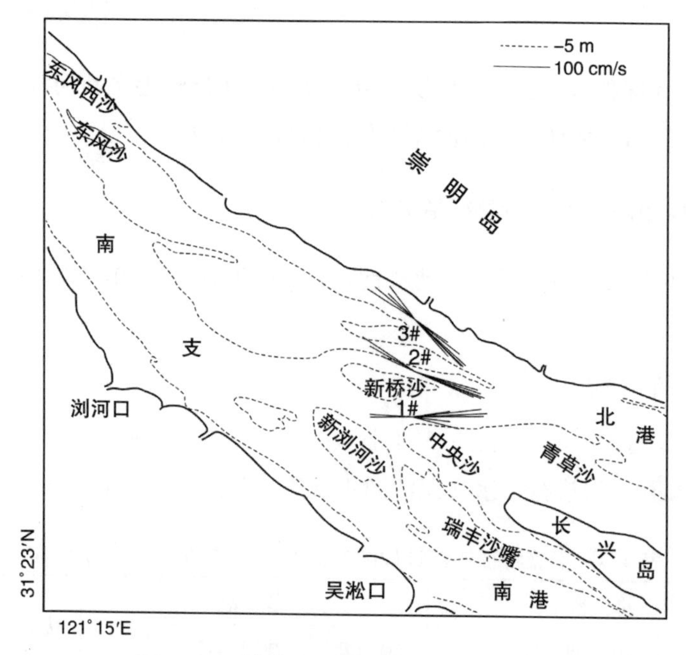

图 4.25　涨落潮矢量图(2007.5.2—3)

宽涨落潮水、沙输移量比值相近；1[#]、2[#]、3[#]测站，落潮优势流分别占81%、72%、66%，落潮优势沙分别占83%、69%、66%。综上所述，新桥通道落潮单宽输水、输沙量最大，新新桥通道次之，新桥水道最小。

值得注意的是，2007年4月下旬大通流量只有16 000 m^3/s左右，新桥水道下段以落潮流、落潮沙占优势。反映在地形上，自2002年在南门港前沿形成10 m深槽后，随着新南门通道的发展，10 m槽下移延伸，纵向长度由2002年的1.5 km增加至2006年的10 km，年均增加2 125 m，反映了河槽泄流量增加与河槽冲淤之间的因果关系。

2) 2008年观测

第二次观测在2008年12月14－15日(农历十一月十七～十八日)，在新南门通道(4[#])和下扁担沙串沟(5[#])各布一个测点。

根据测点潮流特征值(表4.6)可知，新南门通道落潮平均流速为涨潮流的2倍，落潮优势流为81%，单宽落潮量与单宽涨潮量之比为3.6∶1.0，反映了落潮动力强劲，有利于新南门通道的维持发展；下扁担沙串沟涨潮平均流速略大于落潮，涨潮流历时比新南门通道延长了一个小时，落潮流缩短一个小时，落潮优势流为56%，单宽落潮量与单宽涨潮量之比为1.1∶1.0，说明涨落潮流动力强度比较接近(图4.26)。

表 4.6　潮流特征值统计(2008.12.14—15)(流速:m/s　历时:h)

	涨潮			落潮			优势流(%)	单宽落、涨潮量之比
	潮周期平均流速	潮周期垂线平均最大流速	历时	潮周期平均流速	潮周期垂线平均最大流速	历时		
4#	0.44	0.87	4.8	0.90	1.31	8.0	81	3.6∶1
5#	0.67	1.36	5.7	0.59	0.98	7.0	56	1.1∶1

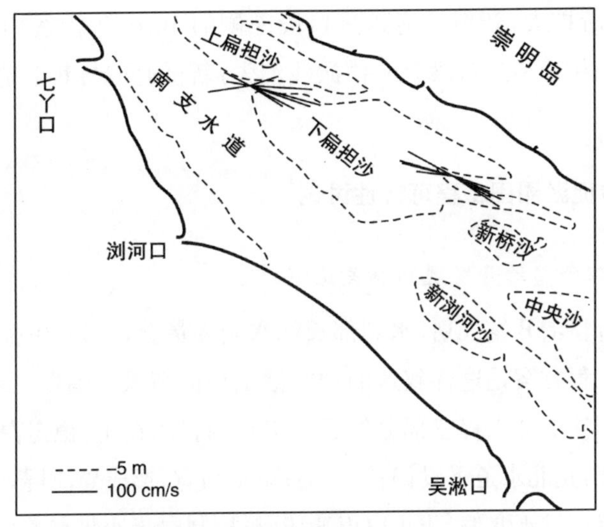

图 4.26　涨落潮流速矢量图(2008.12.14—15)

测点含沙量特征值见表 4.7。新南门通道落潮平均含沙量略高于涨潮,而串沟测点的涨落潮平均含沙量接近。无论是潮周期平均还是潮周期垂线平均最大值,5# 点的含沙量约为 4# 点的 2 倍,反映了串沟涨落潮含沙量受浅滩泥沙掀动进入悬浮状态的影响比较大。

表 4.7　含沙量特征值统计(2008.12.14—15 日)(单位:kg/m³)

	涨潮		落潮		优势沙(%)	单宽落、涨潮输沙量之比
	潮周期平均含沙量	潮周期垂线平均最大含沙量	潮周期平均含沙量	潮周期垂线平均最大含沙量		
4#	0.143 2	0.294 6	0.187 9	0.229 8	83	4.8∶1
5#	0.360 9	0.571 3	0.355 1	0.563 7	57	1.4∶1

新南门通道落潮优势沙为83%,单宽落、涨潮输沙量之比为4.8∶1,这与该通道强劲的落潮流动力条件是相适应的。串沟落潮优势沙为57%,单宽落、涨潮输沙量之比为1.4∶1,反映了该串沟涨落潮输沙量相对平衡,河槽处于稳定微冲状态。下扁担沙滩面水深多在3.0~4.5 m之间,涨落潮流速比较大,潮流掀沙强度也比较大,造成下扁担沙滩面在自然条件下难于淤高。

自2006—2007年,实施了新浏河沙护滩工程、南沙头通道(下段)限流工程以及中央沙围垦工程后,新浏河沙和中央沙沙头后退得到有效遏止,新桥通道轴线得以稳定,容积有所扩大,新新桥通道进口段南侧的10 m等深线南移距离最大达400 m,造成新新桥通道进口段5 m槽淤浅消失,新桥通道与其上游的南沙头通道泄流更为顺畅。

(4) 扁担沙促淤圈围工程可行性讨论

1) 长江口综合整治开发规划有关论述

长江口综合整治开发规划(水利部长江水利委员会,2008)中关于白茆沙北水道下边界整治工程方案是这样叙述的:"整治工程由东风沙围堤工程、新南门通道维护工程和扁担沙潜堤工程三部分组成。工程的目的在于:稳定白茆沙北水道下段的北侧边界,防止北水道下段偏转、萎缩;束窄河宽,形成导流屏,逼流南偏;控制出七丫口的主流不过于北偏,防止扁担沙切滩;控制白茆沙北水道与新桥水道合理的落潮分流比。"

实施上述三大工程,对扁担沙缓流促淤大有裨益,不仅有利于扁担沙促淤圈围工程,而且有利于深水航道向上游延伸。

2) 关于上扁担沙促淤圈围工程的建议

上扁担沙滩面高程高,东风西沙已经圈围,东风东沙可以进行适度的促淤圈围工程。这里,北侧为新桥水道,南门拆船厂和鸽笼港水闸之间有一个-5 m深槽,对新桥水道水深的维持发生作用。因此,在设计上扁担沙潜堤工程时,应预留鸽笼港通道,以利于新桥水道水深的维持。这里,南侧为南支主槽,在上扁担沙潜堤工程设计时,要照顾到七丫口人工节点的结构形成问题。上游白茆沙河段是一个典型的江心洲河型,长期比较稳定。工程促进七丫口人工节点结构的形成,可以减少或者免除白茆沙河段的变化对下游南支河段演变的影响。1973年河势比较优良,可以作为设计时参考。考虑到以上一些情况,东风东沙也可以采用岛式促淤圈围,以后的发展视过程的进行情况再做决定。

3）关于下扁担沙促淤工程的建议

在新浏河沙护滩工程、青草沙（包括中央沙）水库工程、南沙头通道下段限流工程修建的情况下，南北港分流口大河势格局在工程影响下有望趋向稳定，限制了扁担沙尾下移的速度。在下扁担沙实施潜堤工程，促使淤积速度加大。但是潜堤工程在扁担沙尾部新桥通道区域要留有足够的宽度，防止下扁担沙沙尾过度向下游延伸，保证工程对新桥水道水深的维护不受影响。

下扁担沙滩面高程较低，高于+1.0 m以上的滩地面积很小，因此待条件成熟时可以采取局部促淤措施使滩面逐渐抬高，为今后圈围工程奠定基础。

4.3 南北港分流口河段

南北港分流口河段自浏河口以下。南支主槽连接南港的有宝山南、北水道和南沙头通道（下段），连接北港的有新桥通道、新新桥通道，通道之间有新浏河沙、新浏河沙包、中央沙和新桥沙。

4.3.1 中 央 沙

中央沙位于长兴岛西部，南北港分汊口下端。随着南北港分汊口的下移或上提，中央沙经历了三次大冲大淤变化过程。现在的中央沙大部分是1982年新桥通道形成过程中，被切割的下扁担沙与原中央沙相连而成的。

在1913－1915年的海图上，在扁担沙尾新切出的通道与崇明水道之间有块阴沙，称中央沙。1931年长江发大水，扁担沙尾切割的水道得到发展，5 m水深贯通，成为中央沙北水道。随着中央沙北水道的发展，落潮流不断冲刷中央沙头，在1913－1936年间，中央沙头5 m等深线后退了15 km，年均后退652 m。

1936－1958年间，长江发生特大洪水（1954年），南支以上河道大量底沙冲刷下移，中央沙大面积淤涨，与正在下移过程中的浏河沙联成一体，沙洲头部上提了8 km。

1962－1963年，南支水流侵袭中央沙与浏河沙之间的串沟，并不断冲深拓展，形成新宝山水道。自此，老浏河沙与中央沙又分离，中央沙头也因此下移了8 km。

1967年新崇明水道淤塞，中央沙遂与长兴岛相连。1963－1982年，中央沙头后退近12 km，年均下移632 m。

1980－1982年新桥通道形成，被切割下来的扁担沙沙体并靠中央沙，中央沙面积骤增，中央沙头再一次上提9.5 km。随后中央沙头又开始下移，1982－2002年，中央沙头下移3 500 m，年均下移175 m，2002－2006年，沙头后退1 250 m，年均后退313 m。

20世纪90年代，中央沙滩面淤积较快，滩顶高程达3.0 m以上，生长了成片藨草和芦苇，具备了圈围的自然条件，上海市滩涂造地公司于2006年11月实施中央沙圈围工程。

4.3.2 青草沙

青草沙原是石头沙西北部浅滩的一部分，南依长兴岛，北侧为北港主槽，其形成至今已有100多年的历史。

1879－1908年，石头沙与青草沙连成一体，南北港之间的水沙交换主要通过崇明水道。

1908－1911年，因崇明水道逐渐淤浅，过水不畅，迫使水流南偏将石头沙西北侧浅滩切开，被切割的沙体发育成青草沙，从而在石头沙与青草沙之间形成一条宽约800 m的5 m槽，并与南北港贯通，成为落潮槽。当时5 m水深以浅面积约60 km^2，0 m以上面积约20 km^2。

1921年，中央沙尾与青草沙头之间的水深淤浅，水深由8.0 m左右变为2.0 m左右，两个沙体连成一片。

20世纪50年代后期，南港上口淤堵，主流走北港，造成南北港水位差加大，导致漫滩流切开石头沙以西中央沙滩，形成新崇明水道，成为南北港通道。同时中央沙北水道水流直接对青草沙体构成顶冲切割之势，造成青草沙与长兴岛之间的北小泓5 m槽与新崇明水道和北港贯通(1965年海图)。

随着中央沙头的冲刷后退，以及1976年南门通道、1982年新桥通道的形成，大量冲刷泥沙进入北港，在弯道环流作用下，青草沙体不断向北堆积，北小沙嘴向下游延伸过横沙通道，纵长约16 km。青草沙与中央沙、长兴岛相连，青草沙体扩大，1977年5 m水深以浅面积达89 km^2。

80年代，六滧沙脊形成，北港过水断面束窄，落潮流南偏冲刷青草沙，导致青草沙北侧大片沙体被冲下移，面积减少。以后北港河势趋于相对稳定，青草沙、北小沙的地貌形态基本格局未有大的变化。青草沙滩面明显低于中央沙，对筑库蓄水工程有利。

由此可见，青草沙自形成起就受上游河段分流通道变迁及北港弯道顶冲部位移动的影响，80年代又受到六滧沙脊的影响。其物质主要来自中央沙头下移及南门通道、新桥通道形成过程中，冲刷下移的大量泥沙补给。

2007年，上海市有关部门开始实施中央沙圈围工程和青草沙水库工程，北港上段河宽缩窄，呈现青草沙水库北大堤上段受冲、中段淤涨的态势。

4.3.3 老浏河沙

老浏河沙初现于20世纪20年代初。1920年白茆沙被落潮流冲散，出现中水道，冲刷沙体下移堆积在浏河口外，形成阴沙，丰富的泥沙来源使这个阴沙逐渐发展，即为后来的老浏河沙。成型之后沙体贴近南岸向下游迁移，而后30－50年代的几次大洪水将上游泥沙冲刷下泄并堆积在南北港分流口，连同老浏河沙、中央沙形成沙群，1958年，老浏河沙与中央沙合并，老宝山水道被堵死。1963年，由北港横向切滩入南港的水流将老浏河沙与中央沙之间的串沟冲开，形成新宝山水道，老浏河沙进入新的演变阶段。

由于老浏河沙处在落潮优势流的环境中，1963年开始沙体整体南压下移，5 m水深以上面积逐渐减小(表4.8，巩彩兰，2002)。1980－1987年沙尾大幅度下移，平均743 m/a，面积由1969年的6.73 km^{2}减到1990年的2.544 km^2。90年代后滩面不断刷低，沙体尾部已进入吴淞口水道。2010年，变为长10 km左右，宽200多米，由10 m等深线包围的狭长潮流脊，包围的面积不足2.0 km^2，沙脊水深大于5 m(图4.27)。在老浏河沙下移缩小的过程中，大部分冲刷的泥沙以底沙输移的方式进入南港主槽。

表4.8 老浏河沙沙头及沙体面积变化

<table>
<tr><th>年份</th><th colspan="2">1963</th><th colspan="2">1969</th><th colspan="2">1973</th><th colspan="2">1976</th><th colspan="2">1980</th><th colspan="2">1987</th><th colspan="2">1990</th><th colspan="2">1994</th></tr>
<tr><td>沙头下移距离(m)</td><td colspan="3">2 150</td><td colspan="2">2 360</td><td colspan="2">2 010</td><td colspan="2">2 530</td><td colspan="2">1 600</td><td colspan="2">683</td><td colspan="3">2 090</td></tr>
<tr><td>沙尾下移距离(m)</td><td colspan="3">－1 200</td><td colspan="2">2 150</td><td colspan="2">2 570</td><td colspan="2">900</td><td colspan="2">5 200</td><td colspan="2">－5 380</td><td colspan="3">290</td></tr>
<tr><td>面积(km²)</td><td colspan="6">6.73</td><td colspan="2">7.07</td><td colspan="2">4.09</td><td colspan="2">5.02</td><td colspan="4">2.544</td></tr>
</table>

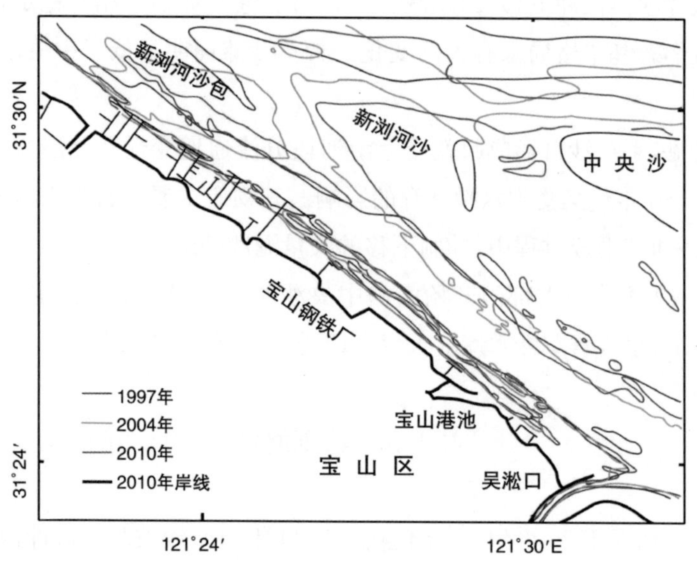

图 4.27 老浏河沙 10 m 等深线变化(1997—2010)

4.3.4 新浏河沙

(1) 新浏河沙的形成与演变

自 1976 年开始,南支中段主流北偏,浏河口北侧扁担沙南沿 5 m、10 m 等深线朝东北向切入扁担沙,至 1978 年汛后 5 m 线南北贯通,形成南门通道。在通道形成过程中冲刷下来的泥沙堆积在浏河口北侧的南支主槽,1973－1979 年,浏河口至中央沙沙头之间的南支主槽,5 m 以下河槽容积缩小了近 1 亿立方,新浏河沙雏型在 1979 年前后形成。

在南门通道冲刷形成的同时,由于弯道环流的作用,通道下游的扁担沙体不断南压,造成纵向水位差,于 1979 年汛后,南凸的沙体在落潮流顶冲下脱离扁担沙,成为心滩沙洲,称南沙头,南沙头通道也随之形成。1980 年底开始,南门通道、中央沙北水道进入淤浅萎缩阶段,进入北港的水量减少。为调节平衡南、北港的分流比,南沙头通道有一股水流在南门通道与中央沙北水道之间切入下扁担沙,形成了新的通道——新桥通道。在南门通道、南沙头通道、新桥通道的发展、下移过程中,大量切滩产生的泥沙进入南支下段主槽内,为新浏河沙的淤长和南沙头的扩展提供了源源不断的物质来源。1983 年新浏河沙体 5 m 等深线包络面积仅为 0.065 km²，6 m 等深线包络面积 0.37 km²。1986 年与南沙头合并，合并后仍称新浏河沙，1987 年 5 m 水深以浅面积为 26 km²，1990 年达 28.5 km²。

新浏河沙在落潮流顶冲下，以 125°的方向不断向下游移动，1994－2001 年，沙头 5 m 等深线后退了 3 776 m，年均后退 539 m，沙尾 5 m 等深线下移了 1 369 m，年均后退 196 m(图 4.28)。尤其在 1996－1999 年期间，受长江大洪水影响，沙尾 5 m 等深线下移 3 082 m，年均下移 1 027 m。2001－2007 年新浏河沙沙头护滩工程实施之前，沙头后退了 2 112 m，年均 352 m。2004 年之后南沙头通道逐渐淤浅。

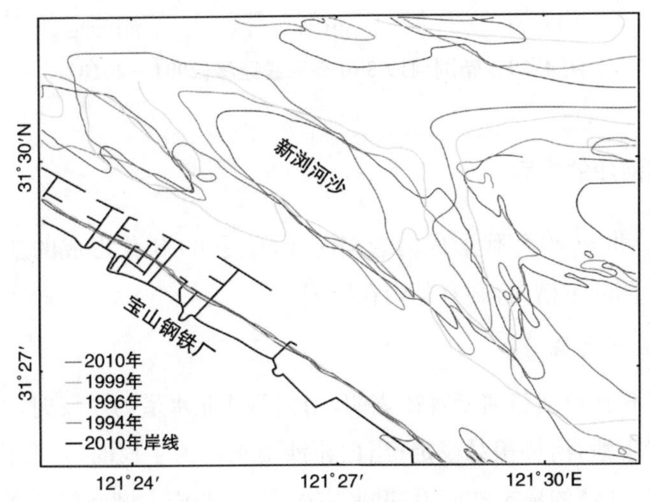

图 4.28　新浏河沙 5 m 等深线迁移(1994－2001)

在 1994－2005 年期间，1996 年沙体面积最大，为 21.31 km²。1996 年后，新浏河沙串沟 5 m 水深线贯通，一部分沙体并入新浏河沙包，新浏河沙面积减少，稳定在 16 km² 左右，2007 年减少至 12.2 km²(表 4.9)。2007 年之后南沙头通道(下段)淤浅，水深小于 5 m，新浏河沙与瑞丰沙咀相连(图 4.29)。

表 4.9　新浏河沙 5 m 等深线以浅面积

年份	1994	1996	1999	2001	2002	2004	2005	2007
面积(km²)	20.18	21.31	16.68	15.89	15.75	16.32	16.44	12.2

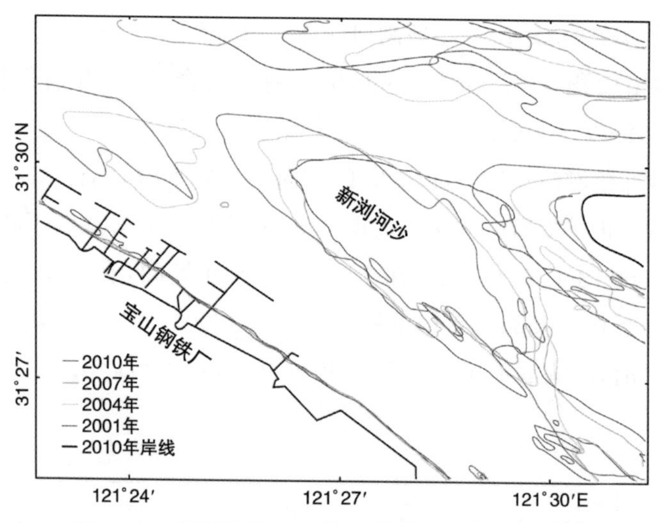

图 4.29 新浏河沙 5 m 等深线迁移(2001—2010)

(2) 新浏河沙的成因

无论是 20 世纪 20 年代形成的老浏河沙，还是 80 年代形成的新浏河沙，均出现在浏河口外侧的主槽内，必有其内在原因。

1) 落潮主流北偏

一百多年长江口河势演变规律表明，当白茆沙北水道为主汊时，有利于长江主流靠南支南岸下泄，河势相对稳定；当白茆沙南水道为主汊时，水流出七丫口后北偏，导致浏河口北侧的扁担沙南沿冲刷，主槽展宽，造成主槽南侧落潮流相对较弱，有利于下泄底沙滞留堆积，形成暗沙。

2) 河道放宽率较大

南支河段自七丫口以下，河道展宽，其中七丫口、浏河口、石洞口、吴淞口断面宽度分别为 9.4 km、13.8 km、14.6 km、16.8 km，七丫口至浏河口河道放宽率 0.41，浏河口至吴淞口河道放宽率 0.12。河道由窄深段进入宽浅段，水流分散，流速减缓，下移底沙滞留在缓流区，形成堆积体。较大的河道放宽率是造成浏河河段形成浅滩暗沙的重要原因之一。朱元生(1983)利用窦国仁的河床活动性指标公式，计算得到石洞口断面宽度为 10.6 km 较为合理的结论。

3) 沉积物疏松易冲

根据对新浏河沙包和新浏河沙的地质钻孔土样及表层沉积物的颗粒组成分

析，沙体由黄色粉细砂组成，呈松散状。D_{50}为0.18～0.24 mm，大于0.074 mm的砂粒含量占85%以上，小于0.005 mm的黏粒在5%以下，以细砂为主，局部夹黏性土微薄层(单层厚0.2～0.5 cm)，厚度4.8～14.0 m。这类沙体抗冲性差，一旦水流条件发生变化，容易发生侵蚀、搬运、沉积，这是该河段滩槽易位、冲淤多变的地质条件。

4) 沉积物来源

新浏河沙的快速淤涨，除了具有合适的边界、水动力条件外，必须要有大量物质来源。新浏河沙的沉积物主要来自上游的白茆沙以及在扁担沙上切滩形成通道(串沟)及通道下移过程中大量的冲刷沙。

4.3.5 新浏河沙包

新浏河沙于1991年被冲开，5 m槽把其分隔成上下两部分，下部仍叫新浏河沙，上部称为新浏河沙包。新浏河沙包被分割出来后，在落潮流顶冲下，沙体整体向东南向下移。

1994－2001年，沙头5 m等深线后退了3 358 m，年均下移480 m，2001年的沙头退至1994年的沙尾处。特别在1996－2001年之间，沙头后退了近3 000 m，这主要与长江1998、1999年大洪水的冲刷有关，冲刷的泥沙在沙包两侧堆积，导致沙体向两侧拓宽(图4.30)。

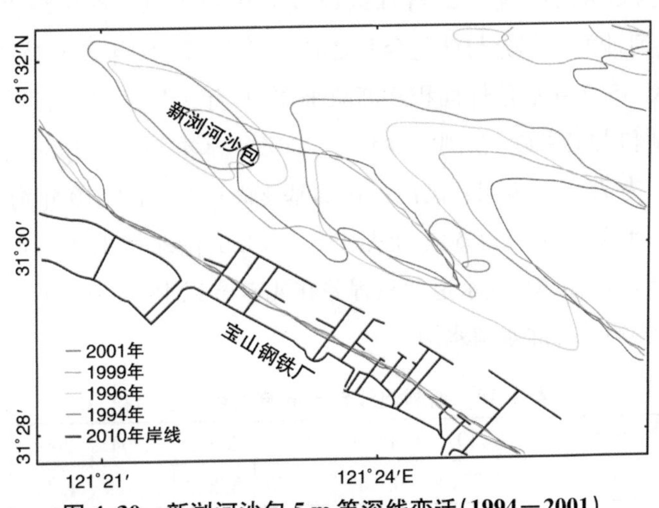

图4.30 新浏河沙包5 m等深线变迁(1994－2001)

沙尾在1994—2001年间下移了4 340 m,年均下移620 m。其中1996—1999年沙尾下移4 010 m,这是由于新浏河沙的一部分被水流切割下来,并靠新浏河沙包,沙包与新浏河沙之间的串沟消失,上下沙体合并,使沙包体积变大。

新浏河沙包自2001年起,5 m水深线包络的面积逐年减小,至2007年基本消失。10 m等深线沙体自1999年起在后退过程中变得狭长,沙体最宽处由2001年的2.3 km减少至2010年的0.7 km。2001年后,沙包头部10 m等深线后退速度由快变慢,2007—2010年仅后退265 m,而尾部后退速度则由慢变快,2007—2010年沙尾后退1 356 m,斜插进入宝山北水道(图4.31)。

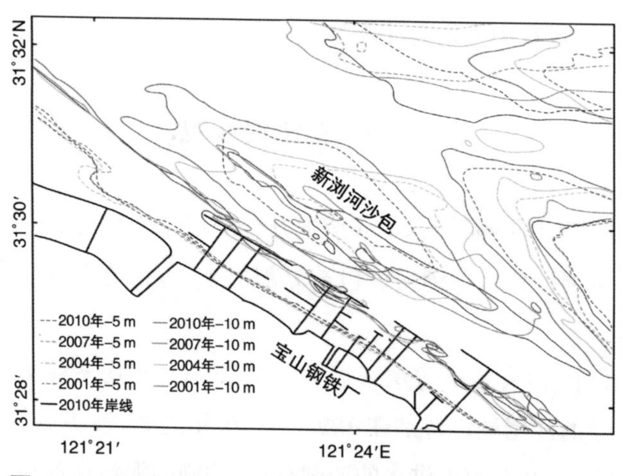

图4.31 新浏河沙包5 m、10 m等深线变迁(2001—2010)

表4.10为新浏河沙包5 m等深线以浅面积统计值。沙包最大面积出现在1997年,即浏河沙的一部分与沙包合并之时。1997—2004年沙头持续后退而沙尾位置变化不大,1997年后沙体面积逐渐减小,2004年之后沙包形态逐渐发生变化,由于水流冲刷和人工采砂,新浏河沙包于2007年基本消失。2008年原沙包范围内的最浅水深为7.2 m,表明新浏河沙包的基座尚存在,在2010年海图上,新浏河沙包基座最浅水深为7.8 m,遂成为纵向长7.5 km,南北宽120～150 m的一个狭长隆起的沙体,与宝山南、北水道的高程差在4.0 m以上。2010年后,沙包基座尾部仍在下移,影响宝山北水道水深。

表4.10 新浏河沙包5 m等深线以上面积

年份	1994	1996	1997	1999	2001	2002	2004	2005	2007	2008
面积(km^2)	3.165	3.625	7.400	6.159	4.880	5.259	3.969	4.211	0.02	0

4.3.6 新 桥 沙

1998 年长江发生大洪水，洪水切割扁担沙尾部，形成两个小沙包，面积为 0.9 km²，为新桥沙雏形。1999 年，两个沙包合并为一个，面积 1.7 km²，沙体呈下移南压趋势。2003 年 9 月，沙头后退 2 000 m，南移 1 000 m，滩顶水深由 2000 年的 1.2 m 淤高至 2003 年的 0.1 m，5 m、2 m 以浅水深面积分别为 6.3 km²、2.4 km²。2006 年与 2003 年相比，沙体头部 5 m 等深线下移 1 400 m，沙尾 5 m 等深线上提 620 m，新桥沙长度缩短，宽度增加。

由此可知，新桥沙的演变特点是，沙体在落潮流顶冲和新新桥通道水流挤压下朝东南向下移。自 1999－2006 年，沙头后退了 1 500 m，年均后退 214 m，沙尾下移 3 375 m，年均下移 482 m，沙体南移了近 2 000 m，年均南压 286 m，导致中央沙北侧不断冲刷，10 m 等深线不断南移。新桥沙在下移过程中不断淤高淤涨(表 4.11)。2008 年 5 月，随着新新桥通道进口段 5 m 水深线中断，新桥沙 5 m 等深线包络的形态不复存在。

表 4.11 新桥沙面积统计(单位:km²)

等深线＼年份	1998	1999	2000	2003	2005	2006	2007
5 m	0.9	1.7	2.8	6.3	6.6	7.5	7.6
2 m				2.4	2.8	2.4	2.8
0 m						0.4	0.6

* 理论深度基面

综上所述，在整治工程之前，南北港分流口河势演变的一个显著特点是，中央沙、新浏河沙、新浏河沙包头部受落潮流顶冲，大致以 125°的方向向下游移动(图 4.32)。

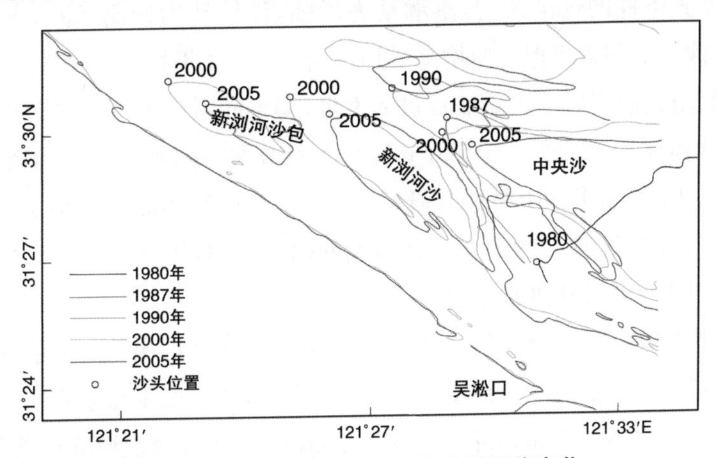

图 4.32 南北港分流口河段沙洲迁移变化

4.4 瑞丰沙咀

瑞丰沙咀形成于 20 世纪 60 年代初。1954 年特大洪水将老白茆沙冲散，大量泥沙以底沙形式向下游输移，南北港分流口淤积形成沙群，于 50 年代后期压向南港上口将南港封堵，落潮主流改走北港。北港过水量增大，与南港形成横向水位差，在漫滩水流刷滩作用下，于 1958－1961 年形成新崇明水道。新崇明水道一度切深到 10 m 多，将中央沙与长兴岛分离，冲刷长兴岛西端的石头沙和瑞丰沙，造成大量泥沙下泄，仅 1959－1961 年间，切滩产生的泥沙量即达 6 600 万 m^3，冲刷泥沙在新崇明水道与南港的汇流点下方的缓流区落淤，为瑞丰沙体的下延提供了物质基础，形成瑞丰沙咀。1963 年新崇明水道萎缩。在 1958－1963 年新宝山水道形成期间，又从老浏河沙和中央沙之间的汊道冲走 1.82 亿 m^3 泥沙，多数进入南港，加上落潮主流顶冲中央沙沙头，沙头不断后退，1963－1971 年冲刷下移泥沙达 6 亿 m^3。在南港落潮优势流作用下，泥沙向下游作净输移，导致瑞丰沙咀不断向下延伸。在沙体下移和汊道发展的过程中，大量泥沙进入南港，不仅造成南港主槽的普遍淤积，更是为瑞丰沙咀的发育淤涨提供了丰富的泥沙来源。

瑞丰沙咀的延伸扩展可以通过 5 m 等深线包围的面积、体积和平均水深变化来反映。瑞丰沙咀自 1960 年形成以来有两次主要淤积过程。第一次发生在形成初期，得益于上游泥沙的不断补给，1964 年时沙体体积增加了 2 900 万 m^3。之后由于南港进流条件的逐渐改善，落潮动力增强，沙体转为冲刷，1973 年时冲刷掉 480 万 m^3，沙体面积减小但有所增高。1973 年及 1983 年长江发生洪水，冲刷南支主槽及南北港分流口沙洲，大量底沙进入南港，瑞丰沙咀进入第二次淤涨期，1973－1990 年间沙体体积增加了 5 830 万 m^3，在面积增大的同时平均高程增加 0.3 m。1990－2000 年间，瑞丰沙咀时冲时淤，1990－1995 年沙体面积减小了 500 万 m^3，1995 年后开始淤涨，到 1999 年为沙体发展的鼎盛时期，体积达 8 920 万 m^3。淤积的原因是 1998 年的长江洪水作用。

根据图 4.33～4.35 分析瑞丰沙咀的平面形态变化得出：1965 年瑞丰沙咀经过第一次淤积过程，沙尾下延到长兴岛马家港附近，沙头位于新崇明水道进入南港的汇流点下方，沙体形态短而胖，到 1973 年，瑞丰沙沙头与上游 5 m 等深线相接，

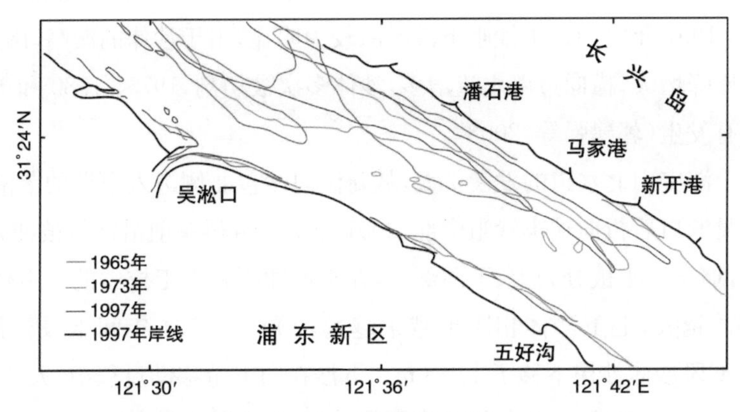

图 4.33　瑞丰沙咀 5 m 等深线变化(1965—1997)

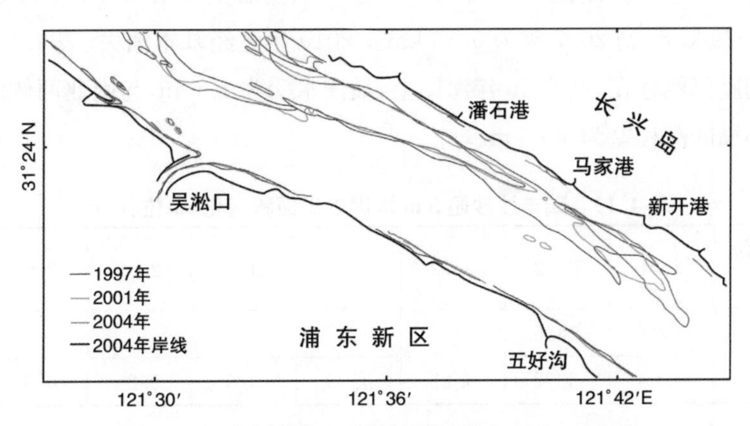

图 4.34　瑞丰沙咀 5 m 等深线变化(1997—2004)

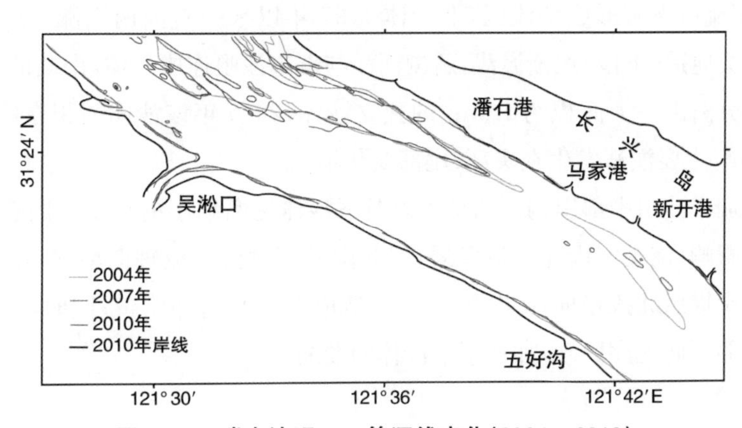

图 4.35　瑞丰沙咀 5 m 等深线变化(2004—2010)

沙尾下延到新开港以下，下移距离 4 815 m，年均下移 602 m，沙体上段较宽而下段较窄。1973－1997 年之间瑞丰沙咀下段淤涨较为明显，由于沙体的淤高，南港南北两侧水流横比降增大，横向过滩水流增多，沙体多次被切割，1975、1980 和 1985 年切滩现象时有发生(郭建强等，2008)。

随着上游宝山北水道的发展扩大，从新浏河沙包北侧进入南港的落潮流增强，水流顶冲吴淞口后折向瑞丰沙咀中部，2001 年马家港码头前沿沙体被冲开，5 m 槽南北贯通，瑞丰沙咀被分为上、下两部分，在水流冲刷和人工挖砂的双重作用下，中部串沟越冲越大，上下沙体相距也越来越远，2001－2004 年间上段沙尾上提了 580 m，而下段沙体沙尾下移了 1 908 m。下沙在向下游移动过程中，大部分泥沙被采挖，移作围填之用，另一部分堆积在圆圆沙航道及北槽深水航道上口，造成局部淤积。瑞丰沙咀下沙体在 2003 年时 5 m 水深以浅面积为 4.25 km²，2004 年急剧缩小至 1.79 km²，到 2007 年为 0.33 km²，2010 年已经基本消失(表 4.12)。但下沙沙体基座仍然存在，在 2010 年海图上，最浅水深为 5.6 m，与南北两侧的南港主槽和南小泓的高程差为 4～6 m。

表 4.12　瑞丰沙沙咀 5 m 水深以浅面积变化(单位:km²)

年份	2001	2002	2003	2004	2005	2006	2007	2010
上沙体	15.7	14.6	15	13.5				
下沙体	4.08	3.72	4.25	1.79	0.8	0.26	0.33	0.04

由于宝山—吴淞口沿线落潮主流沿南岸下泄，同时南沙头通道(下段)入南港角度大，汇流口下游形成缓流区，上沙体 1997 年以来一直向南淤涨。2007 年后，由于南沙头通道(下段)逐渐淤浅，新浏河沙与瑞丰沙咀连成一体，南凸的沙体受落潮流切割分离出一个面积约 1 km² 的独立沙体，2010 年该沙体面积有所扩大，达到 1.8 km²，主要淤涨发生在头部，尾部变化不大。

造成瑞丰沙咀中部串沟不断扩大以及下沙体逐渐缩小的主要原因有：受 1998 年大洪水影响，南支宝山北水道发展，引起南港落潮流主流轴向南偏，顶冲吴淞口导堤以西岸堤后北挑指向瑞丰沙咀中部，造成偏东北向冲刷带；同时，1998 年后，许多挖砂船在此无序取砂，加速了下沙体的萎缩。

4.5 六滧沙脊

4.5.1 六滧沙脊

六滧沙脊(又称堡镇沙)位于北港主槽内,为一带状沙体,纵长约 16 km。2008 年,沙脊头部 5 m 水深线已与堡镇港以东边滩相连,但到了 2010 年,沙脊头部 5 m 线与崇明边滩脱离,沙尾在奚家港东 6.0 km。

北港在地貌形态上是一条复式河槽,由落潮主槽、涨潮副槽、潮流沙脊、沙咀等地貌组成,整个水道冲淤变化较小,百余年来比较稳定。

由于外海潮波以 305°方向传入北港,上游来水又以西南东北向下泄北港,使北港北岸长期受到江流海潮的冲蚀,江岸后退迅速,1842—1880 年,堡镇江岸后退 2 450 m,1880—1915 年又后退 750 m,北港水道由原来的顺直河道逐渐发育成微弯型河道。进入 20 世纪后,北港北岸开始兴建护岸工程,江岸逐步受到人工控制。

1927 年,崇明水道淤塞,长江主泓改走南港,北港上口封堵,北港主槽恶化。六滧断面 10 m 深槽宽度仅为 1.5 km,与 1864 年比较束狭 4 km,10 m 等深线端部上提了 16 km。此时期北港水深是历史上最差的。

1931 年,长江大洪水造成了扁担沙切滩,形成中央沙北水道,使得北港分流比逐渐增大,河道下段水深得到一些恢复,但北港整体河势没有显著的改变。1936 年,六滧断面 10 m 深槽宽度比 1927 年又缩小了 0.4 km。经过 1949、1954 年大洪水作用,中央沙北水道得到进一步发展,但北港河势发展缓慢。

1958 年后,南支主泓改走北港,北港水道分流量加大,引起河床冲刷。1958—1965 年期间,0 m 以下河床容积增加了近 1 亿 m^3,5 m 水深以下河床容积增加了 3 000 多万 m^3,5 m 河槽宽度平均增加 700 m 左右。但 1963 年随着连接南支与南港的新宝山水道的形成,进入北港的水量减少,中央沙冲刷后退,有 2 亿 m^3 泥沙进入北港,在北港弯道环流的作用下,大部分泥沙沉积在青草沙附近,有一部分淤积在北港主槽中,淤积最严重的部位在六滧港以上河段,而六滧港和奚家港之间的河段发生冲刷现象。

北港在河型上为一微弯河道,主槽靠近北侧凹岸,因而北岸一度冲蚀坍塌十分严重，依靠丁坝、海塘等护岸工程控制江岸的坍势。长兴岛西北侧因上游沙体的切割下移和弯道环流的作用，泥沙大量停积，形成了以青草沙为主体的凸岸，并因涨潮沟的楔入形成涨潮夹泓与沙嘴的交错分布。

北港主槽系指堡镇港至横沙岛，全长约 30 km，上承新桥通道、新桥水道，下经拦门沙河段入海。北港河段有两个弯道，上弯道为堡镇弯道，主槽位于河道北侧，南侧为中央沙和青草沙，下弯道为横沙弯道，主深槽紧贴于横沙岛北沿，其北侧为六滧沙脊尾部。

六滧沙脊形成于 20 世纪 80 年代初，形成初期是堡镇边滩沙嘴，1984 年沙嘴根部遭水流切割，沙嘴成为长条状的潮流脊，是底沙推移的堆积体，成为六滧沙脊的雏型。1985 年，沙体分上、下两段，5 m 线尚未相连，上段沙体 2 m 水深线包络的面积为 0.95 km^2，下段为几个分散的小沙包，水深均大于 2 m。之后，在涨落潮流的作用下，沙脊进一步发展，上下沙脊连成一体，成为一条狭长的潮流脊，沙脊的滩面也逐渐淤高，至 1994 年，部分沙体出露水面，0 m 线包络的面积达 1.77 km^2。之后，沙体不断淤高扩大，2004 年 5 m 等深线以浅面积达到 22.8 km^2，但到了 2008 年沙体 0 m、2 m、5 m 以浅面积分别为 2.8 km^2、8.5 km^2、19.5 km^2，与 2004 年相比普遍有所下降(图 4.36)，主要原因是六滧沙尾在 121°48′～49′E 之间被切割冲刷所致。从各断面统计值可以看出，六滧沙脊在形成和发育过程中，呈现上、中部变窄、下部向南拓宽、南冲北淤的态势(表 4.13)，沙体不断向东南向延伸扩大，沙尾 5 m 线下移速度约为 1.2 km/a，表现出与往年向东南向延伸扩展的不同特点，是受水流切割的缘故。近年来，沙尾冲刷比较严重，2006 年与 2004 年相比上提了 2 km 左右。另一方面，沙体上、中段南侧受到潮流顶冲而向北移动(图 4.37，图 4.38，图 4.39)。

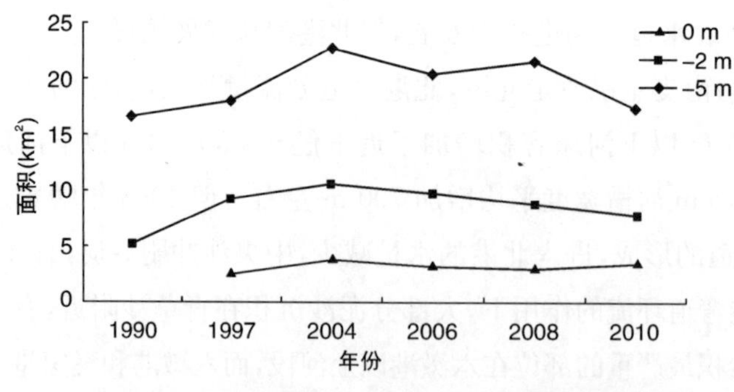

图 4.36　六滧沙脊 0 m、2 m、5 m 水深以浅面积

表 4.13　六滧沙脊沙体宽度(单位:m)

断面号	等深线	1990	1997	2004	2006	2008	2010
S_1	0 m						
	2 m	418					
	5 m	765	396	385	225	215	62
S_2	0 m		215	239	215	200	264
	2 m	499	451	383	375	449	422
	5 m	1 056	882	964	847	882	840
S_3	0 m						
	2 m	557	530	558	355		
	5 m	1 241	1 101	1 146	1 168	1 125	1 155
S_4	0 m						
	2 m		544	373	200	513	254
	5 m		760	1 861	1 507	2 260	1 532

注:由于沙体切割,2004、2006 年 S4 断面 5 m 水深宽只计 5 m 以上沙体

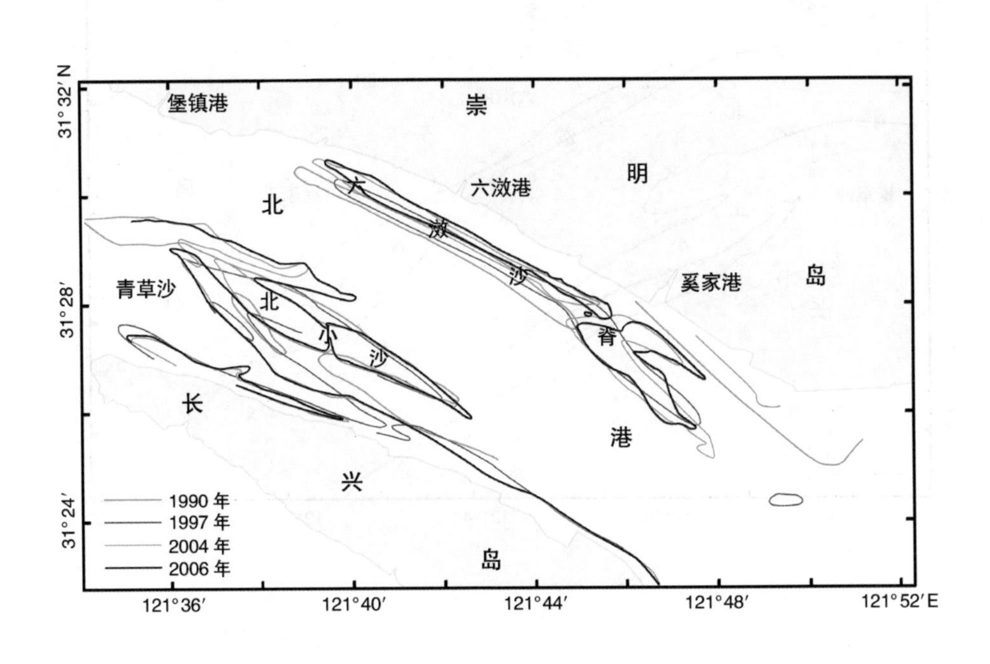

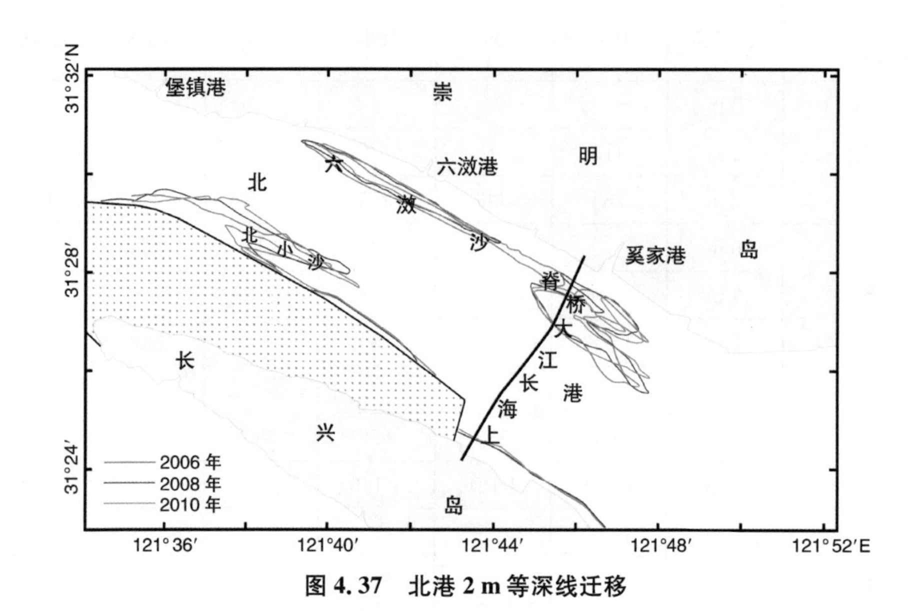

图 4.37　北港 2 m 等深线迁移

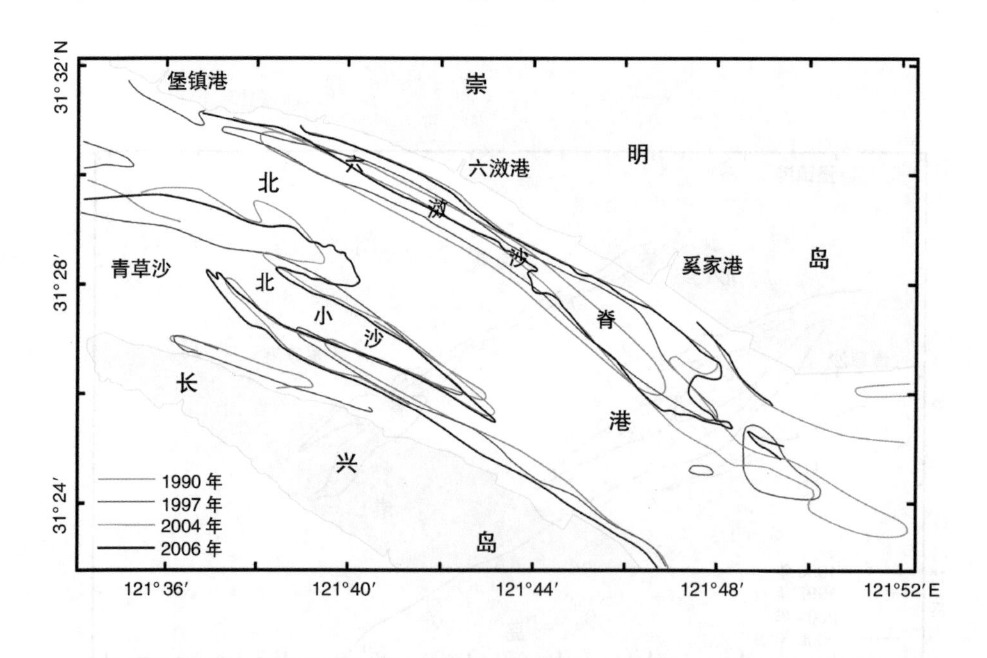

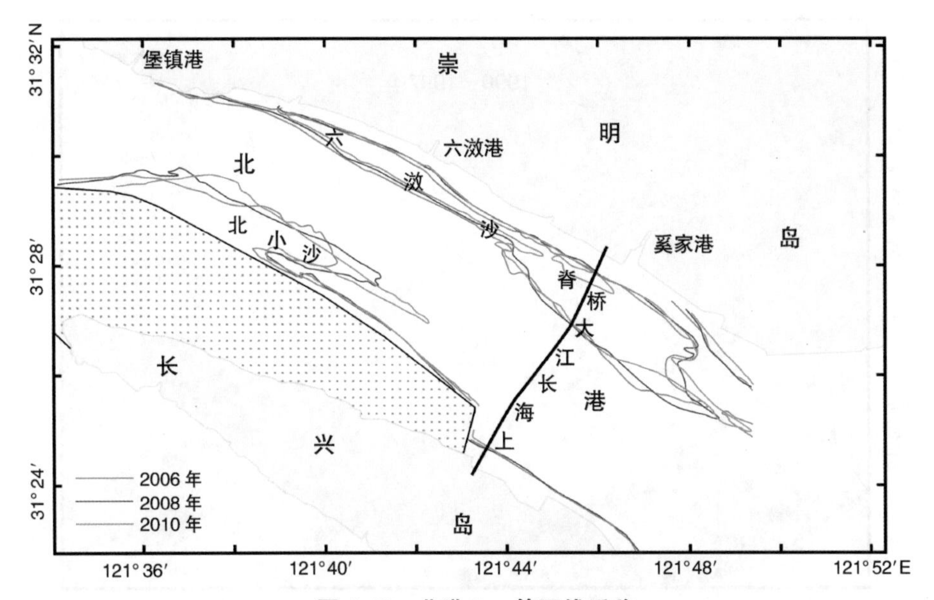

图 4.38　北港 5 m 等深线迁移

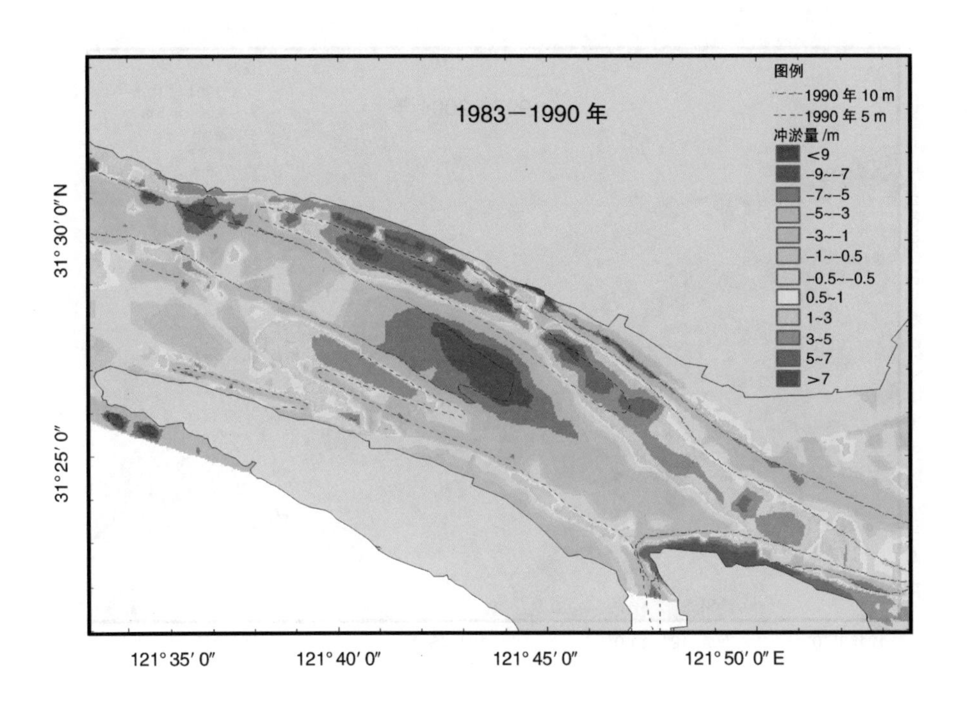

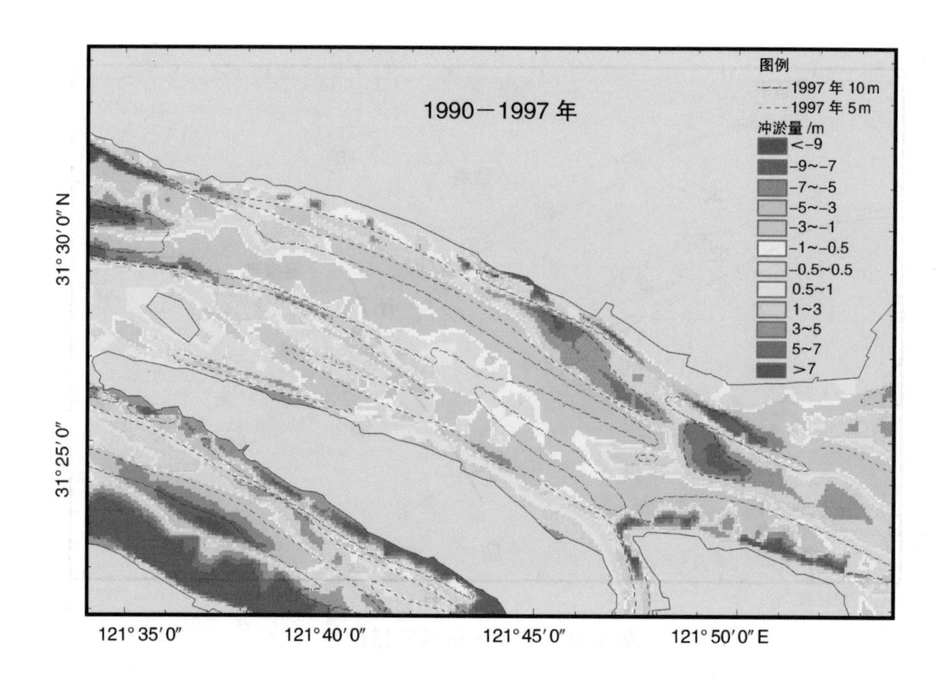

图例
1997 年 10 m
1997 年 5 m
1990－1997 年
冲淤量 /m
<-9
-9~-7
-7~-5
-5~-3
-3~-1
-1~-0.5
-0.5~0.5
0.5~1
1~3
3~5
5~7
>7
31° 30′ 0″ N
31° 25′ 0″
121° 35′ 0″
121° 40′ 0″
121° 45′ 0″
121° 50′ 0″ E

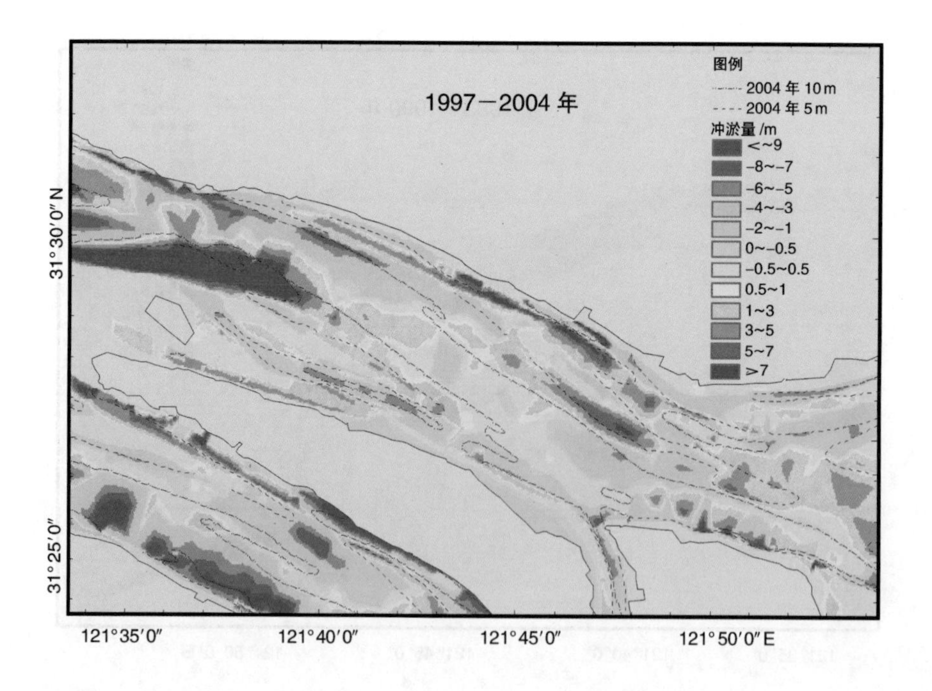

图例
2004 年 10 m
2004 年 5 m
1997－2004 年
冲淤量 /m
<~9
-8~-7
-6~-5
-4~-3
-2~-1
0~-0.5
-0.5~0.5
0.5~1
1~3
3~5
5~7
>7
31°30′0″ N
31°25′0″
121°35′0″
121°40′0″
121°45′0″
121°50′0″ E

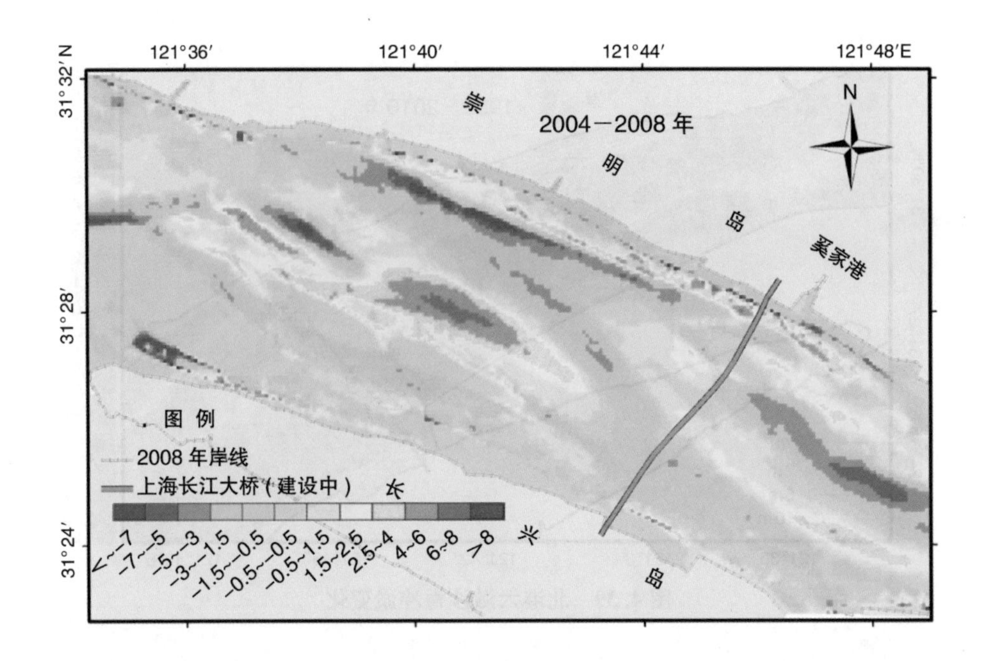
121°36′
121°40′
121°44′
121°48′E
31°32′N
31°28′
31°24′
2004—2008 年
N
崇
明
岛
奚家港
图 例
2008 年岸线
上海长江大桥（建设中）
长
兴
岛
<-7
-7~-5
-5~-3
-3~-1.5
-1.5~-0.5
-0.5~0.5
0.5~1.5
1.5~2.5
2.5~4
4~6
6~8
>8

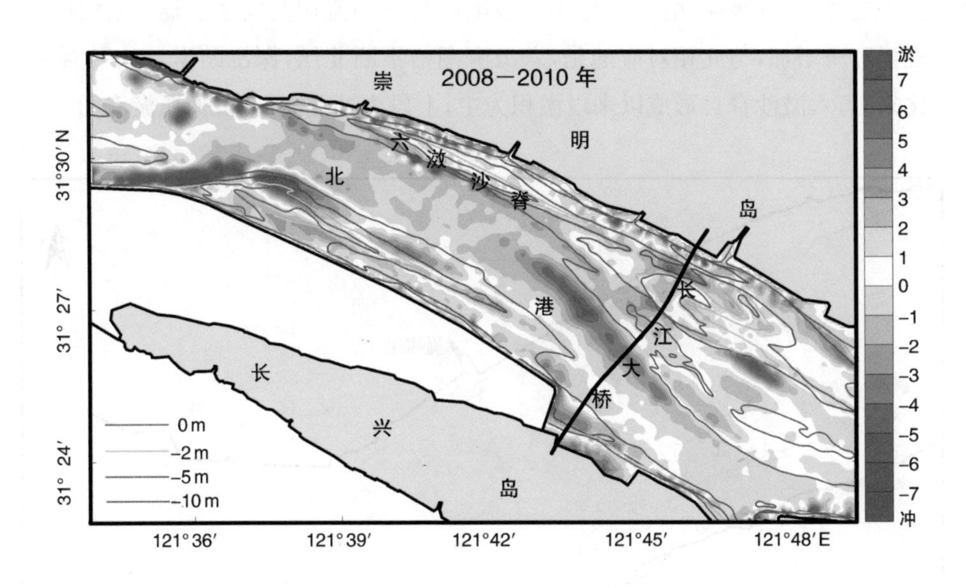
2008—2010 年
崇
明
岛
六滧沙脊
北港
长江大桥
长
兴
岛
0 m
-2 m
-5 m
-10 m
31°30′N
31° 27′
31° 24′
121°36′
121°39′
121°42′
121°45′
121°48′E
淤
7
6
5
4
3
2
1
0
-1
-2
-3
-4
-5
-6
-7
冲

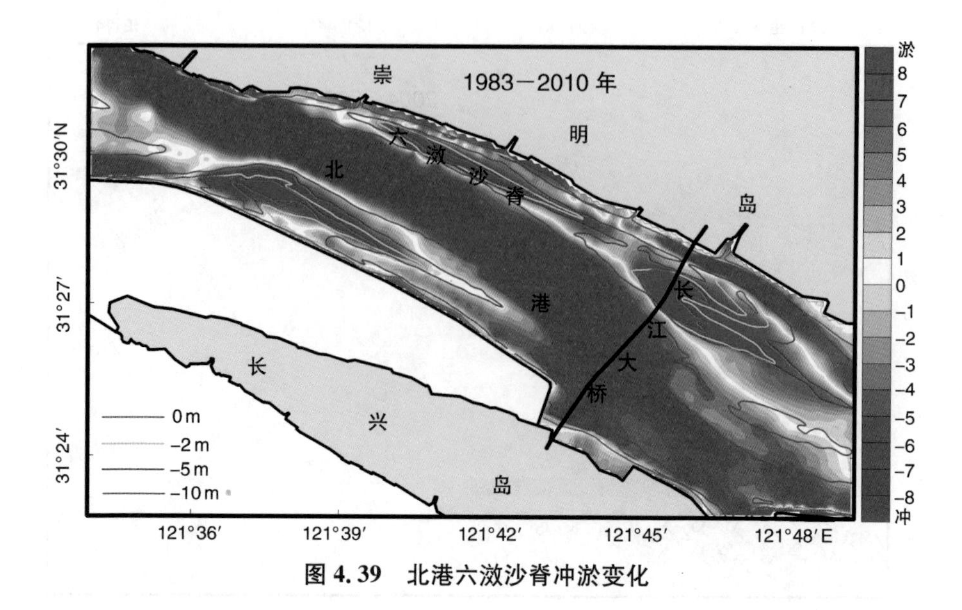

图 4.39　北港六滧沙脊冲淤变化

从四个典型断面图(图 4.40、4.41)上可以看到,六滧沙脊形成之后不断呈淤高扩大之势,并逐步向北移动,近年来沙尾虽受到潮流切割发生上提,但沙体平均高程仍有所增加,与此相对应的是,六滧涨潮槽不断北压,深泓贴岸。从平面冲淤变化来看,六滧沙脊自形成以来以淤积为主,上段南冲北淤、下段南压淤涨明显。

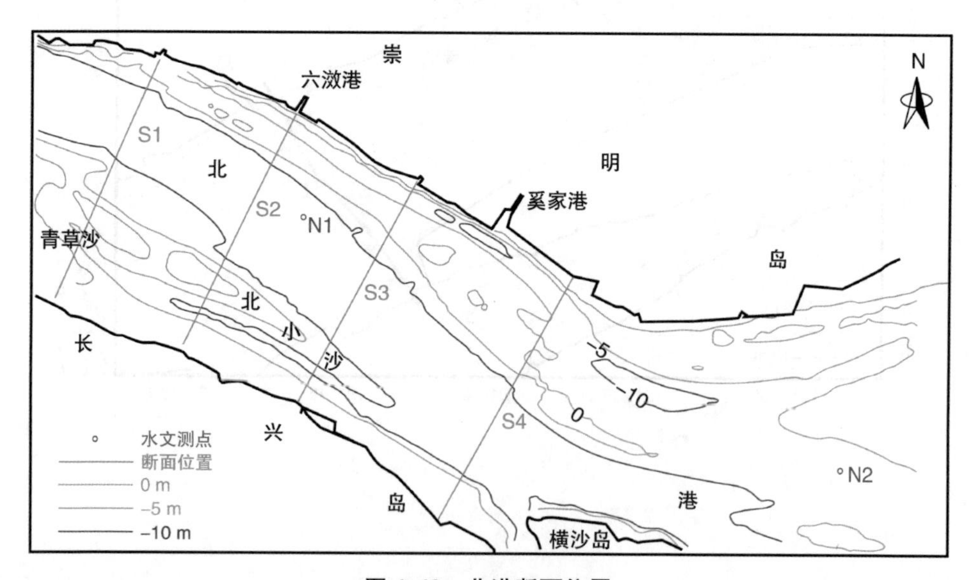

图 4.40　北港断面位置

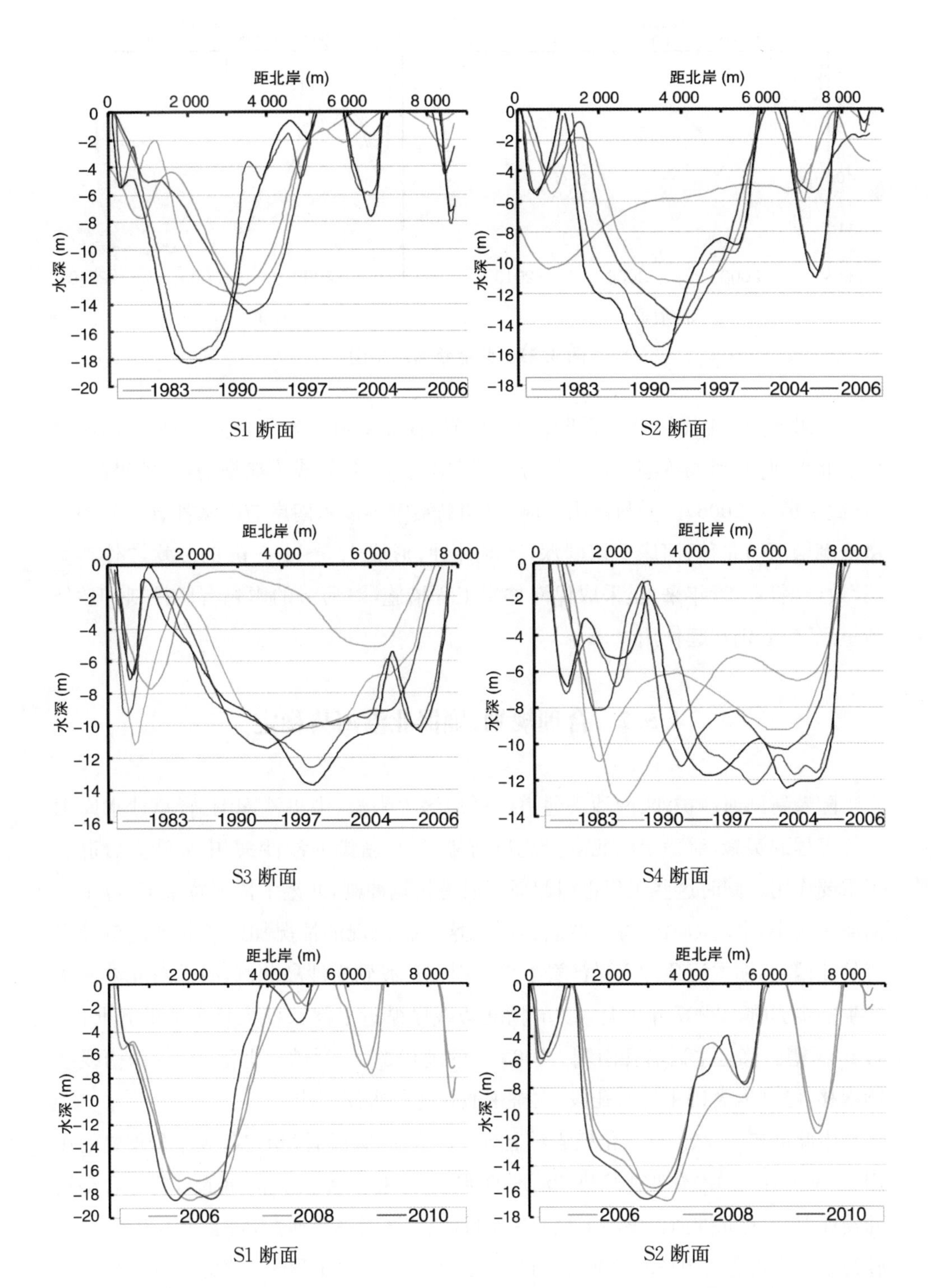

距北岸 (m)
水深 (m)
1983
1990
1997
2004
2006
S1 断面
S2 断面
S3 断面
S4 断面
2008
2010

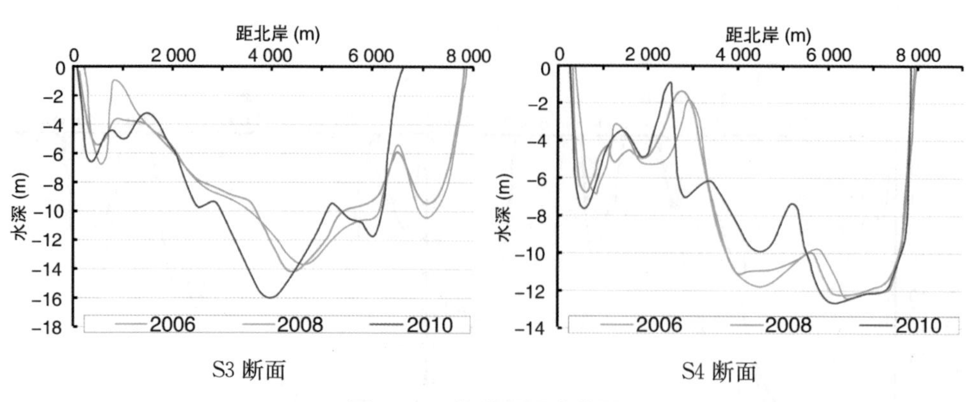

图 4.41　北港断面冲淤图

20 世纪 80 年代初形成的北港六滧沙脊，使北港河势发生重大调整，六滧沙脊分隔北港河槽，形成落潮主槽—沙脊—涨潮副槽的格局，成为典型的“外沙里泓”河段(武小勇等，2006)。受科氏力影响，崇明岛奚家港以东南岸与六滧沙脊之间的六滧涨潮槽深槽北移，河床下切刷深，高滩冲蚀，形成 1.0～1.5 m 的陡坎，“外沙里泓”效应明显。近年来，虽采取保滩护岸工程措施，对河势的影响有所控制，但“外沙里泓”效应仍在起作用。

4.5.2　合理规划，确保北港河势稳定

随着新浏河沙护滩、南沙头通道(下段)潜堤限流、中央沙圈围、青草沙水库围堤等工程的实施，对稳定南北港分流口河势、遏止新浏河沙沙头、中央沙头后退起了重要作用。同时这些工程也引起新桥通道拓宽冲刷，北港上段河宽束窄，过水断面面积减小，水动力增强等一些新情况。这些新出现的情况加剧了北港进口段主流的北偏，北偏主流顶冲六滧沙脊上部后南偏过渡到横沙岛北侧，必然对北港河床产生一定影响。2007 年 8 月，10 m 槽北边线已贴近上海长江大桥主通航孔北侧，11 m 深槽已移至主通航孔南侧。2008 年的地形图上，反映了北港 10 m 深槽线继续南移，已进入大桥主通航孔段，大桥主通航孔段水深变浅。

由此可知，六滧沙脊变化趋势对上海长江大桥所在河段稳定起到十分重要的作用，应重视对六滧沙脊变化趋势和治理的研究。根据国务院批准的《长江口综合整治开发规划》中对北港河段整治工程的主要目标是“适当束窄河宽，固定沙体边界，形成较为稳定的北港主槽平面形态”。同时提出“北港的整治工程必须考虑到北港桥梁主通航孔的稳定”的要求，在对六滧沙脊进行促淤圈围规划、确定围堤轴线位置时，建议

要考虑控制北港微弯水流动力轴线继续弯曲，以防影响大桥主通航孔段的通航水深。

4.6 北港潮流脊

2004 年后六滧沙脊尾部受水流冲刷切割，切割下来的泥沙被落潮流带到北港拦门沙河段，为水下潮流脊的形成发育提供了物质来源。

根据 2007 年 8 月与 2004 年 5 月上海海事局施测的地形图比较，北港拦门沙河段上、下潮流脊发生了较大变化：一是面积扩展，2004 年 5 月，上潮流脊和下潮流脊 5 m 等深线包络的面积分别为 2.2 km^2、3.5 km^2，2007 年 8 月分别为 5.2 km^2、9.0 km^2，与 2004 年 5 月相比增加了 1.4 倍、1.6 倍；二是沙脊向下游迁移，上潮流脊沙体基本上在整体北移的同时，下移了 5 200 m，沙脊东西长 8 800 m，宽 650 m 左右，呈狭长带状形，下沙脊向东偏南下移 7 700 m；三是河床淤高，水深变浅，2007 年 8 月，上潮流脊水深多在 3.1～4.5 m 之间，与 2004 年 5 月水深相比，河床普遍淤高了 2.0 m 多，2007 年 8 月，下潮流脊滩顶水深达 2.2 m，与 2004 年 5 月相比，淤浅了 2.0～3.0 m。

2009 年与 2007 年地形图比较，上潮流脊沙头南侧受冲，5 m 水深线北退 650 m，沙体向北淤涨，5 m 水深线北移最大 600 m，沙尾上提 1 300 m，5 m 水深以浅面积 5.9 km^2，与 2007 年相比略有增加。滩面高程淤涨明显，与 2007 年相比淤高了 2.2 m，年均淤高 1.1 m；下潮流脊在 2009 年地形图上分裂为两个，其中大的潮流脊 5 m 水深以浅面积 7.25 km^2，与 2007 年相比，沙头下移了 2 500 m，沙尾下移了 3 700 m(图 4.42)。

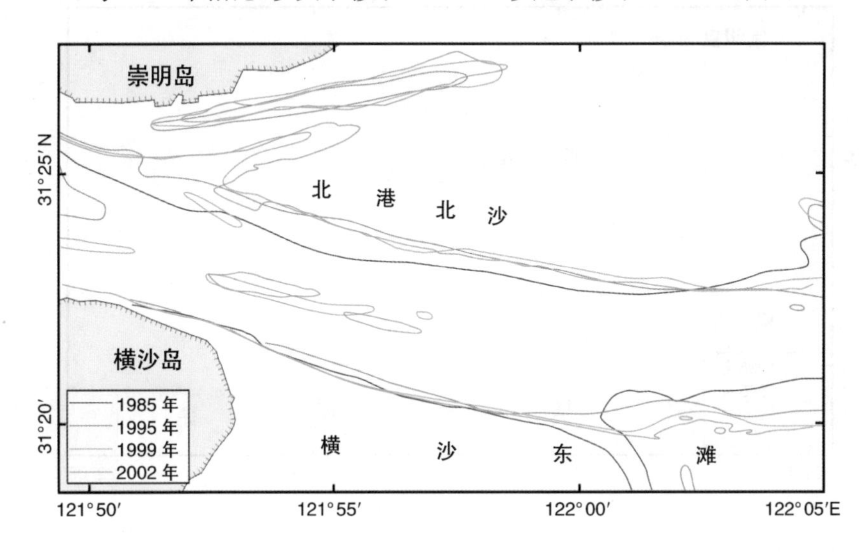

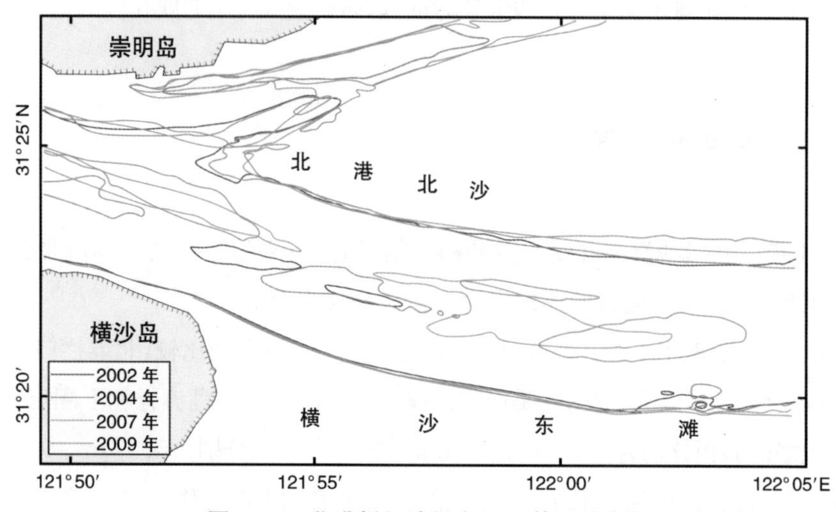

图 4.42　北港拦门沙河段 5 m 等深线变化

北港潮流脊的发育、下移,呈现明显的“外沙里泓”效应。在沙脊的南北两侧,自 1997 年开始,深泓线由一条分为两条,形成二槽一脊的马鞍型河槽,造成横沙东滩北侧和北港北沙南侧滩坡变陡。上潮流脊导致横沙岛北侧 10 m 槽南移拓宽冲深,深槽逼岸,增加了横沙岛北堤防洪防台的风险。在 2007 年 8 月的测图上,下潮流脊南侧,横沙东滩二期促淤坝北侧,出现一个长 4 500 m,宽 200～500 m 的 10 m 深槽,与横沙东滩北侧 5 m 等深线相距仅 100 m 左右,0 m～10 m 水深的坡度为 1/50。2009 年海图上,该 10 m 槽向上延伸,纵向长度由 2007 年的 4 500 m 增加至 2009

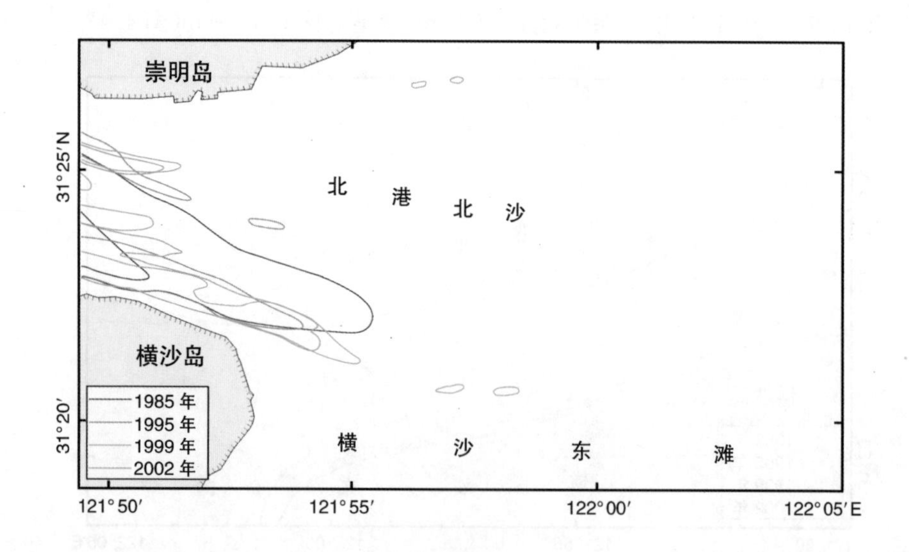

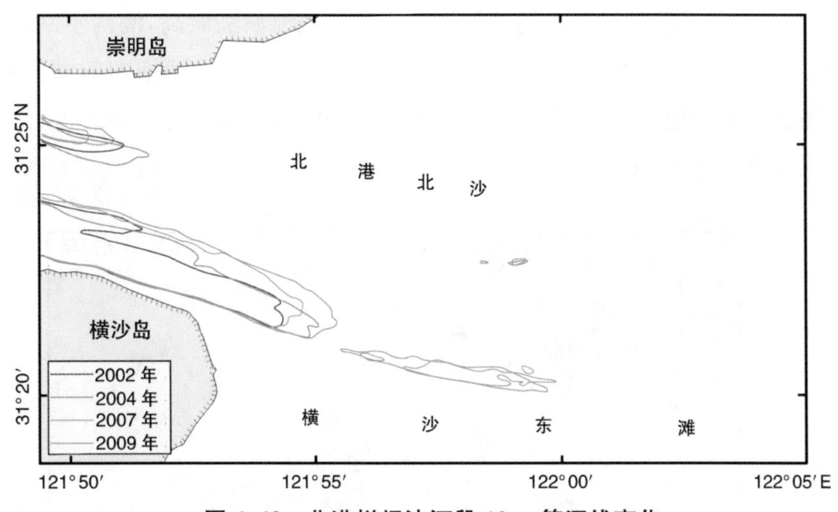

图 4.43　北港拦门沙河段 10 m 等深线变化

年的 6 800 m，与横沙岛北侧的 10 m 槽相距仅 1 000 m(图 4.43)。2011 年，该 10 m 深槽处于萎缩状态，其长度缩短至 1 300 m，宽度缩至 300 m，最大水深由 11.3 m 变为 10.2 m。10 m 槽的萎缩有利于横沙东滩北侧堤的稳定。

4.7　北港北沙

北港落潮水流过崇明、横沙岛后，脱离两岸约束，水域开阔，水流扩散，流速减缓，泥沙易于落淤沉积。20 世纪 20 年代，北港拦门沙河段出现心滩型阴沙，直至 60 年代初才淤涨成明沙，称团结沙。团结沙与崇明岛之间有一条涨潮泓道，1979－1982 年上海市实施筑坝堵泓道工程，遂后泓道淤塞，团结沙并靠崇明岛，1991 年团结沙围垦成陆。

20 世纪 80 年代初，在团结沙东南的北港拦门沙河段，又相继形成新的心滩型沙洲，范围较大，滩顶高程在水深 2.0 m 左右(理论深度基面)。

1991 年后，该沙体淤涨速率加快。1997 年，0 m 线包围面积为 13.75 km^2，2002 年，0 m 以上面积达 28.05 km^2，年均增长 2.86 km^2。2004 年 2 m 等深线包络的面积约 130 km^2。滩顶高程为 1.0 m 左右(理论深度基面)。

团结沙筑堤围垦后，过水断面有所缩小，围堤前沿涨潮流作用增强。为使水流动力与地形达到新的平衡，堤外潮滩受涨潮流的强烈冲刷，1995 年形成 5 m 涨潮槽，呈现第二代团结沙的格局。随着涨潮槽南侧的浅滩淤涨淤高，潮沟不断拓宽延伸，形成一条宽 500～1 000 m，水深达 5.0～6.9 m，呈东北—西南向的潮汐汊道。该汊道把崇明东滩划分为二部分，汊道以北为崇明东滩，以南为北港北沙，涨潮沟取名为北港北沙汊道(图 4.44)。

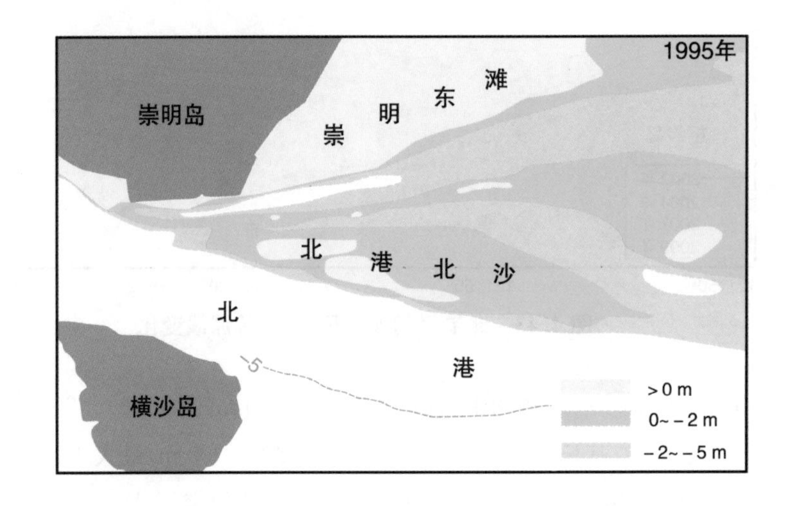

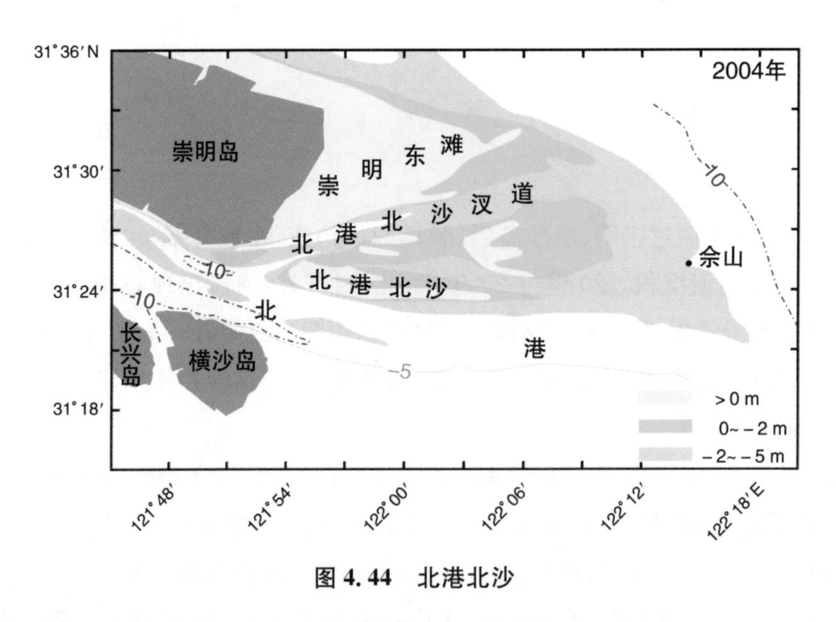

图 4.44　北港北沙

目前北港北沙的范围，在 1982 年的图上，水深尚在 2.0～4.0 m 之间，1.0 m 等深线以上面积只有 0.47 km^2。20 多年来，沙体普遍淤高了 2.0～5.0 m，年均淤高 0.10～0.25 m，2000－2004 年的淤积更为明显(图 4.45)。

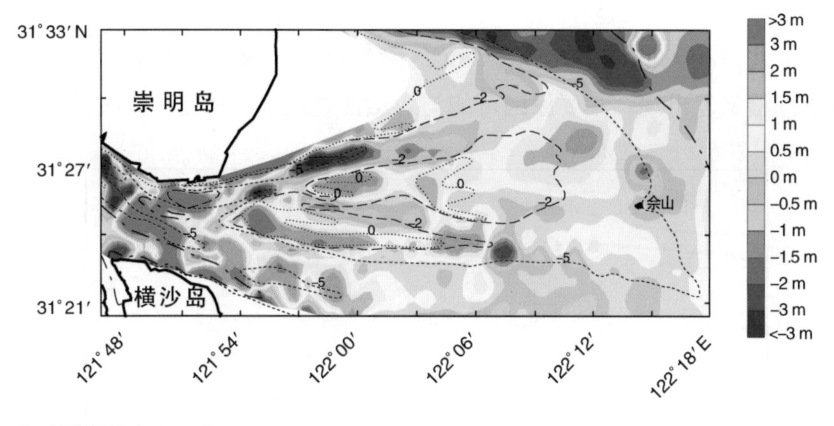

注:等深线取自2004年

图 4.45　北港北沙水域地形冲淤(2000—2004)

受1998年长江大洪水影响,1999年在潮汐汊道与北港北沙沙头之间呈现一条西南东北向的落潮槽,至2002年,该落潮槽在向下游延伸的同时,拓宽刷深,最大水深由1999年的6.8 m增至2002年的8.1 m,平均宽度由350 m展宽至870 m,5 m槽下移了1 700 m(图4.46)。2003年洪季大潮,落潮槽内实测最大表层流速达2.07 m/s,落潮优势流为80%。

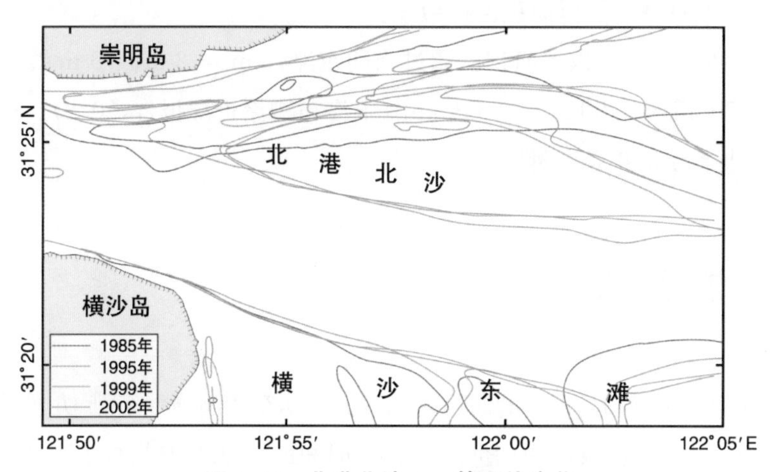

图 4.46　北港北沙 2 m 等深线变化

在2002年图上,团结沙水闸南侧约1 000 m处形成纵向6.7 km、宽500 m的2 m水深以浅的沙脊,面积约2.8 km², 暂称为团结沙水闸前沿沙脊。在2007年图上,该沙脊下移了750 m,在下移过程中,沙脊尾部向南淤涨,2 m等深线包络面积达4.0 km²,表明该沙体在扩展之中。在2009年海图上,该沙脊已与北港北沙沙头相连，北港北沙沙头北侧原存在的 5 m 落潮槽已淤浅衰亡（图 4.47）。到了 2011 年，该落潮槽又复出现。主要原因可能与六滧沙脊尾部沙体变化有关。

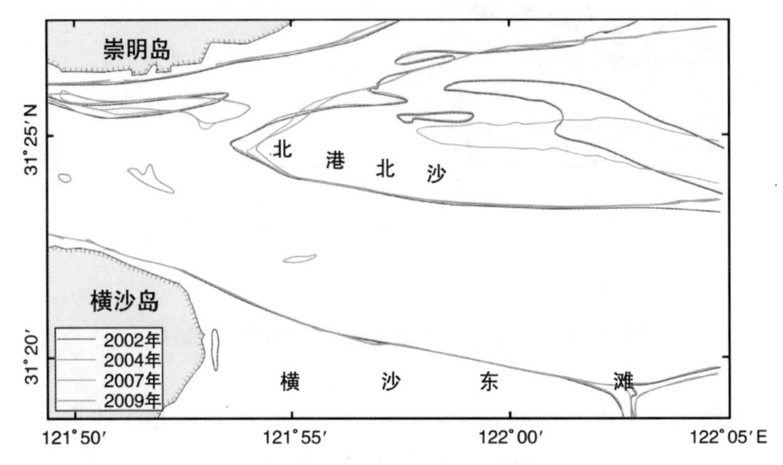

图 4.47　北港北沙河段 2 m 等深线变化

在北港落潮流顶冲作用下，北港北沙沙头 5 m、2 m、0 m 等深线自 2002—2007 年分别后退 1 650 m、620 m、420 m，年均后退分别为 330 m、124 m、84 m。近年潮滩高程有所刷低，但面积保持稳定。

北港北沙 5 m 水深以上面积已超过崇明东滩，0 m、-2 m、-5 m 线以上面积分别为 21.7 km²、98.5 km²、305.6 km²（上海市潮涂资源报告，2012）。按自然演变趋势，北港北沙将并靠崇明岛。

4.8　崇明东滩

崇明东滩位于崇明岛东部的岛影缓流区。崇明东滩与横沙东滩、九段沙浅滩同为长江口口门的三大浅滩，其中崇明东滩形成时间最早，其次是横沙东滩、九段沙。

崇明东滩范围系指崇明东部 98 大堤和 01 大堤向外至 5 m 等深线之间的浅滩，自北港北沙潮汐汊道，经团结沙、东旺沙至北八滧。目前，崇明东滩 +3 m、+2 m、0 m、-2 m、-5 m 以上面积分别为 35.8 km²、45.9 km²、88.5 km²、146.5 km²、247.7 km²（上海市滩涂资源报告，2012）。

崇明东滩是国际重要湿地，位于亚太候鸟迁徙路线东线的中段，是“东亚—澳大利西亚”鸟类迁飞线路的重要栖息地，也是东北亚鹤类、雁鸭类的重要越冬地。1992 年被列入《中国保护湿地名录》，1998 年上海市人民政府批准建立了“上海市崇明东滩鸟类自然保护区”，2002 年正式列入“拉姆萨国际湿地保护公约”的国际重要湿地名录，中国政府在 2005 年批准崇明东滩鸟类自然保护区为国家级自然保护区。

崇明东滩冲淤演变导致湿地植物群落、底栖动物群落的演替，直接影响到生物量、生物多样性及鸟类保护区的质量。

4.8.1 崇明东滩形成和历史变迁

(1) 崇明岛的形成与变迁

公元 11 世纪以前，长江江口有两个沙岛，当时称为西沙和东沙(图 4.48)。宋天圣二年(公元 1025 年)，在西沙西北涨出姚刘沙，东西二沙也在 11 世纪相继坍去。宋建中靖国(公元 1101 年)又出露一个沙岛，称为三沙，形成了现代长江河口的第一级分汊。崇明建置开始于三沙之上，1222 年在三沙上建天赐场，1277 年建崇明州，明洪武两年(公元 1369 年)改设县。明嘉靖至清雍正的二百年间(公元 1522－1723 年)长江主泓走北支，姚刘沙、三沙相继坍去，长沙则逐渐扩展，至明万历初年(公元 1573 年)与吴家沙等连成一片。万历 11 年(公元 1583 年)崇明县治迁至长沙(陈吉余，1957)，崇明岛的西北东南向的长条形河口沙岛型态初步奠定。以后，特别是 18 世纪中叶长江主泓走南支以来，崇明岛南岸遭受侵蚀，清光绪 20

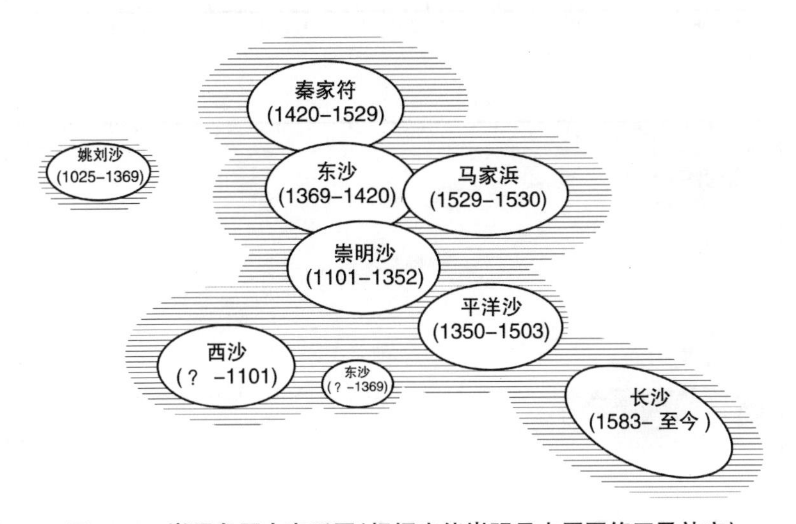

图 4.48 崇明岛历史变迁图(根据光绪崇明县志原图修正及补充)

年(公元1894年)加固堤防才制止坍势,而北岸迅速淤涨,东滩也有所发展,崇明岛面积不断扩大,直到今天还继承着这样的发展趋势。据统计,崇明岛面积:1949年为608 km^2,1981年为1 064 km^2,目前面积已达1 267 km^2。

(2) 近百年来崇明东滩地形变迁过程

由图4.49可以看出,1842年崇明东滩呈现向东延伸的舌状边滩。1907年海图显示,东滩南沿的北港拦门沙河段出现的心滩型阴沙,与崇明东滩之间有"夹泓"存在,阴沙南侧为北港主槽。1960年阴沙出露水面成为明沙,1972年取名团结沙,与东滩之间为团结沙夹泓。团结沙南岸侵蚀,北岸淤涨,团结沙沙体不断向西北迁移,并靠崇明东滩。1971年到1981年的10年间,团结沙南岸0 m线侵蚀北移

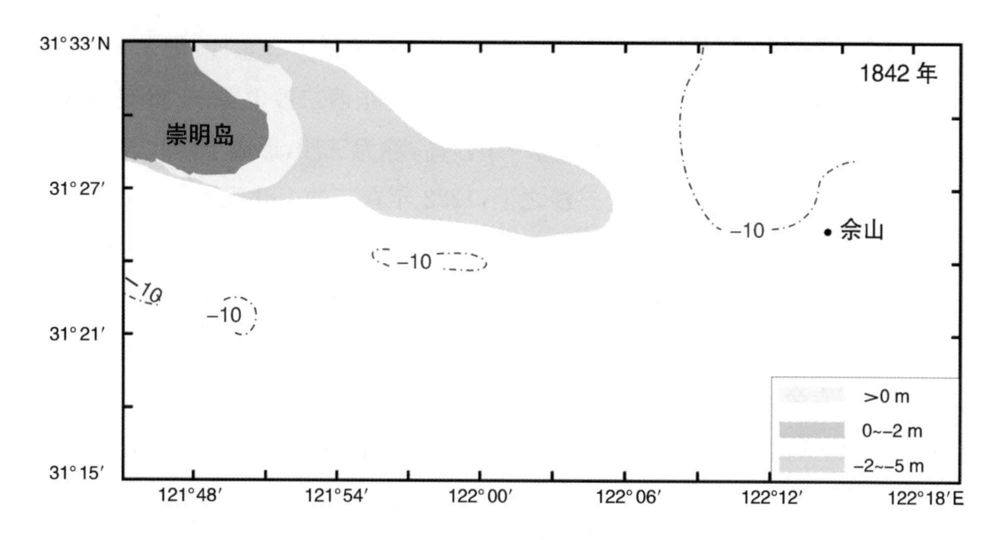

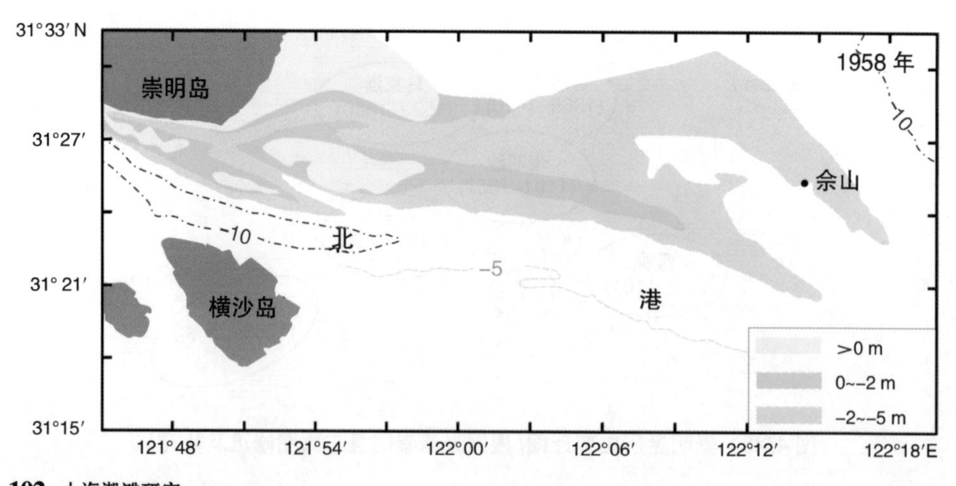

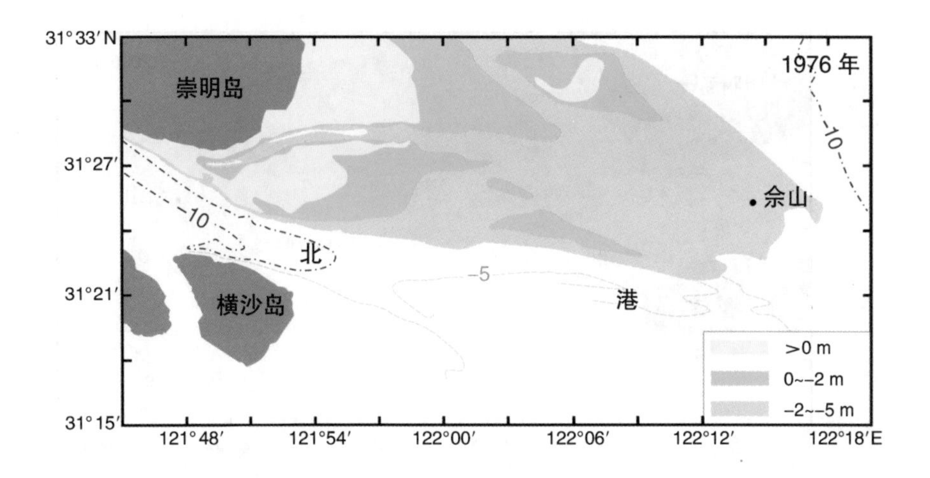
31°33′N
31°27′
31°21′
31°15′
121°48′
121°54′
122°00′
122°06′
122°12′
122°18′E
1976 年
崇明岛
横沙岛
佘山
北
港
-10
10
-5
>0 m
0~-2 m
-2~-5 m

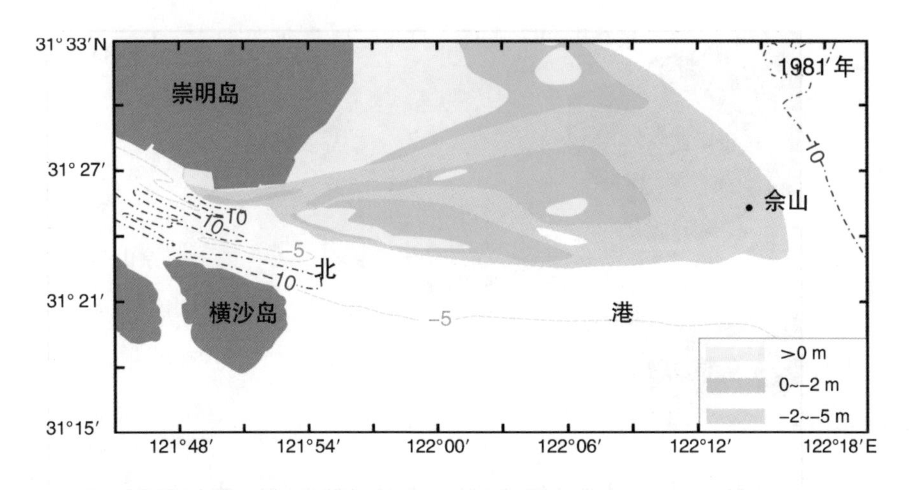
31° 33′N
31° 27′
31° 21′
31°15′
121°48′
121°54′
122°00′
122°06′
122°12′
122°18′E
1981 年
崇明岛
横沙岛
佘山
北
港
10
-5
>0 m
0~-2 m
-2~-5 m

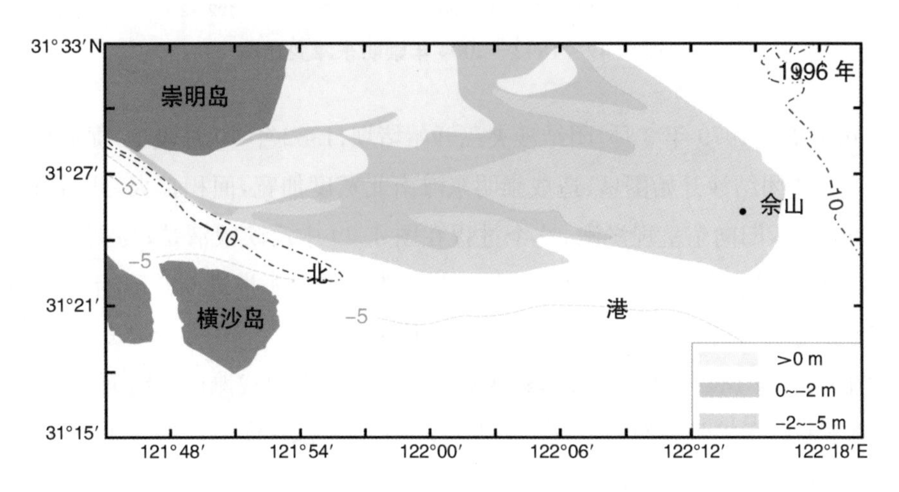
31°33′N
31°27′
31°21′
31°15′
121°48′
121°54′
122°00′
122°06′
122°12′
122°18′E
1996 年
崇明岛
横沙岛
佘山
北
港
-10
10
-5
>0 m
0~-2 m
-2~-5 m

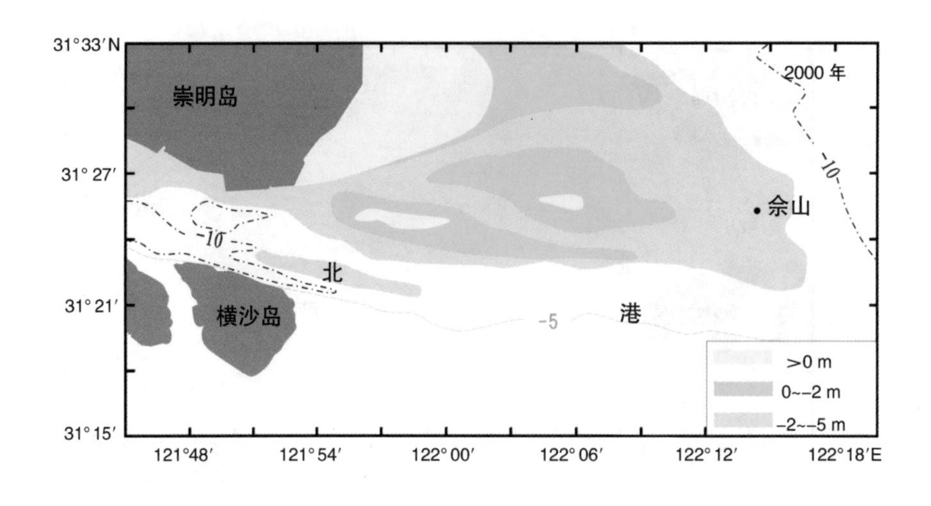

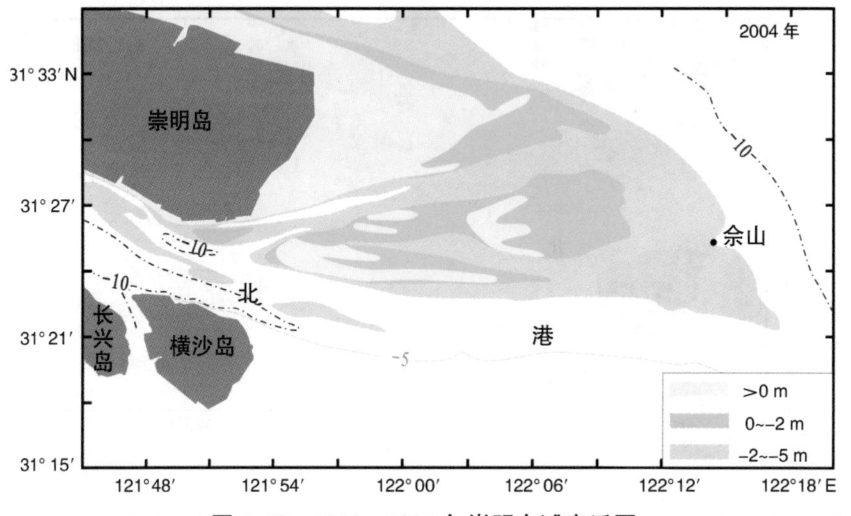

图 4.49　1842—2004 年崇明东滩变迁图

2 000 m 左右。1979 年 3 月，团结沙夹泓开始堵坝，1982 年 10 月竣工，促淤效果甚好。1991 年团结沙开始围垦，造成崇明东滩南北宽度加宽，面积扩大，此后整个东滩总的趋势依旧向东呈现淤涨，这个过程在图 4.49 中反映很清楚；另据东旺沙固定断面地形测量，在 1984—1990 年期间，芦苇滩下界向海推进 600 m，年均向外淤涨 100 m，草滩下界向海推进 650 m，年均外移 108 m。

图 4.50 为 1842—2004 年间，崇明岛东部至佘山方向浅滩地形断面变化，反映了东滩不断向东扩张和淤积过程。但近年来，随着长江入海泥沙的减少，淤涨渐趋缓慢，佘山附近水下斜坡有所内蚀，已呈后退趋势。

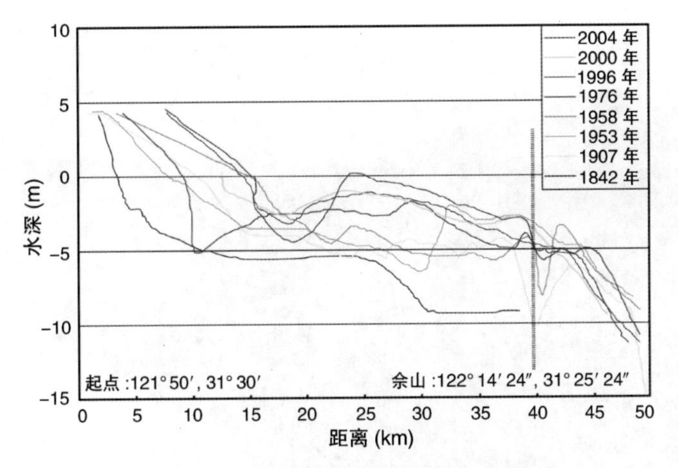

图 4.50　崇明东滩佘山断面地形变化

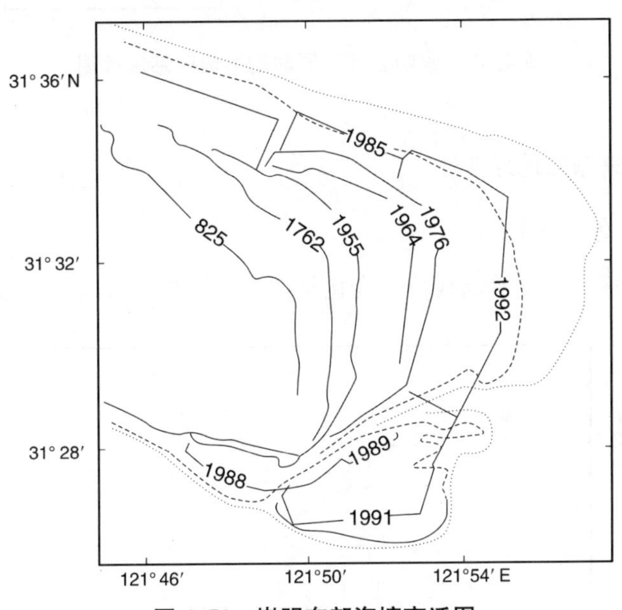

图 4.51　崇明东部海塘变迁图

历年来随着滩涂的不断围垦，海塘的不断修建，同样反映了东滩淤涨变化过程。图 4.51 为崇明东部海塘修建位置的变化，历史记录最早的一条海塘建于公元 825 年，其后海塘修建位置呈不断向东偏北方向推进，反映了当时东滩向海淤涨的总趋势，这主要由于 18 世纪中叶以后长江主泓由北支改走南支，北支因径流量日益减少，潮汐作用相应增强，涨潮流主流偏北，造成东滩北沿滩地因主流偏移向北淤涨。直至上世纪 90 年代后期东旺沙围垦修建的 98 大堤和 2001 年团结沙围垦修建的 01 大堤，造成东滩海塘修建位置向东南方向推移(图 4.52)。

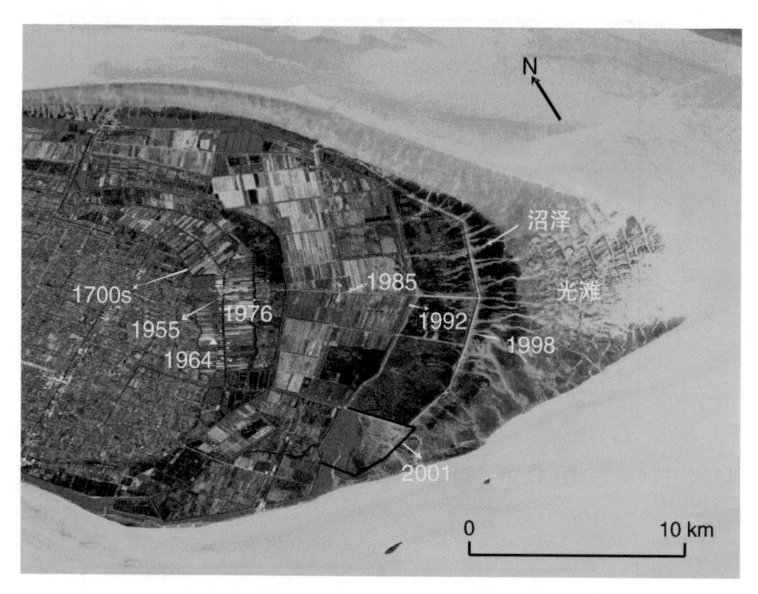

图 4.52　崇明东滩不同时期海堤遥感影像图

(3) 20 年来东滩地形变迁

1）滩地等高线的变化

1983—2003 年滩面等高线位置变化见图 4.53、图 4.54，图示 1983 年以来各等

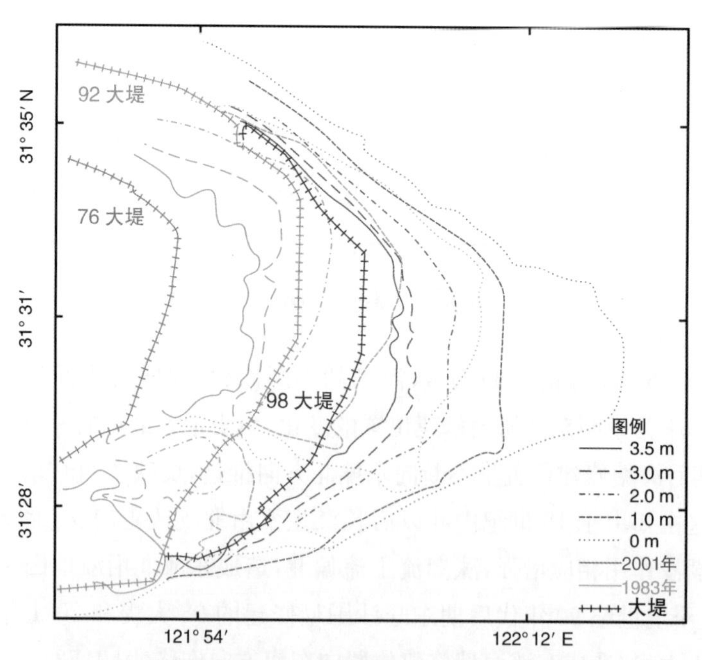

图 4.53　崇明东滩等高线迁移变化（1983 年—2001 年）

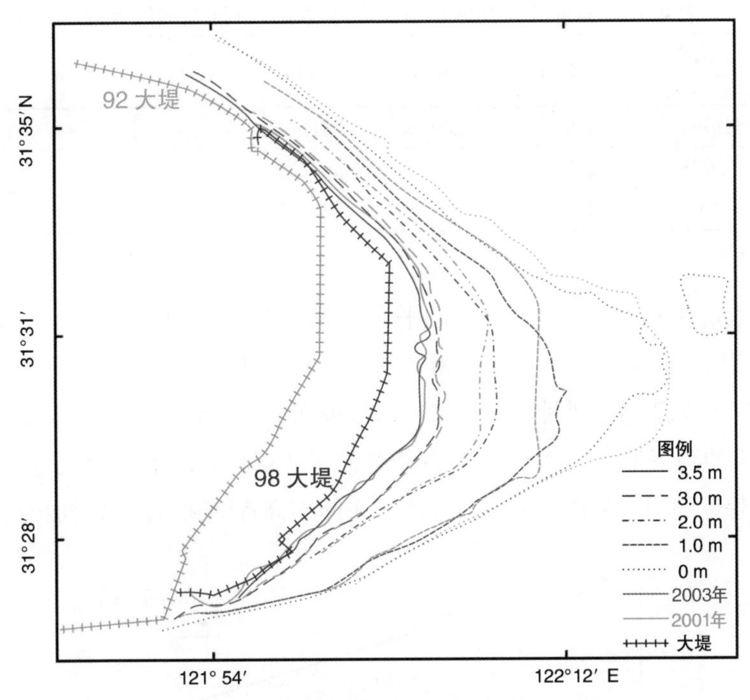

图 4.54　崇明东滩等高线迁移变化(2001 年—2003 年)

高线普遍外移,反映了 0 m 以上滩地处在不断稳定的淤涨过程之中(赵常青等,2008)。0 m、+1 m、+2 m、+3 m、+3.5 m 等高线按正东、正南、正北三个方向的淤涨程度列于表 4.14。

表 4.14　1983—2003 年间各断面等高线外涨距离(单位:m)

断面＼高程	+3.5 m		+3.0 m		+2.0 m		+1.0 m		0 m	
	总数	年均	总数	年均	总数	年均	总数	年均	总数	年均
东断面	5 250	263	5 500	275	6 500	325	6 000	300	4 125	206
南断面	/	/	/	/	/	/	4 120	206	2 600	130
北断面	/	/	/	/	/	/	880	44	760	38

其中东断面 0 m 线共计外涨 4 125 m,年均 206 m;北断面共外涨 760 m,年均 38 m;南断面共外涨 2 600 m,年均 130 m。由于团结沙并岸,造成 1990 年后,南侧 0 m 滩线迅速外伸。此外,从东滩东断面 0 m 以上各等高线的淤涨外伸过程还反映了历年来同步向东淤涨的特点,各等高线外涨速率相差不大,反映了淤涨的平稳性,结果见表 4.15。

表 4.15　东滩正东向断面不同等高线年均外涨距离统计(单位:m)

年份＼高程	+3.5 m	+3.0 m	+2.0 m	+1.0 m	0 m	-2 m
1983—1990	239	239	211	/	/	/
1990—2003	256	256	330	/	/	/
2001—2003	25	/	262	338	1 033	1 100

(注:1983、1990 年 +1.0 m 线以外无测图)

上表反映出 1983—1990 年间的平均外涨速率十分平稳,在 +3.5 m～+2.0 m 的中、高潮滩各等高线外涨速率相差不大。近年来 2001—2003 年高潮滩淤涨甚小,+2.0 m 以下滩地外涨明显,+2.0 m 线外涨了 262 m, +1.0 m 线外涨了 338 m, 0 m 以下的潮下带 0～-2.0 m 等深线外涨了 1 000 m 以上,反映了东断面上仍存在不同程度的向东外涨,图 4.55 反映了东断面高程随离岸距离增加的变化趋势。

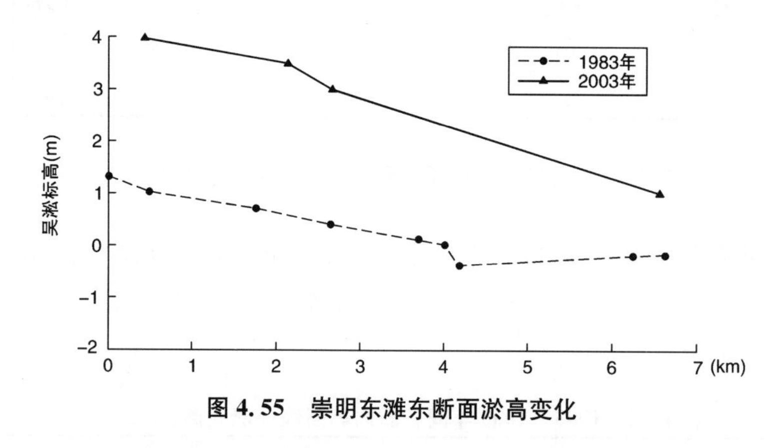

图 4.55　崇明东滩东断面淤高变化

2) 滩地面积变化

滩地面积与滩面高程变化呈对应关系,同样以北部的东旺沙水闸至南部团结沙水闸间 76 大堤以东为量计范围,1983、1990、2001、2003 年的量计结果见表 4.16,

表 4.16　崇明东滩各等高线包络的面积统计(单位:km²)

年份＼高程	+3.5 m	+3.0 m	+2.0 m	+1.0 m	0 m
1983	33.6	57.1	79.3	124.9	165.6
1990	75.8	84.5	99.2		
2001	98.8(12.8)	106(20.13)	119.2(33.2)	145(58.8)	174(88.0)
2003	99.1(13.1)	106.3(20.3)	118.4(32.4)	150.5(64.5)	178.2(92.2)

* 以 76 大堤为计算基准线,(　)内面积计算以 98 大堤为基准线的面积。

1983－1990 年、1990－2003 年、2001－2003 年间不同时间段内量计得出各等高线以上的年均滩地面积，量计结果见表 4.17。

表 4.17　崇明东滩不同滩面高程面积年均变化率统计(单位：km^2/a)

年份 \ 高程	+3.5 m	+3.0 m	+2.0 m	+1.0 m	0 m
1983－1990	6.03	3.91	2.84		
1990－2003	1.79	1.67	1.48		
2001－2003	0.15	0.15		2.7	2.1

上表反映了量计面积，由于 1990 年前团结沙的并岸，使滩地面积有较快增加，1990 年以后面积增加趋于正常，1990－2003 年间，2.0～3.5 m 等高线以上范围内面积年平均在 1.48 km^2～1.79 km^2 之间，2001－2003 年 +2.0 m～+3.5 m 等高线之间的面积有所降低，反映了淤涨速度的趋慢。+1.0 m～0 m 等高线面积仍保持了一定的淤涨速度。

3) 滩面淤积高程的变化

根据地形断面上不同等高线所在位置上的高程变化(图 4.55)，计算得出东滩东断面上不同高程处的淤高速率，如表：

表 4.18　东滩东断面不同高程淤高速率统计

1983 年高程(m)	1.0	0.5	0	－0.5	－0.2
2003 年高程(m)	4.0	3.5	2.3	1.7	1.0
淤高速率(m/a)	0.15	0.15	0.12	0.11	0.06

表列数据代表了高程在 1.0 m 以下低潮滩和潮下带滩地的年均淤积率在 0.06～0.15 m 之间。随着滩地高程的增高，淤积率又将降低，如在 1983 年至 1990 年间，崇明东滩捕鱼港潮间带高程在 1.2 m 以上的断面进行连续多年的定位观测，其结果是：滩面高程 3.5 m、3.0 m、1.2 m 处，年均淤高速率分别为 0.05 m、0.10 m、0.18 m。滩面高程愈高，淤高速率愈小。由于滩坡十分平缓，滩面的淤高引起等高线的外伸，甚为敏感。

4) 潮沟

崇明东滩是上海潮滩潮沟发育最为典型的区域(图 4.56、照片 4.1)。按照 Horton-Strahler 的溪流分级体系(Horton，1945，Strahler，1952)，最上源支流为

图 4.56　崇明东滩潮沟分布遥感影像

照片 4.1　崇明东滩潮沟

一级潮沟,一级潮沟和一级潮沟相会成二级潮沟,二级潮沟和二级潮沟相会成三级潮沟,依此类推。由于崇明东滩多次实施筑堤圈围工程,尤其是1998年、2001年对崇明东滩大规模的筑堤(98大堤,01大堤)围垦,现在的潮沟大多受围堤堵截,影响了东滩潮沟的自然布局,采用溪流分级体系对崇明东滩潮沟分级似有不适。如按其规模,可划分为三种级别。其中一级潮沟最大,长达2~3 km,宽20 m左右,深2~3 m;二级潮沟,长1~2 km,沟宽10 m左右,沟深1~2 m;三级潮沟,规模很小,沟长数百米,宽数米,深几十厘米。在东滩的北部、东北部,近年来由于互花米草的快速扩展,潮沟处于淤浅消失之中,位于东滩东南的潮沟发育最为典型,其密度(单位面积内的潮沟长度)和频度(单位面积内的潮沟数目)在东滩中最大。

(4) 近期崇明东滩冲淤态势

2011—2012年,作者选择崇明东滩南、中、北三个典型断面,对其进行了地形冲淤观测。监测数据表明,崇明东滩南、中、北断面的草滩,全年处于不同程度的淤涨态势,淤积厚度分别为3~6 cm、2~8 cm、3~7 cm,草滩地形愈高,淤积厚度愈小;中断面与北断面的光滩呈现冬半年淤、夏半年冲的现象;草滩与光滩交界处有15~50 cm的陡坎,在陡坎附近冲淤幅度最大,并呈现冬淤夏冲的特点。

进入本世纪,长江入海泥沙大幅减少,但近几年崇明东滩仍在淤涨之中,2012年与2005年相比,+3 m、+2 m、0 m、-2 m、-5 m(上海吴淞高程)线以上面积分别增加了45.4%、9.3%、2.4%、-3.7%、2.2%(-2 m线以上减少)。但与20世纪80年代之前相比,淤涨速率明显趋缓。

4.8.2 冲淤原因分析

崇明东滩位于长江口北支和北港水道入海口的交汇处,东濒东海,水沙条件承受上游来水来沙和汊道分水分沙的影响,同时,潮流和风浪等海洋动力作用甚为强烈,均对崇明东滩水域泥沙运动和冲淤造成明显作用。现分述如下:

(1) 长江主泓改道

崇明东滩沉积物质来自长江。长江流域来水来沙变化是控制崇明东滩冲淤速率的关键因素,同时与长江口主泓的改道也密切相关。19世纪40年代,长江主泓由南港下泄,崇明东滩5 m等深线在佘山以西13 km,1860—1880年,长江主泓改由北港入海，崇明东滩 5 m 水深线向海延伸 8 km，20 世纪 30－70 年代，长江主泓在南港入海，崇明东滩 10 m 等深线内蚀 5 km 左右，而南港口外 10 m 等深线外伸 11.5 km。由此可见，长江主泓走北港，有利于崇明东滩淤涨，南港口外受到冲刷，主泓走南港，崇明东滩受冲，南港口外淤涨。

(2) 水沙特性

崇明东滩受长江口北港与北支涨潮分流和落潮合流的影响，形成岛影缓流区，滩面宽阔，滩坡平缓，平面外形呈向东伸展的舌状型。受东海潮波影响，属非正规浅海半日潮，潮汐特征值说明东滩北沿潮波变形最大，潮汐作用最强(表 4.19)。潮流特征可根据 1982、1984、2003、2004 年在该区进行的水文观测资料统计获得(表 4.20)。

表 4.19　潮汐特征值

	堡镇	三条港	佘山
最高潮位(m)	5.67	6.10	5.15
平均高潮位(m)	3.31	3.46	3.18
平均低潮位(m)	0.88	0.39	0.70
平均潮差(m)	2.43	3.08	2.48
平均涨潮历时(h)	4.6	4.9	5.7
平均落潮历时(h)	7.8	7.5	6.7

表 4.20　崇明东滩流速含沙量特征值*(流速:m/s,含沙量:kg/m^3)

测站	涨潮		落潮		涨落潮流速比	潮型
	平均流速	平均含沙量	平均流速	平均含沙量		
S03003	0.64	0.239	0.94	0.289	0.7	洪季大潮(>－2 m)
S82101	0.55	0.841	0.70	1.995	0.8	洪季大潮(>－2 m)
S84084	0.28	0.338 2	0.08	0.296 8	3.5	洪季小潮(>－1 m)
D84085		1.540 0		1.130 0		枯季大潮(>－2 m)
S82100	0.59	0.260 0	0.89	0.438	0.7	枯季大潮(>－2 m)
D04004	0.75	1.232	0.66	1.116	1.1	枯季大潮(>－3 m)

* S84084 为 1984 年洪季测站编号，D04004 为 2004 年枯季测站编号

现场观测资料表明，崇明东部滩地南北两侧水流受北港、北支河槽影响为往复流，落潮流速大于涨潮流速，落潮含沙量大于涨潮含沙量；东滩东部具旋转流性质，离岸愈远，旋转流愈明显（图 4.57）；涨潮含沙量大于落潮含沙量（表 4.20），为涨潮优势流、涨潮优势沙。这是东旺沙不断淤积的重要原因。

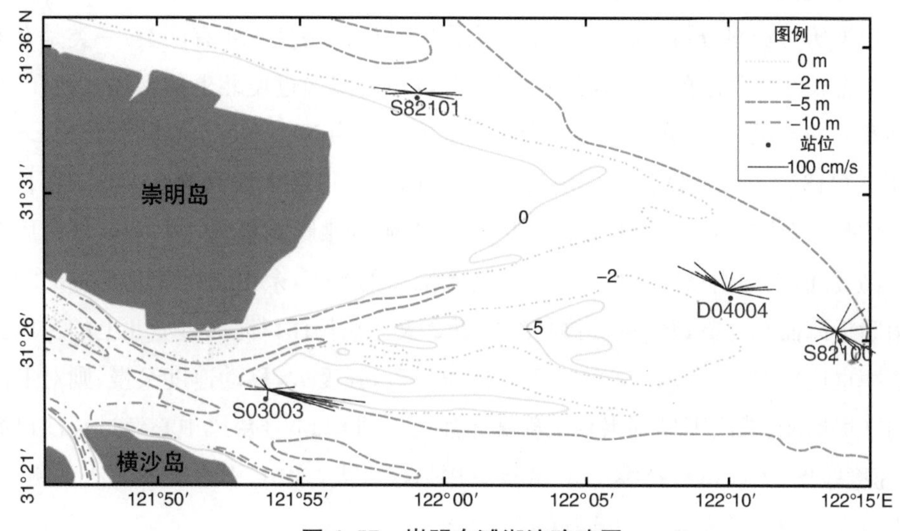

图 4.57　崇明东滩潮流玫瑰图

崇明东滩与南汇东滩相似，浅水区水、沙净向陆输送，为涨潮优势流、涨潮优势沙，深水区净向海输送，为落潮优势流、落潮优势沙。

崇明东滩尤其是东旺沙，含沙量受风浪作用非常明显。冬季风力大于夏季，故枯季含沙量高于洪季（表 4.21）。

表 4.21　佘山站表层含沙量统计（1998.7—2001.7）（单位：kg/m^3）

月份	1	2	3	4	5	6	7	8	9	10	11	12	年平均
含沙量	0.454	0.444	0.517	0.424	0.268	0.240	0.238	0.384	0.387	0.473	0.764	0.456	0.421

(3) 淤积风向与冲刷风向

风向对崇明东滩下部光滩的影响非常明显。长江口夏半年多东南—东北风，是东滩草滩下沿光滩的冲刷期，称为冲刷风向，冬半年多西北偏北风，是光滩的淤积期，称为淤积风向。

(4) 台风浪对崇明东滩的冲淤作用

1) 影响长江口台风的主要路径

崇明东滩与东海相接,常受台风暴潮的侵袭,研究台风浪对东滩的冲淤作用对滩涂资源的保护利用具有现实意义。

根据历史资料分析,对长江口有较大影响的台风路径主要有两类:一类是在浙江中部至长江口登陆的台风,另一类是在长江口的海面过境北上的台风。浙江中、北部登陆的台风,出现几率较多。台风登陆前浪向为NE、NNE,登陆后转为ESE、ENE。7413号台风在浙江三门附近登陆,佘山站测得最大波高为3.7 m。在长江口和杭州湾登陆的台风出现几率较少,但对崇明东滩影响极大,例7708号台风在崇明岛登陆,浪向由登陆前的NNW转为登陆后的SSE,佘山测得最大波高5.2 m,佘山附近海面5.0 m以上的波高持续了近2天。在长江口海面过境北上的台风出现几率也比较多,当台风中心离长江口距离较近,强度大,移动速度又慢,则对上海市的江堤岸滩、滩涂围垦等水利工程破坏甚大。例8114号台风中心经过长江口海域,速度缓慢,大风过程持续了3-4天。因风浪太大,佘山、引水船站无法观测,大戢山海洋站测得最大波高为6.0 m。

2) 台风浪塑造的滩地地貌形态

台风浪对崇明东滩塑造的地貌形态主要有两种,即冲刷坑和浪蚀泥坎。冲刷坑主要分布在东旺沙至北八滧一带的滩面上,泥坎主要分布在奚东沙和团结沙的东南滩地。

为探讨台风浪对潮滩的冲淤作用,曾在崇明东滩东侧前哨断面布设42根水泥桩,桩距为200 m。在8310号台风到来之前和台风过后,对该断面作了冲淤观测。台风过后,在1~20号桩内的高潮滩冲淤甚微,均在5 cm之内,而自20号桩向外的中、低潮滩,观测桩全部被台风浪冲倒,在中、低潮滩可见到3~4条冲刷带。波浪进入浅滩后,受滩面摩阻作用,多次发生破碎,在平缓浅滩区内形成宽阔的破波带,在地貌上的表现形式为冲刷坑。冲刷坑多出现在滩面平缓、滩涂宽广的潮间带,高、中、低滩都有,多见于中潮滩和低潮滩的上部。冲刷坑深度一般为10~50 cm,有时深达80 cm,长度为1~10 m。成群的冲刷坑连成冲刷带。

泥质陡坎大多出现在深槽逼岸、滩坡又比较陡的地方,土坎高度由几十厘米至1~2 m不等,有些侵蚀陡坎呈多级台阶型,土坎下常有侵蚀泥砾和贝壳。奚东沙陡坎分布在高潮滩向中潮滩过渡地带，土坎高达 0.5～1.5 m，这是长期受东南向风浪侵蚀的结果。团结沙东南沿受波浪冲刷，形成 1.0 m 左右的陡坎。

综上所述，崇明东滩涨落潮流速不对称以及涨落潮输沙量的不对称，有利于泥沙向浅滩输送和落淤，是促使浅滩淤涨的主要原因。同时东滩又受到风浪作用的影响，导致浅滩短期内强冲刷和滩面沉积物粗化。总之，目前崇明东滩的水、沙条件仍有利于浅滩的不断淤涨发育。

4.8.3　东滩湿地盐沼植被的演替

目前崇明东滩存在的潮上带部分即 + 3.5 m 以上滩地，基本上被历年人工圈围在大堤以内，+ 3.5 m 以下的潮间带中上部分，被规律性的潮水淹没，并具有足够的暴露时间，从水文、泥沙、气象和沉积地貌等自然条件上形成了适合盐沼植被生长的自然环境，从而形成宽阔的草本潮滩盐沼湿地，自然植被演替遵循光滩—海三棱藨草或藨草—芦苇群落的演替规律。根据长江口潮滩湿地植被群落演变的研究结果表明，由于不同地带内水淹时间、水淹深度、温度和盐度不同，植物种群和生长状况在空间分布上存在明显的差异。即海三棱藨草种群首先以地下根茎定居于滩涂达到一定高程（吴淞高程 2 m 以上）的原生裸地上，成为滩涂的先锋群落，随着植株的无性繁殖和生长，出现聚群型或随机分布的植丛，随着滩涂淤高，潮水淹没时间减少，海浪冲刷强度与频度降低，种群数量不断增加，形成大片的群落，呈现出均匀型的分布格局，种群对生境的影响也进一步增强，使滩涂淤长速度加快，对海三棱藨草种群的生长逐渐变得不利，而为芦苇定居创造了良好的环境，海三棱藨草种群开始衰退，滩涂上呈现随机型的分布格局，最终逐渐被芦苇群落所替代。

演替的一般趋势可归纳为：

（1）盐渍藻类带（光滩），在中潮滩下缘和低潮滩，潮水淹没时间长，底质粒径较粗（0.014～0.037 mm），是以青灰色粉砂为主的盐渍地，高程低于 2 m，无高等植被分布。

（2）海三棱藨草或藨草带，在中潮滩的上半部分和高潮滩，高程高于 2 米，被潮水淹没的时间短于盐渍藻类带，底质粒径细化（0.009～0.017 mm），海三棱藨草是该带的优势种，与之伴生的还有藨草。根据海三棱藨草的分布方式还可将该带分为两部分，在靠近盐渍藻类带下缘部分的海三棱藨草呈斑块状分布，盖度小于 50%，是海三棱藨草入侵光滩的地方；在靠近高潮带的上缘部分可观察到密集分布的海三棱藨草，盖度往往超过80%。

(3) 芦苇(或局部为互花米草)带，分布在高潮滩上部，高程一般在2.8 m以上，被淹没的时间短，甚至仅在大潮高潮时才被淹没，芦苇或互花米草可以形成单种群落，盖度可达85%以上，而互花米草的分布下限可到达海三棱藨草带(即高程2米以上的潮滩)。如无干预，植被将向陆生群落演替，但由于芦苇的出现标志着盐沼发育达到了成熟的阶段，通常被作为围垦和滩涂开发利用的起点，进入人工控制下的生态环境保护建设阶段。

对处在长江河口区的崇明东滩而言，盐沼湿地的演变规律基本类同，但由于所在自然条件存在着地区性差异，导致湿地植被生长环境演替过程上有区域性特点。崇明东滩的主要植物群落为芦苇(*Phragmites australis*)群落、互花米草(*Spartina alterniflora*)群落和海三棱藨草(*Scirpus mariqueter*)群落，此外还散生着一些白茅(*Imperate cylindrica*)群落、碱蓬(*Suaeda glausa*)群落、糙叶苔草(*Carex Scabrifolia*)群落和藨草(*Scirpus triqueter*)和灯芯草(*Juncus setchuensis*)等斑块状群落。

由于崇明东滩分布范围甚广，大堤向东至0 m浅滩线的最长距离达10 km左右，滩坡平缓，其次，滩面的水动力条件有利于泥沙的淤积，促使滩面淤涨，长期来属淤涨型潮滩，滩面高程不断增高，其淤高速度往往超过植物生长拓展速度，造成了东滩不同植物群落的分布下界高程比长江口其他滩地有所上提，根据对不同植被带内样带调查结果，其海三棱藨草下限高程约为2.0 m，上限于芦苇滩交界处分布高程一般为3.2~3.5 m以上，1995年东滩人工引种互花米草以来，互花米草逐渐在东滩定居扩散，已形成了与芦苇和海三棱藨草的竞争趋势。

崇明东滩是东亚最大的候鸟保护区之一，是国际迁徙鸟类重要的栖息地。鸟类的活动范围主要与其觅食和栖息的场所密切相关。崇明东滩大面积的海三棱藨草群落是最重要的自然植被群落，为大量候鸟和越冬鸟类提供了充足的食源。海三棱藨草地下球茎十分发达，地下球茎和种子小坚果都富含淀粉，有较高的营养，为鸟类所喜食。同时，海三棱藨草群落分布区中的底栖动物丰富，以四角蛤蜊(*Mactra venenformis*)和焦兰蛤(*Aloidis ustulata*)等软体动物为主，其底栖动物的平均生物量为78.8 g/m^2，是潮间带中最高的。海三棱藨草带是小天鹅等珍稀保护鸟类和雁鸭类的主要觅食地和栖息场所，同时，约有70%的鸻鹬类分布于此，是崇明东滩湿地自然保护区内鸟类最重要的觅食地和栖息地。因此海三棱藨草群落分布区应是生态湿地重点保护的核心区域。

根据不同年份卫星相片的解释资料分析，1990－2008 年的草滩面积列于下表（黄华梅，2009）。

表 4.22　1990－2008 年崇明东滩盐沼植被草滩面积（单位：hm^2）

年份	海三棱藨草群落	芦苇群落	互花米草群落	总面积
1990	804.3	6 761.72	0	7 566.02
1998	1 508.80	969.44	0	2 478.32
2000	2 321.64	1 033.47	187.47	3 542.58
2003	2 712.45	542.45	932.01	4 186.91
2005	2 952.54	451.80	1 283.40	4 687.74
2008	2 091.24	1 060.2	1 377.45	4 528.89

表 4.22 显示了崇明东滩鸟类自然保护区各类盐沼植物群落 1990－2008 年期间的分布格局及其动态过程。海三棱藨草面积从 1990－2005 年是增加的，但 2005－2008 年呈减少态势。芦苇面积的减少，主要受 1998 年和 2001 年两次高滩围垦和互花米草入侵影响。自引种互花米草以后，其面积逐年增加，至 2003 年，互花米草群落已扩散至 932.01 hm^2，三年间面积增加了近 4 倍。至 2008 年，面积已达到 1 377.45 hm^2，约为崇明东滩盐沼植被总面积的三分之一。反映了外来种互花米草具有比土著种更广的生态幅和更强的竞争优势。互花米草快速扩散，改变了东滩湿地的植物群落种类和底栖动物群落结构，进而影响东滩鸟类自然保护区的生态服务功能和价值。目前正在实施的围堵工程措施，将达到消灭互花米草的目的。

4.9　横沙东滩

横沙东滩是长江河口拦门沙浅滩的组成部分。长江丰富的来水来沙进入河口遇上中等强度的海洋潮汐动力，相互作用，互相制约，在河口形成了规模巨大的拦门沙浅滩。根据对 1842 年海图的分析，当时长江河口在北港和南港之间，存在心滩型的庞大沙体，现在的横沙东滩也在其中，因此，横沙东滩本质上是河口拦门沙浅滩的一个组成部分（图 4.58）。

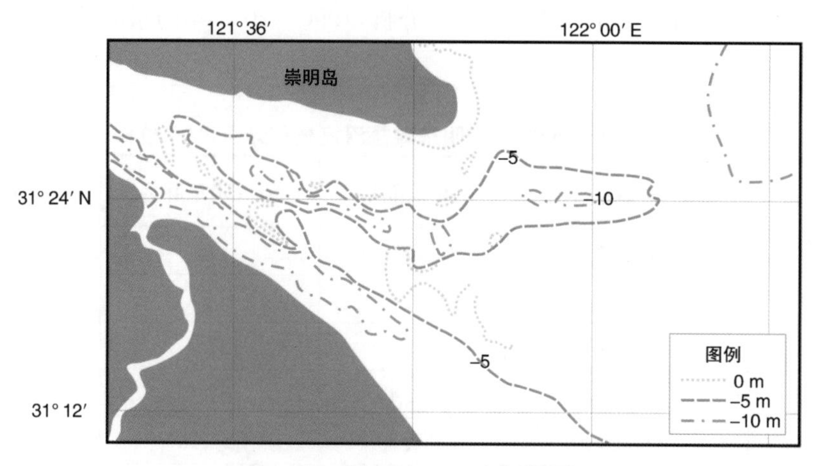

图 4.58　长江口 1842 年河势图

4.9.1　横 沙 岛

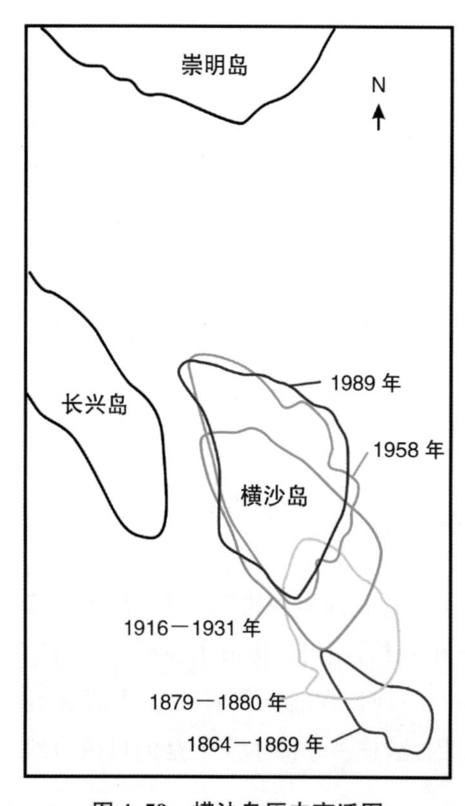

图 4.59　横沙岛历史变迁图

1842 年的海图反映了在河口心滩的庞大沙体上，有众多相对隆起的小沙体和相对低洼的串沟，横沙岛就是其中的一个相对隆起的小沙体，当时已经出落水面，即为横沙岛的雏形。1886 年围垦第一个圩田，1908 年围垦土地面积为 16.9 km^2(25 350 亩)。因横亘长江口，故取名“横沙”。

横沙岛围垦成陆，在东南风常浪的冲刷和涨潮优势流的作用下，整个岛屿呈现东南坍、西北涨的迁移规律。沙岛南半部(现横沙水文站以南)原有的杜洪镇、南兴镇、板洪镇等居民集镇和农田相继坍没于水中，1929 年修建的丁坝亦沦于江底。这种南岸坍、北岸涨的势态一直延续到 20 世纪 50 年代(图 4.59)。通过对历史海图对比，1860 年至 1958 年，整个横沙岛向西北方向迁移了约 10 km。

南端海岸线后退的距离达 5.25 km，现今横沙南端的兴隆圩曾是当年(1880 年)横沙老圩的北岸。横沙成岛受自然与人工因素双重影响，1954 年洪水过程塑造的长江口北槽及横沙通道，造就了横沙的南边界和西边界，1958 年海塘的全面加固及 1960—1965 年间修筑护岸工程，使横沙岛的岸线稳定至今。

4.9.2 横沙东滩

横沙东滩位于长江口横沙岛东侧，其北侧为北港、南侧为北槽。近年来，滩地高程有较大的增加，与 2008 年相比，0 m、－2 m 线以上面积增加了 19.2 km^2、16.2 km^2。目前，＋2 m、0 m、－2 m、－5 m 水深以上面积分别为 0.6 km^2、82.3 km^2、224.2 km^2、468.0 km^2(上海市滩涂资源报告，2012)。

广义的横沙东滩由两部分组成，大致以 122°00′E 为界，西部为白条子沙及其以东的浅水水域，俗称横沙东滩，以东称铜沙浅滩(20 世纪 80 年代后期上海市海岛调查定名为横沙浅滩)，在地貌上的分界线为横沙东滩串沟(图 4.60)。铜沙浅滩在 1842 年海图上已经存在，是长江河口拦门沙浅滩的组成部分。1931 年前，当北港为长江口入海主汊时，横沙东滩与铜沙浅滩相互分离，中间相隔北港与北槽下段相通的潮汐水道，该水道形成于 1906 年洪水造床作用，存在年限约 25 年左右。1931 年以后长江入海主汊由北港转入南港，1931 年及 1935 年洪水，使北槽上段形成为落潮冲刷槽，横沙岛与九段沙沙体分离。1949 年及 1954 年两次较大的洪水

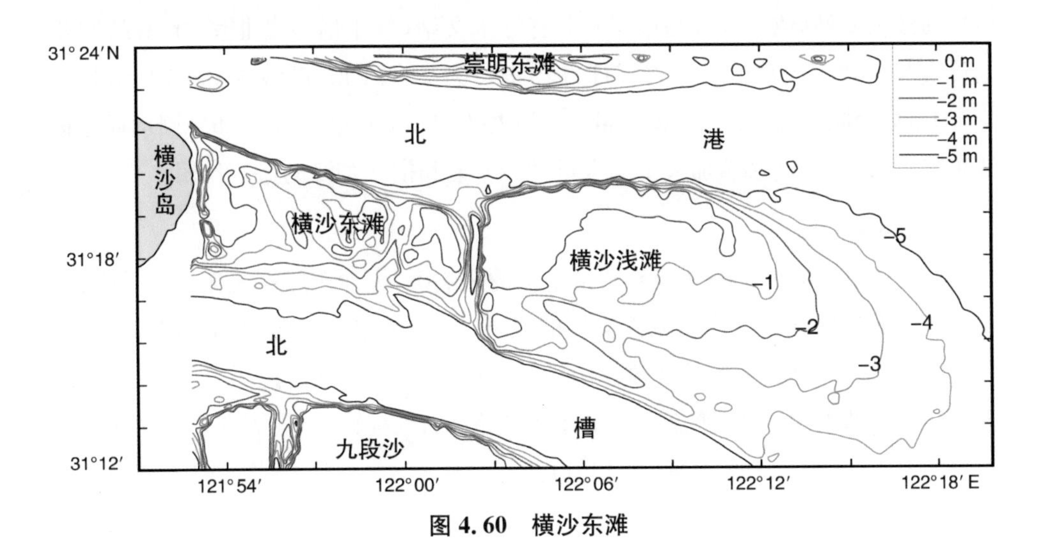

图 4.60 横沙东滩

过程(大通站洪峰最大流量分别为 68 500 m^3/s 和 92 600 m^3/s),长江口北槽形成上、下贯通的新生入海汊道。半个世纪以来,该汊道的分流、分沙比逐年增大,1984 年以后代替南槽成为长江口通海的主要航道,在长江口北槽发展过程中,曾遭遇三次较大的洪水作用过程。1973 年洪水期,大通站最大洪峰流量 70 000 m^3/s,北港越过铜沙浅滩的水流进入北槽,形成了横沙东滩串沟,致使 5 400 万 m^3 泥沙进入北槽下段,河床淤积;1983 年及 1988 年两次洪水(大通站最大洪峰流量分别为 72 600 m^3/s 和 63 700 m^3/s),除促使横沙东滩串沟向东迁移扭曲外,对北槽河槽容积扩充起到了助长作用。1997 年以来,长江口南港北槽深水航道双导堤、丁坝工程实施,使横沙东滩和横沙浅滩连成一体,北导堤起到了堵汊、挡沙、导流效果,导致横沙东滩流场发生较大的改变,长江口深水航道治理工程为横沙浅滩的快速淤涨创造了有利条件。

4.9.3 水文泥沙特性

横沙东滩水文泥沙特性主要受北港、北槽水流的控制,1997 年后受长江口深水航道导堤工程的影响。

(1) 水文特性

1) 水位

由于北港、北槽潮波传播速度不同,北港与北槽南北两侧存在明显的水位差。根据横沙水文站(位于横沙岛南岸),共青圩水文站(位于横沙岛北岸)的两站同步潮位资料比较,1998 年 2 月共青圩月均水位为 2.124 m,横沙为 2.040 m,相差 0.084 m,大潮落急时的水位差北港高于北槽 0.29 m,反映了北港部分潮量通过横沙东滩进入北槽,这必然加大了潮水对横沙通道和横沙东滩的造床作用。

2) 潮流

在长江口北港与北槽水流和浅滩地形的影响下,横沙东滩潮流作用比较强劲,成为滩面泥沙运移和滩槽间泥沙交换的主要动力。北港落潮流大于涨潮流,主流向为西北、东南方向,最大涨潮流速约为 1.0 m/s,最大落潮流速为 1.5 m/s 以上,进入浅滩内部水深变浅,潮流速减小,流向分散,出现旋转,但主流向仍以西北东南流向为主,涨潮流大于落潮流(图 4.61)。

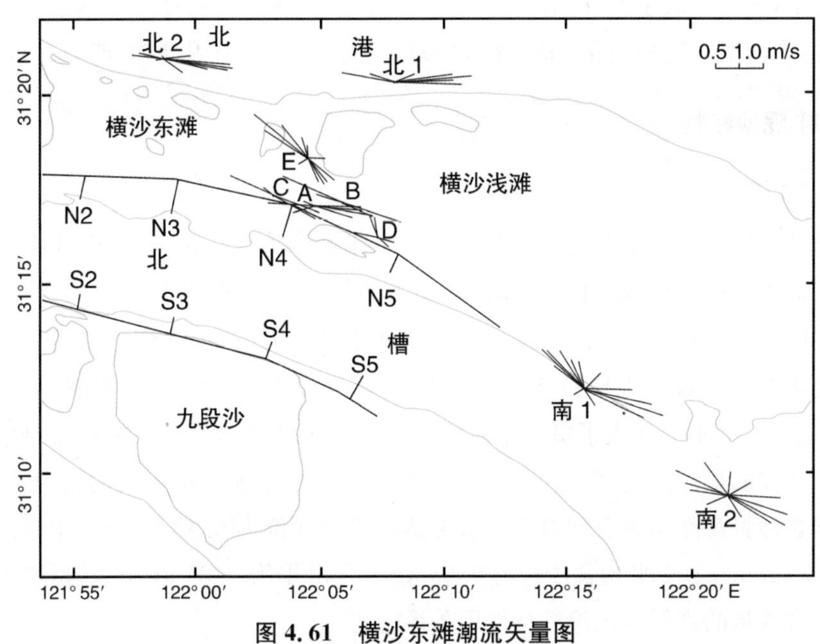

图 4.61　横沙东滩潮流矢量图

3）波浪

长江口的波浪以风浪为主，常浪向和强浪向均为 NE 向，外海波浪进入浅滩区后发生强烈变形而破碎，形成破波带，尤其在冬季寒潮及夏秋台风季节，破波将成为横沙浅滩泥沙掀动的主要动力，根据佘山岛测波资料推算得出本区破波水深见表 4.23。

表 4.23　不同波高下的破波水深

波高(m)	佘山岛波高频率(%)	破波水深*(m)
0～0.5	19.3	0.77
0.5～1.0	42.2	1.54
1.0～1.5	21.7	2.31
1.5～2.0	9.4	3.08
2.0～3.0	7.0	4.62
3.0～3.5	0.4	5.38

* 根据交通部《海港水文规范》1998 年版有关公式推算

由此可见，横沙东滩相当于全年平均波高的 60%时间内，均置于强烈破波水流作用下，从而形成了泥沙难以沉降的冲刷环境，这就是在长江口深水航道工程以前，横沙东滩滩面物质粗化、多年来浅滩难以淤高的基本原因(虞志英等，2002)。

(2) 泥沙特性

1) 悬沙

横沙东滩含沙量主要受南北两侧主槽水体悬沙浓度控制，其次受浅滩风浪掀沙影响。由于横沙东滩纵长十几公里，动力条件的差异使浅滩区水体悬沙浓度变化存在区域性。在横沙东滩串沟以西的浅滩水域，悬沙浓度变化与主槽水体悬沙浓度变化基本一致。根据横沙水文站1999年连续表层含沙量观测值，年均值为0.34 kg/m^3，基本上代表了横沙东滩串沟以西的水体悬沙水平。横沙东滩串沟以东浅滩水体的悬沙浓度，可从处在同纬度浅滩地区的崇明东滩东端的佘山站，2000年表层含沙量观测结果得到参照。佘山站年均含沙量为0.43 kg/m^3，比横沙站高出0.09 kg/m^3，冬季平均含沙量为0.53 kg/m^3，洪季为0.34 kg/m^3。反映了长江口门处含沙量的高低与风浪掀沙作用关系密切。

2) 底沙

横沙东滩由长江口泥沙冲积而成，滩面表层沉积物主要由细砂、砂质粉砂和粉砂组成，中值粒径为0.1～0.15 mm，小于0.004 mm的黏粒含量不足10%，分选良好。反映了经过多年长江径流、潮流和波浪对沉积物进行反复搬运、分选、悬浮、再沉降的结果。

由于受到不同季节不同水文泥沙条件的影响，横沙东滩底沙的粒度级配存在一定的差异。冬季长江枯水，下泄泥沙少，潮汐作用较强，同时受到寒潮大风引起的波浪掀沙作用，经过反复簸选，其中较粗的物质在滩面积聚，形成以砂—粉砂为主体的滩面沉积层；而在春夏季节，长江丰水，下泄沙量较多，又加之大风天气少，有利于悬沙中较细的粉砂黏土物质沉降，滩面沉积物的组成出现细化。上述情况反映了浅滩区悬沙与底沙、滩与槽之间泥沙的频繁交换，对滩面地形冲淤产生了重要影响。

4.10 九段沙湿地

九段沙是长江口第三代新生沙洲，由上沙、中沙和下沙组成。上沙与江亚南沙毗邻，中、下沙南侧为南槽，九段沙北侧为北槽。2000 年 3 月上海市人民政府批准建立九段沙湿地自然保护区，同年 8 月，九段沙湿地自然保护区管理署成立。2005 年，上海九段沙湿地晋升为国家级自然保护区，保护区范围包括九段沙、江亚南沙及附近的浅水水域。目前，+3、+2、0、−2、−5 m 水深以浅面积分别为 33.2 km^2、54.7 km^2、151.9 km^2、227.0 km^2、373.5 km^2（上海市滩涂资源报告，2012）。如以理论基面计算，5 m 水深以浅面积约为 414 km^2，接近于新加坡国土面积的 2/3（图 4.62）。

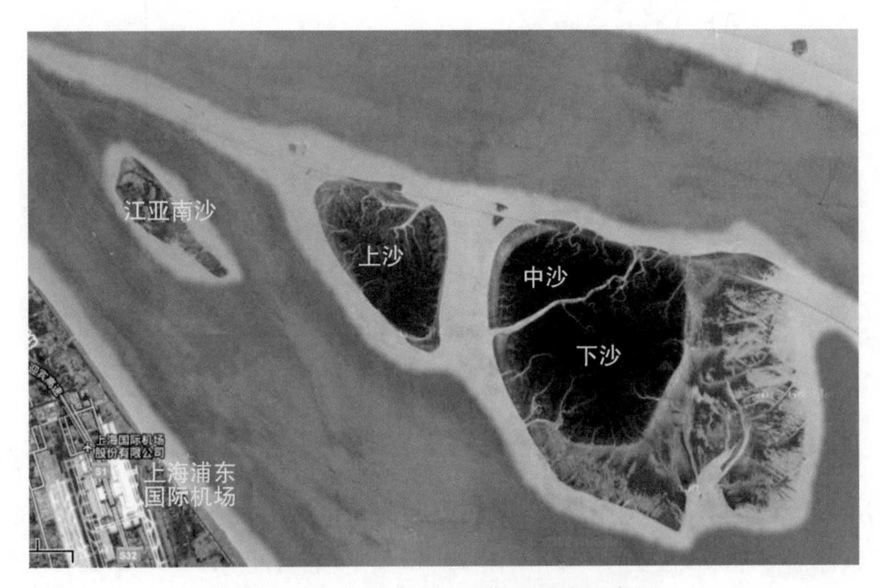

图 4.62　九段沙自然保护区遥感影像图

由于九段沙与江亚南沙在形成机理和形成时间上的差异，下面将分别加以阐述。

4.10.1　九段沙沙洲的形成演变过程

(1) 1842—1958 年

根据 1842—1958 年长江口不同年代的历史海图分析，九段沙从形成到成为独立的沙体，经历了一百余年的漫长过程。在 1842 年长江口第一张海图上，铜沙浅滩为一庞大的河口心滩，在其南北两侧为南港和北港。北港 5 m 槽向上游封闭，说明以涨潮流作用为主，南港 10 m 槽向下游封闭，以落潮流为主，南港为径流入海主汊，北港为支汊(图 4.63)。

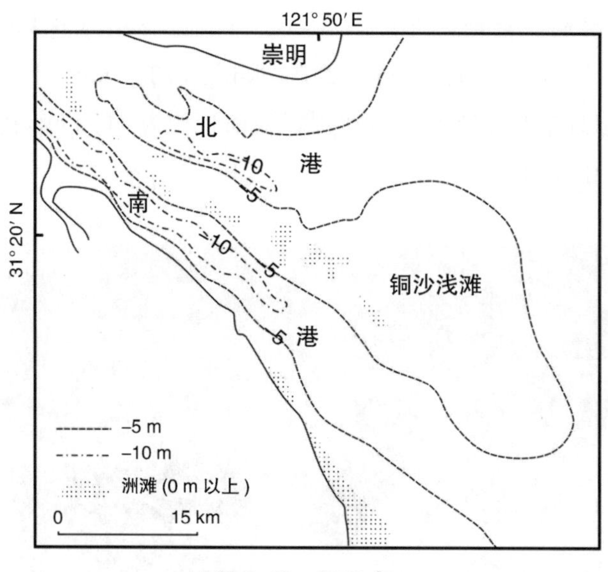

图 4.63　1842 年

1860 年，长江流域经历了大洪水(宜昌站最大流量 92 500 m^3/s，接近 1954 年的洪峰流量)，大洪水对河势产生明显作用，南北港河势发生重大变化。北港原 5 m 涨潮槽冲深演变为 10 m 落潮槽，10 m 槽下端延伸至 122°07′E，最大水深达 14.6 m；南港由于分流量减少，河槽淤积，10 m 槽端点上移了 8 000 m，接近小九段，北港替代南港成为长江径流入海主汊。在 1864－1869 年海图上，横沙岛已出露水面，长兴岛沙洲群形成，铜沙浅滩南部冲刷出一条涨潮槽，同时在南港高桥至五号沟河段江中形成木房心滩。

1879－1907 年，木房滩不断下移，抵达 122°06′E，木房滩纵长约 46 km，宽 2～4 km。木房滩上段在北移过程中成为组成长兴岛六个沙洲中的圆圆沙。中下段下移北靠铜沙浅滩，故九段沙雏形由木房滩和铜沙浅滩一部分组成(图 4.64)。

1931 年、1935 年，长江全流域发生洪水，大通站洪峰流量在 70 000 m^3/s 以上，南港发育成为南支入海主汊，逐渐形成单一河道。

1945 年，九段沙北侧落潮槽下延 6 km，同时在九段沙下段北侧形成西北—东南向的 5 m 涨潮槽，水深在 5.8～9.1 m 之间(图 4.65)。

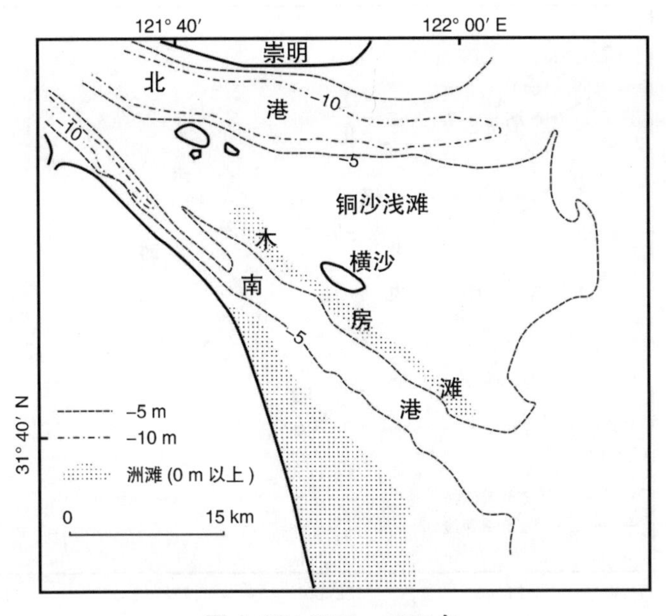

图 4.64　1879—1907 年

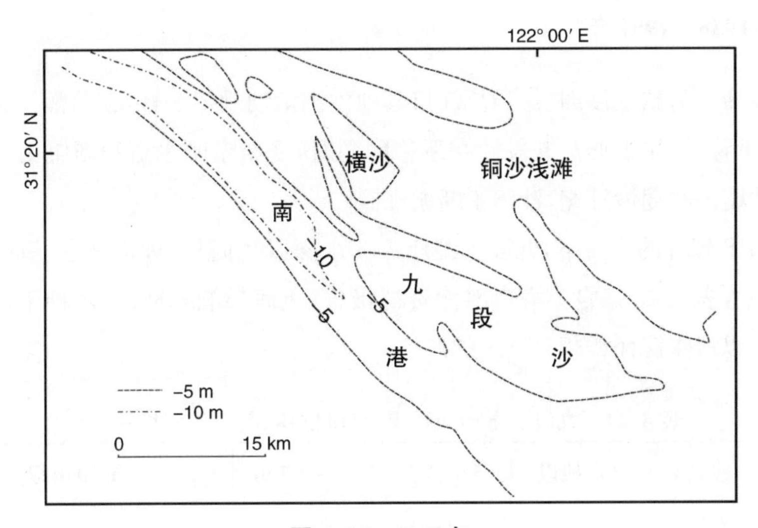

图 4.65　1945 年

1949 年、1954 年，长江发大洪水，特别是 1954 年的特大洪水(最大洪峰流量为 92 600 m^3/s)，促使九段沙北侧的落潮槽与涨潮槽贯通，最大水深达 9.4 m，北槽形成。至此九段沙成为介于南港南槽和南港北槽之间的独立沙洲(图 4.66)。

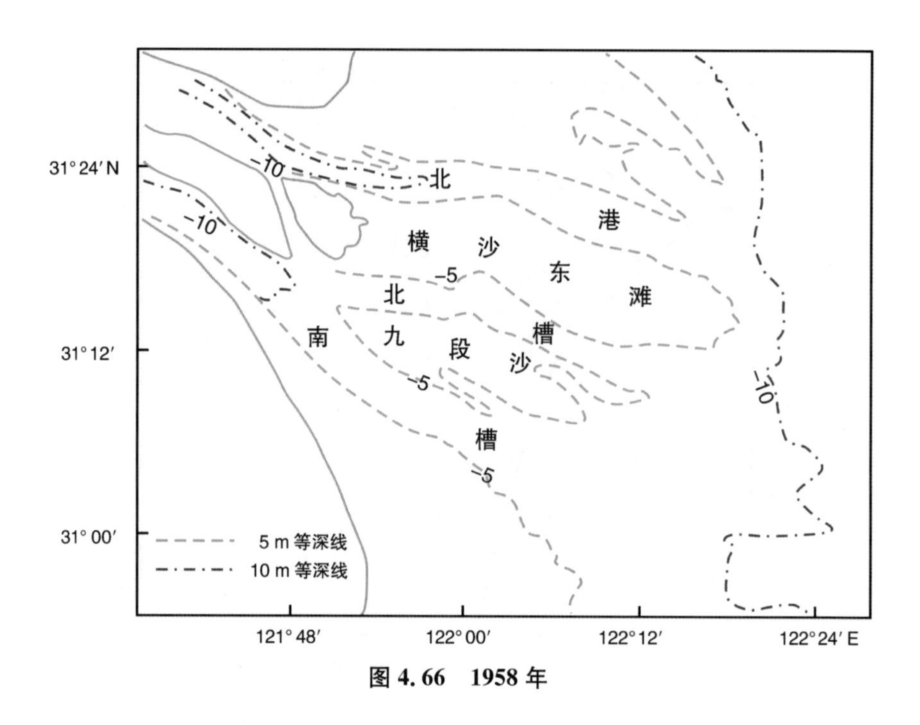

图 4.66　1958 年

(2) 1958—1997 年

九段沙成为独立沙洲后，与长江口其他沙洲活动规律一样，在落潮流顶冲作用下，沙头下移，沙尾下伸。九段沙在下移的同时，受新崇明水道和新宝山水道形成过程中冲刷下移泥沙补充，沙体不断淤涨。

在 GIS 软件的支持下，九段沙湿地 5 m 水深以浅面积(理论深度基面)统计在表 4.24 中，表 4.25 来自上海市滩涂资源报告(上海吴淞基面)。两种不同基面计算的 5 m 以浅水深面积相差 9%左右。

表 4.24　九段沙湿地面积统计(单位:km^2,理论深度基面)

年份	0 m 线以上	−2 m 线以上	−5 m 线以上	0～−2 m	−2～−5 m	0 m 以上面积(%)
1958	38.2	102.8	198.7	64.6	95.9	19
1965	35.5	103.6	265.7	68.1	162.1	13
1977	73.6	167.8	270.9	94.2	130.1	27
1985	70.9	188.7	299.2	117.8	110.5	24
1989	80.3	205.9	315.7	125.6	109.8	25

续 表

年份	0 m线以上	-2 m线以上	-5 m线以上	0～-2 m	-2～-5 m	0 m以上面积(%)
1994	124.2	237.9	394.6	113.7	156.7	31
1997	123.0	243.1	394.4	120.1	151.3	31
2000	140.0	263.1	414.1	123.1	151.0	34
2004	173.8	285.9	416.6	112.11	130.7	42
2007	183.0	291.3	417.2	108.3	125.9	44
2009	175.4	274.2	410.3	98.8	136.1	43
2010	176.9	267.5	413.7	90.6	146.2	43

表 4.25　九段沙面积统计(单位:km^2,上海吴淞基面)

年份	0 m线以上	-2 m线以上	-5 m线以上	0～-2 m	-2～-5 m	0 m以上面积(%)
2005	135.1	249.9	377.2	114.8	127.3	36
2006	132.8	248.2	375.9	115.4	127.7	35
2007	125.9	256.6	380.7	130.7	124.1	36
2008	141.0	257.9	381.1	116.9	123.2	37
2009	144.6	251.6	386.4	107.0	134.8	37
2010	149.4	246.5	382.2	97.1	135.7	39
2011	145.9	245.4	383.0	99.5	137.6	38

表 4.24，4.25 反映了九段沙自成独立沙洲后，根据其面积变化又可分三个阶段。

1958—1965 年，九段沙形态趋于完整期。1958 年，九段沙上有 5 个 0 m 线包络的沙包，另一个沙包在九段沙头北侧的北槽内，沙体向海侧发育了两条涨潮槽，长度分别为 11 km、8 km，表明沙体形态不稳定(图 4.67)。到了 1965 年，两条涨潮槽基本消失，0 m 线以上沙包合并为 2 个，原在九段沙头北侧北槽内的沙包已并入九段沙，沙体形态趋于完整。同时沙体扩大，5 m 水深以浅面积，1965 年与 1958 年相比，增加了 67 km^2，年均增加 9.6 km^2。但 0 m 以上面积有所减少，2 m 水深以浅面积接近(图 4.68)。这说明九段沙在此期间滩面高程未有增加，主要是水深 2～5 m 之间的浅滩面积有较大的增加。

1965—1989 年，九段沙处于快速淤涨期。进入 70 年代以后，九段沙已基本成

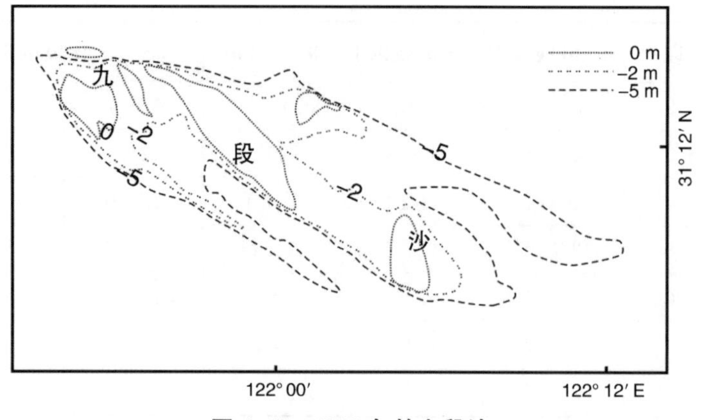

图 4.67 1958 年的九段沙

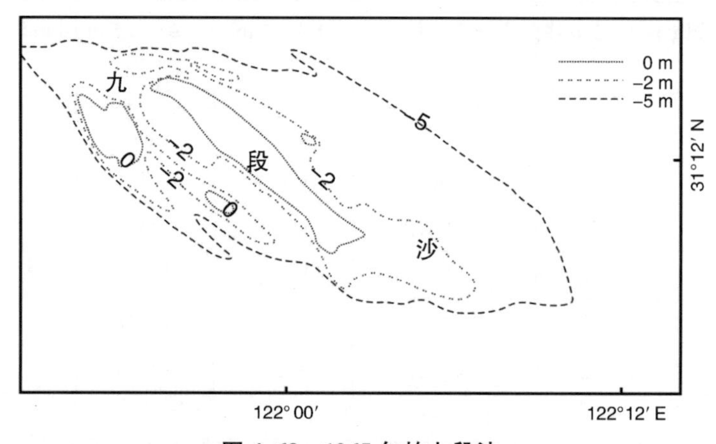

图 4.68 1965 年的九段沙

型,其位置也相对稳定(图 4.69)。另外,九段沙中、下沙体南北宽度和东西长度都明显增大。至 20 世纪 80 年代初,九段沙 0 m、-2 m、-5 m 以浅水深面积继续增长。较 1977 年而言,2 m 等深线在沙尾出现冲刷南移,但中部南北向宽度变大;5 m 等深线也在沙尾侧向南摆动(图 4.70)。二十四年间,九段沙的 0 m、-2 m、-5 m 以浅水深面积分别增加了 44.8 km^2、102.3 km^2、50 km^2,相应增长了 126%、99%、19%,年均增长 1.87 km^2、4.26 km^2、2.08 km^2。反映了 1965-1989 年期间,九段沙面积在不断扩大的同时,滩面高程也在不断增加。

1989-1997 年,江亚南沙并靠九段沙,沙体趋于稳定。20 世纪 60 年代形成的江亚南边滩受上游来沙补给,不断往北淤涨,70 年代后期受南港落潮流顶冲,经

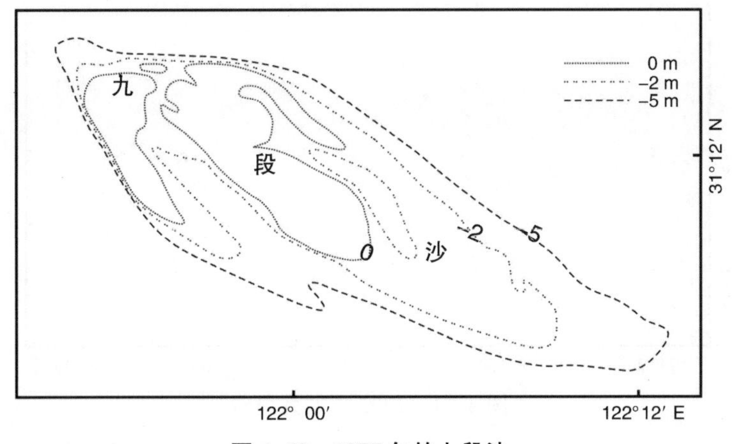

图 4.69　1977 年的九段沙

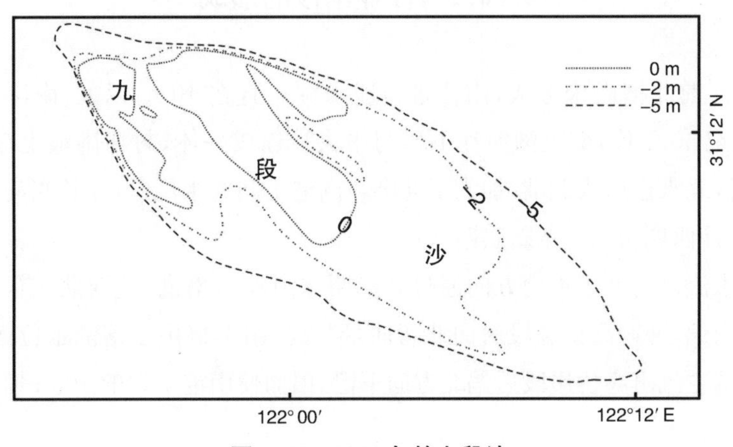

图 4.70　1983 年的九段沙

1983 年、1988 年长江洪水作用，至 80 年代末，5 m 水深贯通，5 m 槽楔入江亚边滩，形成江亚南小泓。随着江亚南小泓过水量不断增加，江亚南沙向北淤涨，造成江亚北槽缩窄淤浅。1994 年，江亚北槽 5 m 槽中断，江亚南沙并靠九段沙，南北槽分流口上提了 12 km。九段沙沙体扩大，1994 年与 1989 年相比，0 m、－2 m、－5 m 以浅水深面积分别增加了 43.9 km^2、32 km^2、78.9 km^2。1994－1997 年，九段沙上沙轮廓发生较大变化，但九段沙中、下沙较为稳定，各等深线面积未有大的变化，沙体处于相对稳定期。图 4.71 为 1997 年九段沙等深线图。

总而言之，九段沙是长江河口发育过程中河床底沙推移堆积的产物，同时又是特大洪水作用的结果。

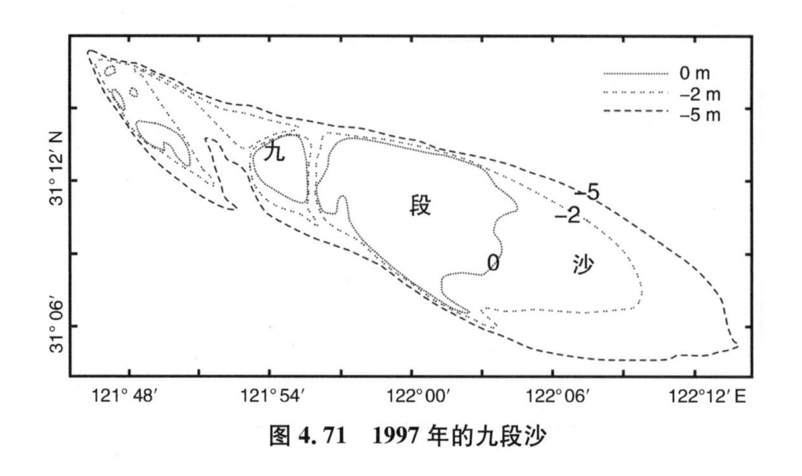

图 4.71　1997 年的九段沙

4.10.2　江亚南沙的形成

1954 年前北槽尚未形成，南槽进口段水深一直在 10 m 以上，南岸无边滩存在。20 世纪 50 年代，南支浏河沙下移与中央沙连成一体，封堵南港上口，落潮主流经中央沙北水道进入北港，加大了北港与南港之间的水位差，在长兴岛西南的石头沙、瑞丰沙西侧切出一条新崇明水道。

北港水流以近似于正南方向通过新崇明水道注入南港，使西北—东南走向的南港主流南偏，冲刷高桥岸段后向北弯曲，瑞丰沙咀下部由于落潮水位南高北低，有利于南港主流出高桥岸段后偏北方向下泄，因而使南港下端的 10 m 槽逐渐向北移动。

南北槽分汊口 10 m 槽从南槽移到北槽，南槽南岸水动力减弱，导致泥沙沉积和边滩发育，主要淤积区在南槽入口段南侧的江亚南边滩(因 1948 年江亚轮沉没所在位置而得名)。20 世纪 60—70 年代，江亚南边滩不断向北淤涨，1961 年 5 m 等深线距南岸 1 330 m，1979 年为 3 730 m，外伸速度达 133 m/a，淤积区纵向 13 km，最大淤积厚度 2 m 以上。江亚边滩向北淤涨，江亚航道亦随之向北移动，导致九段沙上沙南侧冲刷后退。1961—1979 年，九段沙上沙南沿后退速度为 26 m/a，远较江亚边滩向北淤涨速度慢。因此，江亚边滩的发育改变了南槽上口的河势，也改变了南北槽分流分沙比，从 1964—1983 年近 20 年间，北槽落潮分流比持续增加，从 30%左右增加到 50%，南、北槽各为一半。北槽落潮输沙比逐年增加，南槽反之，涨潮输沙量逐渐大于落潮输沙量，产生泥沙倒灌北槽的现象。

1973年后，南港南侧10 m槽开始楔入江亚边滩，切割出一条新的水道，呈西北—东南走向，涨落潮流路比较一致，落潮流占优势，生命力强，形成后发展很快，经1983年、1988年两次洪水过程，江亚浅滩由边滩演变为心滩，该心滩即为江亚南沙，江亚南沙南侧水道称江亚南槽，北侧称江亚北槽。随着江亚南槽发展，江亚北槽进一步萎缩，江亚南沙向东偏南迁移，与九段沙上沙逐渐靠近。

由此可知，南北槽分汊口河势的变化起因于南港的冲淤态势，而南、北港冲淤受制于南支下段河势的变化，伴随南支下段主流的南北摆动，进入南、北港的底沙交替增减，造成南北港的大冲大淤，进而影响到南北槽。表明长江河口河床冲淤变化具有自上而下的联动效应。

4.10.3 影响九段沙湿地滩面冲淤因素

九段沙湿地位于长江口门，为河口型心滩，水域开阔。影响九段沙湿地滩面冲淤因素除了长江入海沙量变化、河口大型涉水工程外，水流泥沙运移特性也是一个重要因素。对此，我们进行了多航次水文泥沙测验。

表4.26、表4.27统计了九段沙湿地不同区域不同高程处的涨落潮流速、含沙量特征值，图4.72为2010年、2011年观测点的潮流矢量。

表4.26 九段沙湿地潮流特征值统计(单位:m/s)

观测日期	测点水域与水深	涨潮		落潮		优势流(%)
		平均流速	最大流速	平均流速	最大流速	
1996.7	上沙 +2 m		0.52		0.28	
2010.8 (大潮)	下沙(JD1) -4 m	0.88	1.55	1.08	1.88	61
2011.4 (大潮)	下沙 -2 m(JD2)	0.73	1.43	0.60	1.26	42
2011.6 (大潮)	下沙 -2 m(JD3)	0.51	1.34	0.41	1.20	48
2011.6 (大潮)	江亚南沙沙尾 -2 m(JY1)	0.83	1.48	0.54	0.78	38

(上海吴淞高程)

表 4.27　九段沙湿地含沙量特征值统计(单位:kg/m³)

观测日期	测点水域与水深	涨潮		落潮		优势沙(%)
		平均含沙量	最大含沙量	平均含沙量	最大含沙量	
2010.8(大潮)	下沙 -4 m(JD1)	1.033 3	2.238 7	0.582 0	1.334 0	39
2011.4(大潮)	下沙 -2 m(JD2)	0.677 3	1.208 7	0.659 6	0.889 7	32
2011.6(大潮)	下沙 -2 m(JD3)	0.505 1	1.343 8	0.407 1	0.905 8	39
2011.6(大潮)	江亚南沙沙尾 -2 m(JY1)	0.673 5	1.972 7	0.577 7	0.861 2	21

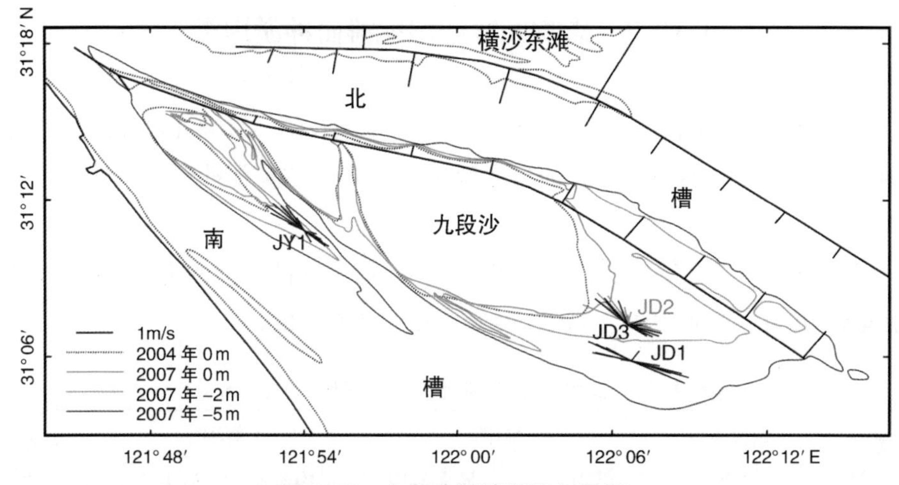

图 4.72　九段沙湿地潮流矢量图

从中可以看出,除下沙 JD1 测点是落潮流大于涨潮流外,其余测点均为涨潮流大于落潮流,上沙 +2 m 测点的涨潮最大流速为落潮的 1.9 倍,但四个测点涨潮含沙量均高于落潮,且均为涨潮优势沙;2011 年 4 月、6 月的观测点虽为同一测点,但在 4 月的定点观测前几天,大通流量不足 15 000 m³/s,属枯季流量,6 月的定点观测前几天,大通流量升至 30 000 m³/s 以上,属洪季流量。计算结果均为涨潮优势流、优势沙,反映了水流泥沙运移条件有利于下沙 2 m 水深以浅的浅滩淤涨;江亚南沙沙尾测点的涨潮流速为落潮的 1.5 倍,涨潮优势流、优势沙占 62%、79%,表明江亚南沙沙尾仍将以较快的速度向下游延伸,“外沙内泓”效应凸现,对上沙南沿的抛石护滩工程,以及尚未修建护滩工程的潮滩带来不利影响;2010 年 8 月在下沙水深 4 m 处的测点,虽为落潮优势流,占 61%,但由于涨潮流速远大于落潮流速，涨潮流挟带的泥沙多于落潮流带走的泥沙，为涨潮优势沙。但据近几年地形图比较，下沙尾部处于微冲状态，主要原因可能与风浪作用有关。

影响九段沙冲淤的另一个重要动力因素是波浪掀沙作用。根据九段沙东南侧引水船站 70 年代实测波浪资料统计，台风浪波高一般在 3.0 m 以上。长江口每年约有 4～5 次受台风或台风边缘影响，风力一般在 8 级以下，9 级以上的大风出现次数较少。据统计，风力为 7～8 级时，能产生 2.5 m 以上的波高，风力为 9～10 级时，可以出现 4.5 m 左右或更大的波浪（朱慧芳等，1988）。冬半年，九段沙波浪来向主要受 N、NW 和 NE 向波浪作用，北槽南导堤修建后，对上述方向来浪起到了一定阻挡作用，削弱了冬季波浪对九段沙滩面泥沙的冲刷；夏半年主要受 S、SE、ESE 向的波浪作用，尤其台风浪，如遇上天文大潮，对九段沙滩面冲刷非常明显。2006 年 7 月发生的“碧利斯”台风，主风向为 SSE - SE，最大风速 23.6 m/s，九段沙上沙波高达 2.56 m，增水 1.0 m 多。台风过后，上沙码头东西两侧的抛石堤全线损坏，部分石堤严重坍塌下陷，个别石块被搬离至石堤 20 m 之外。

海浪能量主要来源是风应力胁迫。为了研究风驱动下的海浪在九段沙波高的分布，即不同空间位置海浪能量的分布特征，利用 SWAN 模型对九段沙水域在定常风作用下的波浪做了模拟。SWAN (Simulating Waves Nearshore)是由荷兰 Delft 技术大学(Delft University of Technology)研制开发的第三代近岸浅水海浪数值计算模式，模式采用基于能量守恒原理的平衡方程，除了考虑第三代海浪模式共有的特点，它还充分考虑了模式在浅水模拟的各种需要。首先 SWAN 模式选用了全隐式的有限差分格式，无条件稳定，使计算空间网格和时间步长上不会受到牵制；其次在平衡方程的各源项中，除了风输入、四波相互作用、破碎和摩擦项等，还考虑了深度破碎(Depth-induced wave breaking)的作用和三波相互作用。

SWAN 模型是以二维动谱密度表示随机波，动谱密度 $N(\sigma, \theta)$ 为能谱密度 $E(\sigma,\theta)$ 与相对频率 σ 之比，在直角坐标系下，动谱平衡方程表示为

$$\frac{\partial}{\partial t}N + \frac{\partial}{\partial x}C_x N + \frac{\partial}{\partial y}C_y N + \frac{\partial}{\partial \sigma}C_\sigma N + \frac{\partial}{\partial \theta}C_\theta N = \frac{S}{\sigma}$$

式中左边第 1 项为 N 随时间的变化率，第 2、3 项为 N 在 x、y 方向上的传播，第 4 项表示由于流场和水深所引起的 N 在 σ 空间的变化，第 5 项表示 N 在谱分布方向 θ 空间的传播，S 是以谱密度表示的源汇项，包括风能输入、波与波之间的非线性相互作用和由于底摩擦、破碎等引起的能量损耗，C_x、C_y、C_σ、C_θ 分别代表 x、

y、σ、θ空间的波浪传播速度。

计算区域为 30°53′～31°17′N，121°46′～122°31′E，水深数据采用 2008 年海图数据并用 Sufer 软件插值(图 4.73)，网格为 217 行×400 列的矩形网格，风场采用定常风，风速为 17 m/s，风向分别为东南方向和东北方向。

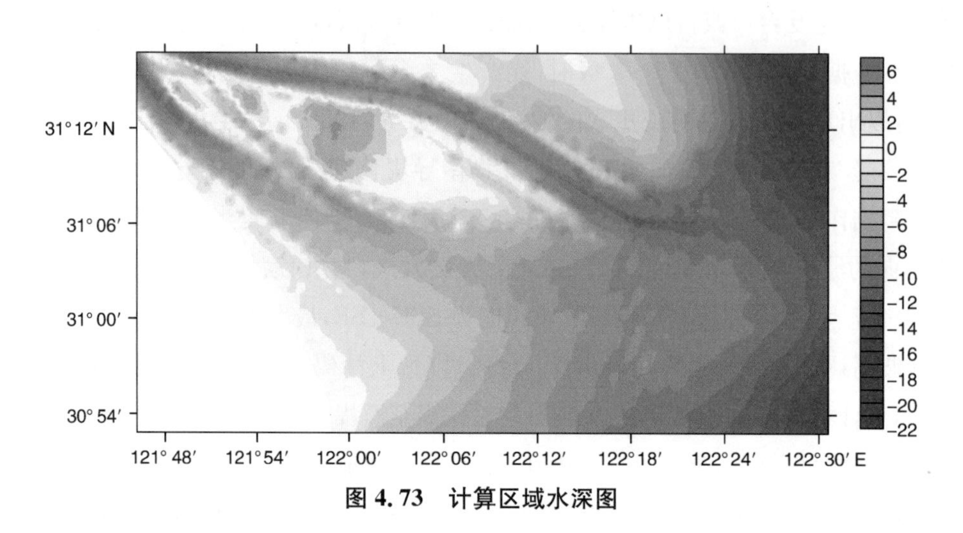

图 4.73　计算区域水深图

根据模式稳定输出的有效波高绘制有效波高分布图(图 4.74)，从有效波高分布上可以看出，有效波高等值线在九段沙下沙南沿密度较大，即波能在此区域变化梯度大，也就是说波浪传播过程中重力势能转化为动能和热能或其他形式的能，因此在波能变化梯度大的区域也是波浪破碎生流和波浪掀沙比较强烈的区域。从两幅图可以看出，在九段沙南侧有效波高等值线变化梯度比下沙东西向变化梯度要大，而九段沙南侧为南槽，水深变化梯度较大，由此可见波浪在浅水传播过程中能量消耗

(a) 有效波高等值线(东南风)

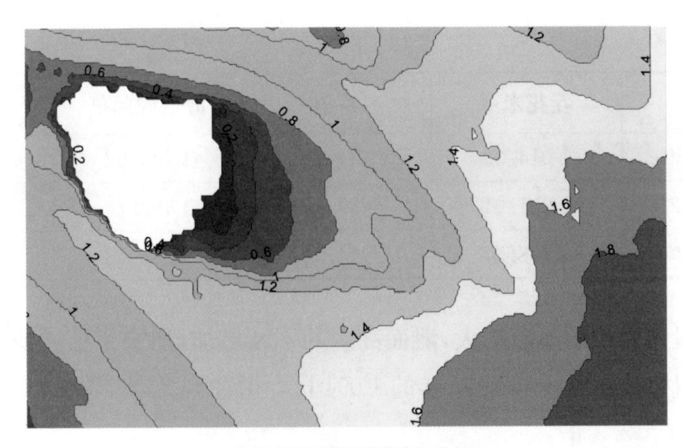

(b) 有效波高等值线(东北风)

图 4.74 有效波高等值线图

与水深梯度有关。对两幅图进行比较可以看出,南导堤对东北向波浪具有一定的消浪作用,这在一定程度上削弱了偏北向波浪对九段沙的侵蚀作用(张田雷,2011)。

4.10.4 九段沙湿地盐沼植被时空变化

许多学者研究了九段沙高等植物群落的结构特点以及演替特征(张利权等,1992;何文珊,2002;陈家宽等,2003;唐承佳等,2003)。九段沙草滩植被高等植物共 17 种,分 7 科 15 属。

从遥感影像上发现九段沙出现盐沼植被是 20 世纪 80 年代,最早出现的盐沼植被是海三棱藨草和藨草群落,至 90 年代,开始出现芦苇群落。

通过解译 1997—2008 年间 8 景不同时相的 Land sat TM 遥感影像,得到九段沙主要盐沼植被面积的时空动态分布(表 4.28,黄华梅,2009)。

表 4.28 九段沙主要盐沼植物群落面积(单位:hm^2)

日期	互花米草	芦苇	海三棱藨草	合计
1997-10-20	100	167.5	966.56	1 094.06
2000-5-24	101.61	353.79	1 017.09	1 472.49
2001-7-26	283.71	368.91	1 382.85	2 035.47
2002-11-11	377.06	401.94	1 608.22	2 387.27
2003-8-2	469.62	463.41	1 850.22	2 783.25

续 表

日期	互花米草	芦苇	海三棱藨草	合计
2004－7－19	1 014.39	563.49	1 789.02	3 366.9
2005－11－27	1 281.01	637.89	1 493.70	3 412.6
2008－4－25	1 708.57	924.00	968.03	3 600.60

随着九段沙面积的不断扩大，滩面高程的不断增加，加快了植被演替，扩大了草滩面积。盐沼植被总面积从1997年的1 094 hm^2 增加到2008年的3 600.6 hm^2，11年间面积增加了2.3倍。

1997年，在九段沙实施了“种青促淤”生态工程，在中沙种植了50 hm^2 互花米草和40 hm^2 芦苇，下沙种植了5 hm^2 的互花米草。从1997年引种到2008年，互花米草的面积已达1 708.6 hm^2，接近于芦苇和海三棱藨草的总面积，成为九段沙上分布面积最大的盐沼植被群落。

1997－2008年间，芦苇的总面积从167.5 hm^2 增加到924 hm^2，主要分布在中沙的西北部和上沙的东部。海三棱藨草面积在1997－2008年间有一个转折点，1997－2003年，面积从966.56 hm^2 增加至1 850.22 hm^2，2003－2008年，从1 850.22 hm^2 减少至968.03 hm^2，海三棱藨草面积的减少，主要是2003年后互花米草快速扩散，由2003年的469.62 hm^2 扩大至2008年的1 708.57 hm^2，增加了2.6倍。

九段沙盐沼植被总面积为3 600.6 hm^2（36 km^2），占九段沙湿地0 m以上滩地面积的19%，占5 m水深以浅面积的9%。另据上海师范大学(2011)的研究报告，九段沙湿地植被总面积约为5 589 hm^2，二者相差较大，这可能与所用的卫片，以及卫星经过长江口时的潮位高低状况有关。但总体上说明了草滩面积仍限于中、高潮滩局部范围内，大片＋2 m高程以下的中、低潮滩，乃至水深2～5 m浅滩始终处在潮流、风浪的作用下，泥沙难以淤积，滩面物质粗化，基本处在少淤、不淤和侵蚀状态，不具备植物生长条件。因此从总体上讲，九段沙草滩面积十分狭小，尚具有很大的发展空间，应尽力创造条件，加快九段沙湿地演化过程。

目前应充分利用长江口航道疏浚开挖的泥土，就近吹填进入九段沙中、低潮滩区内来抬高滩面，扩大高滩面积，促进植物繁衍，达到湿地植被的快速拓展。

4.10.5 九段沙湿地高程梯度与植物群落演替

九段沙湿地变化将遵循由潮下滩到低潮滩，由低潮滩到中潮滩、高潮滩，由高潮滩到潮上滩这样一个河口沙洲的自然演变规律。20 世纪 50 年代，九段沙基本上为水下浅滩，60－90 年代，九段沙部分滩面高程达 1.0～3.0 m。1998 年长江口深水航道工程实施后，加速了潮滩淤涨速率，至 2010 年，江亚南沙和九段沙的部分滩面高程已达 3.5 m 左右。

九段沙湿地植物群落演替与潮滩高程梯度密切相关(图 4.75)。九段沙湿地植被依潮滩高程由低到高依次出现盐渍藻类带、藨草与海三棱藨草带和芦苇与互花米草带。

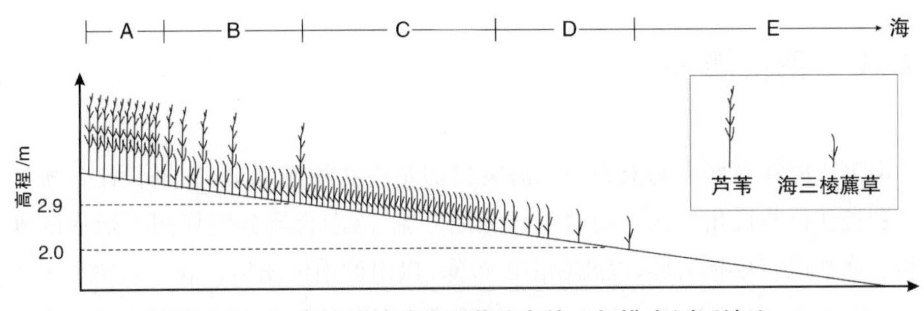

图 4.75　九段沙湿地植物群落分布的一般模式(张利权)

注：其中 A：芦苇(或局部为互花米草)群落，B：芦苇(或互花米草)—海三棱藨草混生群落，C：海三棱藨草群落(内带)，D：海三棱藨草群落(外带)，E：光滩。在不同区域，由于受水文等各种因素的影响，植物群落分布的宽度不尽相同。

盐渍藻类带分布在低潮滩和中潮滩下部，高程低，全年约有一半的时间被潮水淹没，受潮流波浪作用强，冲淤多变，无高等植物，为光滩，分布大量藻类群落。

藨草和海三棱藨草带位于中潮滩的中、上部和高潮滩下部，高程 2 m 以上，被潮水淹没的时间短于盐渍藻类带，全年约有三分之一的时间被潮水淹没。海三棱藨草是该带的优势种，与之伴生的还有藨草。

芦苇与互花米草带分布在高潮滩上部，高程在 2.8 m 以上，全年约有五分之一时间受潮水影响，被淹时间短，甚至仅在大潮高潮时才有潮水可及。

九段沙湿地底栖动物的分布与植物群落带的分布有着密切的关系。根据植物带的特征，可以将九段沙湿地划分为三个生态功能带：盐渍藻类带(光滩)，藨草—海三棱藨草带，芦苇带。

光滩底栖动物种类数量最少，生物量最低且分布不均匀，主要以软体动物和多毛虫为主。海三棱藨草带生境复杂，为底栖动物的存在提供了较好的栖息环境，底栖动物种类数量最多，密度高，主要有软体动物和甲壳动物等。芦苇带与海三棱藨草带比较，底栖动物种类数有所降低，但生物量最高，以蟹类为主。

据有关专家研究(虞快等,1995;赵雨云等,2002),土著物种海三棱藨草群落是白头鹤、鸻鹬类等涉禽以及小天鹅、野鸭等雁鸭类水鸟的主要觅食场地,海三棱藨草的种子和球茎为鹤类和雁鸭类水鸟提供了丰富的食物来源。

综上所述,在研究九段沙湿地生态功能时,潮滩面积的增减和滩面高程的升降,尤其是滩面高程的变化是最基本的动态因素。其对植物群落在潮间带的分布以及底栖动物资源(种类数、密度、生物量等)的分布产生明显作用,进而影响到湿地的碳汇功能和鸟类栖息地的质量。

4.11 南汇边滩

南汇边滩在平面形态上为一向海突出的犁头状浅滩地形,它是长江入海径流扩散和长江口与杭州湾北岸两股水体涨潮分流、落潮合流共同作用下形成的堆积地貌。通常以石皮勒为界,以北称南汇东滩,以南谓南汇南滩。长期以来南汇边滩为长江河口淤涨速率最快的岸滩之一,解放后虽历经多次促淤圈围,目前滩涂资源仍极为丰富,南汇边滩 5 m 水深以浅面积为 399.7 km^2(上海市滩涂资源报告,2012)。

4.11.1 南汇边滩历史演变

长江河口近两千年来的发育模式是以北岸沙岛并岸、南岸边滩向外淤涨为主要特点(陈吉余等,1979)。随着长江流域开发强度增加,河流输沙量增多,海岸线不断向外推移。南边滩是长江三角洲的南缘,公元 8 世纪三角洲南缘岸线在周浦—下沙—奉城一线,10 世纪长江口南岸海岸线已到黄浦江东岸,12—13 世纪,海岸线已到达川沙—南汇县城一线(图 4.76)。

据历史记载,古捍海塘为南汇最早的海塘,重筑于 713 年(唐开元元年),此后,先后筑里护塘、钦公塘、彭公塘、李公塘等,解放后兴建了人民塘、七九塘等(图 4.77)。表 4.29 反映了以海塘为标志的海岸外涨速度,自公元 8 世纪至 20 世纪 60 年代,海岸线年平均外涨 22.3 m。在前后 1 247 年的时间内,长江口南岸海岸线外涨速率不均,713—1172 年,年均外延 34.85 m, 1172—1584 年间,外涨速度仅为 3.4 m/a,1584—1884 年间,外涨速度增加至 24 m/a。原因是在此时期,长江主泓由北支入海,南边滩供沙不足。18 世纪后,长江主流经南支入海,南岸边滩供沙丰富,1884—1960 年,涨速增大至 41.3 m/a。

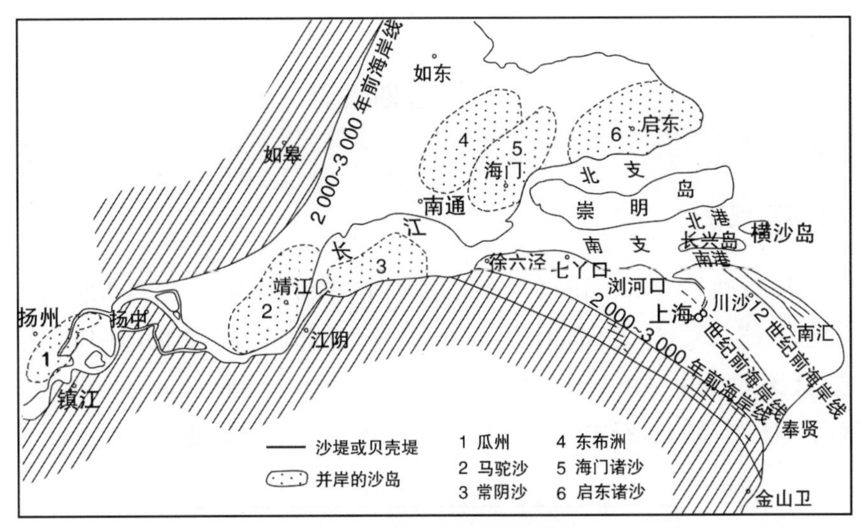

图 4.76 长江河口历史变迁

表 4.29 由海塘建置推算岸线外涨速度统计表

海塘名称	古瀚海塘	里护塘	钦公塘	彭公塘	人民塘	古瀚海塘～人民塘
兴建年代	713	1172	1584	1884	1960	713－1960
塘间距离(km)	16	1.4	7.2	3.14		27.74
间隔年数	459	412	300	76		1 247
外淤速度(m/a)	34.86	3.4	24	41.3		22.25

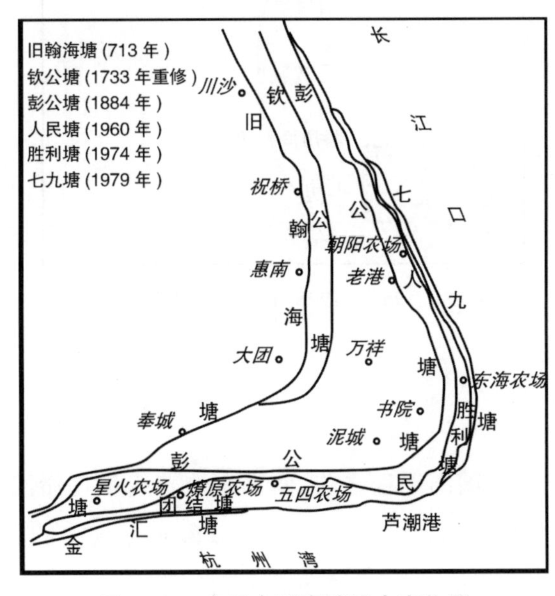

图 4.77 南汇东滩海塘历史变化图

4.11.2 近期演变

(1) 等高线变化

图 4.78 反映了 1983－1998 年南汇边滩向海推展的特点(上海市水利工程设计研究院,2003)。尽管在不同时段和不同岸滩存在冲淤交替变化,但 1983 年以来总的趋势以淤涨为主。三三马路断面,1983－1998 年,+2 m 线向海推进 1 260 m,0 m 线向海推进 700 m,石皮勒断面,+2 m、0 m 线分别向海延伸 1 520 m、420 m。

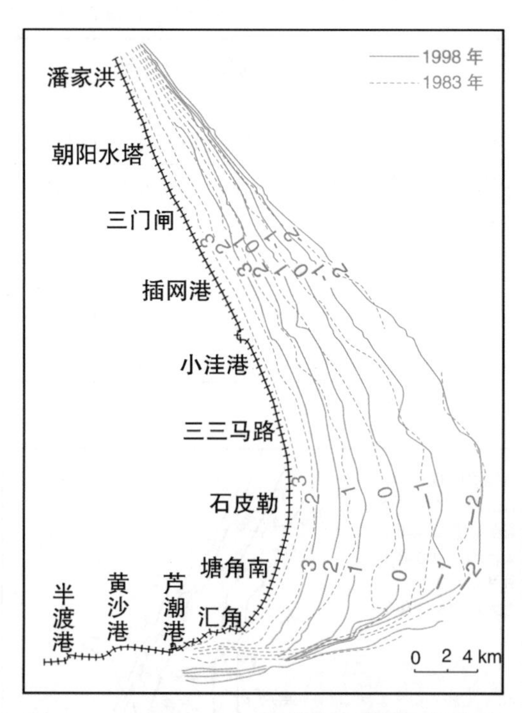

图 4.78　1983－1998 年南汇边滩等深线变化

(2) 断面变化

在实施大规模促淤圈围工程之前,南汇东滩普遍呈现淤涨态势,图 4.79 和图 4.80 分别表示大治河口以北和大治河口以南潮滩剖面的淤涨情况。1983－1998 年,三门闸断面 +2 m、0 m、－2 m 线分别外移了 1 360 m、1 260 m、440 m,

0 m 以上淤高了 1.86 m;石皮勒断面 + 2 m、0 m、- 2 m 线分别外移了 1 520 m、420 m、610 m，0 m 以上淤高了 0.77 m(华东师范大学河口海岸科学研究院，2006)。

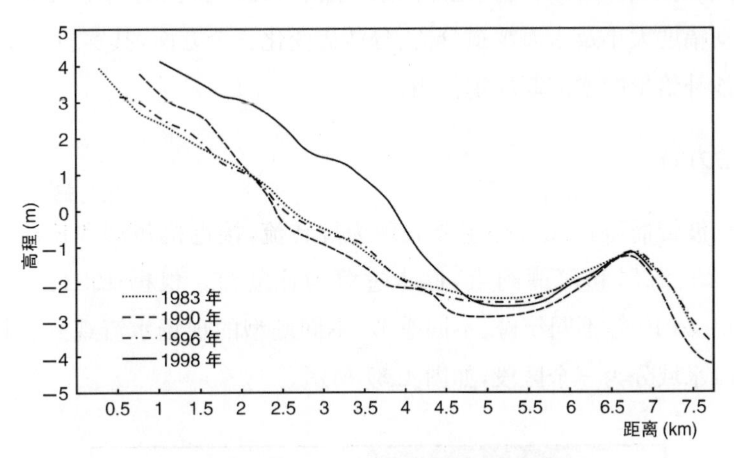

图 4.79　南汇三门闸剖面地形变化图

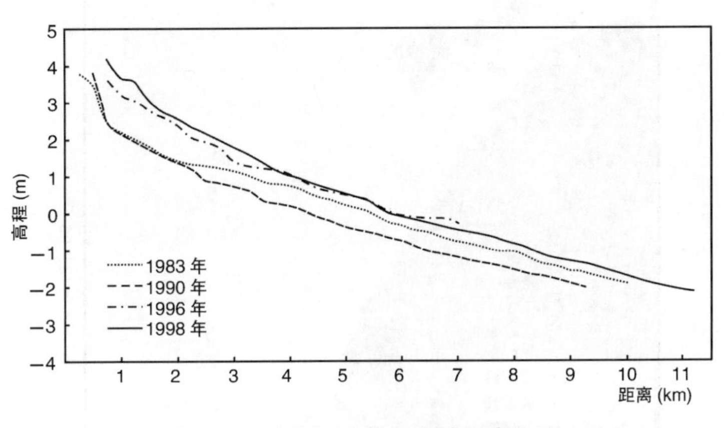

图 4.80　南汇石皮勒剖面地形变化图

4.11.3　南汇东滩淤涨原因分析

(1) 动力条件与泥沙补给量的变化

从旧瀚海塘算起，长江南边滩在近一千三百多年的演变过程中，淤涨速率时快时慢，例 14—18 世纪，长江口南边滩外涨甚慢，甚至局部岸段有内坍现象，主要原因是长江主泓在这一时期由北支入海，其后长江主流改走南支，长江南边滩又复显著外涨。其间还出现南汇东滩、南滩冲淤交替出现的“摇头沙”现象。历史演变过程说明，导致南汇边滩长周期变化的因素主要有长江流域来水来沙量多少、长江河口主流摆动幅度大小及入海汊道分流、分沙比变化三个方面，其实质是动力条件的改变与泥沙补给量的增减起决定作用。

(2) 动力场

外海潮波传播至长江口外主要表现为旋转流，接近杭州湾和长江口，水深变浅，并受岛屿、海岸和河槽约束，逐步过渡为往复流。根据 1982、1983、2005、2006、2009、2010 等不同年份、不同季节、不同潮型的现场水流观测资料分析，拟把南汇边滩水域分为三个区段，如图 4.81 所示。

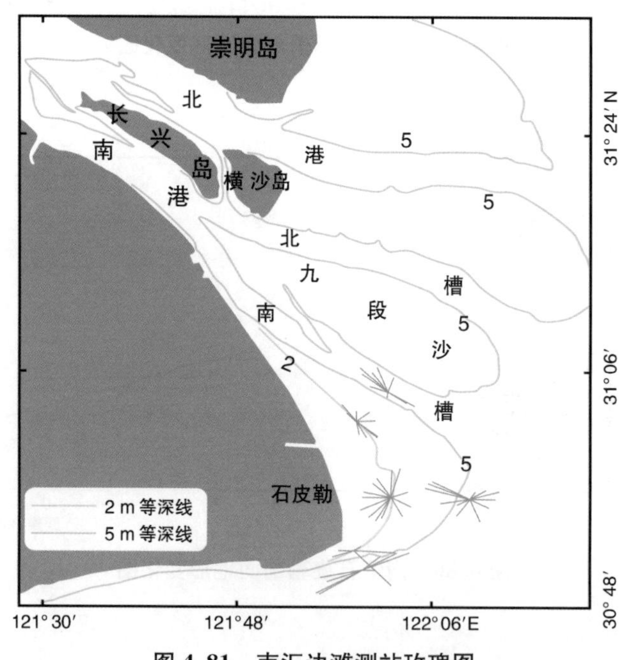

图 4.81　南汇边滩测站玫瑰图

南汇汇角以南受杭州湾水流控制，涨落潮平均流向基本上为东西向；石皮勒以北受长江口南槽走向约束，涨落潮流向为西北—东南向，呈往复流性质；石皮勒至汇角附近水域，处于长江口与杭州湾水流交汇地带，流向较分散，流场较复杂。

根据优势流和单宽流量的计算结果，大致以 2 m 水深附近为界，以浅区域净水量向西北向输送，以深区域净水量向东南向输送，在一个潮周期内形成顺时针方向的平面环流。

南汇边滩常受台风、寒潮等大风引起的大浪侵袭，对浅滩的冲淤变化影响极大。长江口以风浪为主，风向与浪向基本一致。根据南汇边滩地形特征，大致以石皮勒断面为界，以北 NE 主风向(包括 NNE、ENE)，以南 SE 主风向(包括 SSE、S、ESE)，容易引起潮滩泥沙横向运输，导致浅滩冲刷；石皮勒断面以北 SE 主风向、以南 NE 主风向，容易引起泥沙纵向运输，有助于浅滩淤积。引起滩地冲刷的风级主要是≥6 级的大风(≥12 m/s)，5 级风以下(＜11 m/s)对滩地主要起堆积作用(茅志昌，1987)。

(3) 丰富的泥沙来源

南汇东滩紧邻南槽拦门沙河段，该河段常年水体含沙量在 1.0 kg/m^3 左右，南槽最大浑浊带核心区近底层含沙量高达十多公斤。1978 年 8 月大潮测得南槽平均含沙量达 1.88 kg/m^3。20 世纪 80 年代上海市海岸带调查资料表示，南汇边滩水体平均含沙量为 1.45 kg/m^3，其中涨潮平均 1.54 kg/m^3，落潮平均 1.34 kg/m^3。

2003 年、2005 年洪季大潮测得南槽平均含沙量仍在 1.0 kg/m^3 左右，2007 年 8 月南槽测得涨、落潮平均含沙量分别为 0.975 kg/m^3、1.23 kg/m^3，近底层最大含沙量达 4.11～8.40 kg/m^3。2006 年、2009 年两次水文泥沙观测资料表明，南汇边滩大潮涨、落潮含沙量普遍在 1.0～3.0 kg/m^3 之间，并且边滩含沙量高于主槽。虽然长江入海泥沙近年来大幅减少(大通站 1983 年输沙量为 5.01 亿吨，而 2005 年、2006 年、2007 年、2009 年仅为 2.16 亿吨、8 500 万吨、1.38 亿吨、1.11 亿吨)，但与南汇边滩相邻的南槽为最大浑浊带所在区域，水体含沙量仍然较高。南槽水体的高含沙量为南汇东滩淤涨提供了丰富的物质来源。

(4) 泥沙场

在南汇东滩与南槽之间的平面环流作用下，泥沙随水流运动，滩槽之间的水量交换必然导致泥沙交换。落潮流占优势的主槽，泥沙向海净输送，涨潮流占优势的边滩，泥沙向陆净输送。浅滩水沙净向陆与主槽水沙净向海输移的分界线大致为 2～3 m 水深之间。在一个全潮过程中，主槽出水出沙，边滩水沙向陆，在平面上形成顺时针方向的输沙环流过程。滩槽泥沙交换一般通过滩槽之间的平面环流(图

4.82)和垂向环流进行。实际上，随着径、潮流强度、南槽落潮分流分沙比以及流域来沙量的变化，分界线也将随之变动，应是一条分界带。

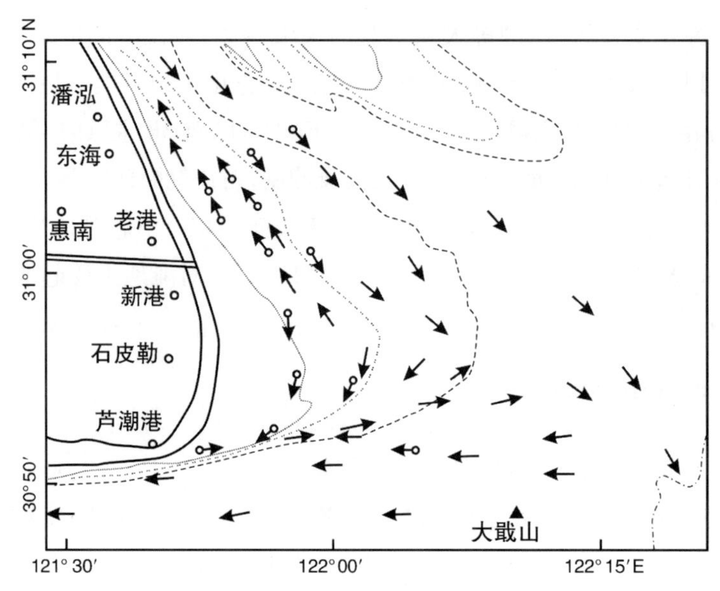

图 4.82 南汇边滩及临近水域泥沙输移环流

4.12 杭州湾北岸

上海市所属杭州湾北岸海岸线，东起南汇咀的汇角，西至沪浙交界的金丝娘桥，全长 68.7 km，含南汇(已并入浦东新区)、奉贤、金山三区，其中南汇岸段 12.3 km、奉贤 31.6 km、金山 24.8 km。岸线走向基本呈东西走向，至金山漕泾以西转向东北—西南走向。东端的南汇咀人工半岛工程和西端的金山上海石化六期围堤工程成为两个“人工节点”，整个杭州湾北岸岸线呈微弯内凹的弧形状海岸形态(图 4.83)。

杭州湾是一个随着长江三角洲向海淤进过程中形成的漏斗状海湾，湾口自北部的南汇咀至南部的镇海间，断面宽约 100 km，进入杭州湾内逐渐束窄，至金山断面宽 45.0 km，湾顶的澉浦断面束窄至 20 km。东海潮波进入杭州湾后，受断面束窄影响，潮波变形逐渐加剧，潮量迅速加大，进入钱塘江河口形成涌潮，泥沙上移，

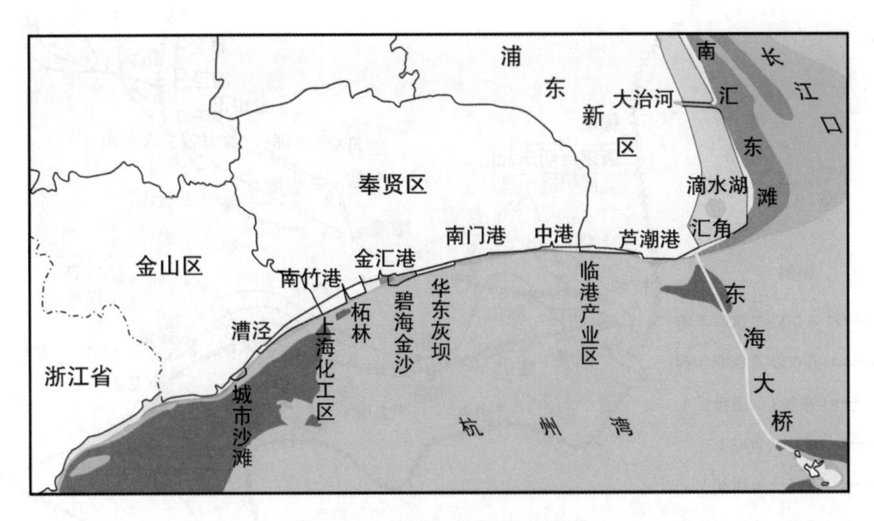

图 4.83　杭州湾北岸形势图

形成河口沙坎地形。在杭州湾北岸与大、小金山之间冲刷，形成金山冲刷深槽，沿金山咀至金山石化海堤前沿，上溯至浙沪交界的全公亭，与西部的浙江海盐沿岸的白沙湾深槽一浅段相隔。金山深槽长达 12 km，槽内水深可达 20～30 m，最深可逾 50 m，横卧于金山石化堤外侧，多年来地形稳定少变。

4.12.1　历史变迁

杭州湾北岸海岸线的历史变迁，是与长江三角洲南缘砂咀的发育及历代人工海塘(堤)的兴建是密不可分的。据对长江三角洲南部"冈身"(贝壳堤)的研究，距今 6 000 年前的古海岸线大致沿黄渡—马桥—漕泾一线分布，由宽约 4～5 km 间 3～5 道贝壳堤组成的"冈身"，向南伸入杭州湾。距今 3 000 年因长江入海泥沙增加，海岸淤涨，又形成了一条被称为"横泾冈"的贝壳堤，穿越嘉定—颛桥—柘林一线。以后长江三角洲进入快速淤涨期，至公元四世纪岸线推进至盛桥—周浦—奉城一线。岸线向南伸入今杭州湾北岸的滩浒—王盘山，再向西到澉浦，形成了向海凸出的弧形岸线(图 4.84，4.85)。

由于长江入海泥沙量十分巨大，年达 4.8 亿吨左右，而杭州湾上游的钱塘江输沙量仅 760 万吨左右。因而，在长江三角洲不断向东海延伸的同时，又受杭州湾北

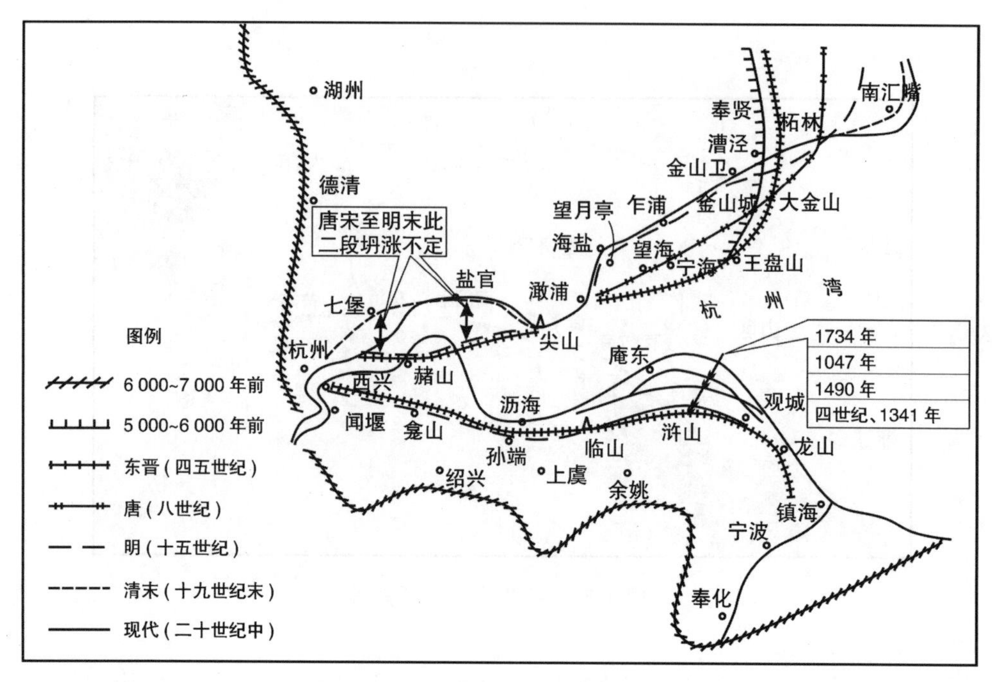

图 4.84　杭州湾历史海岸线变迁

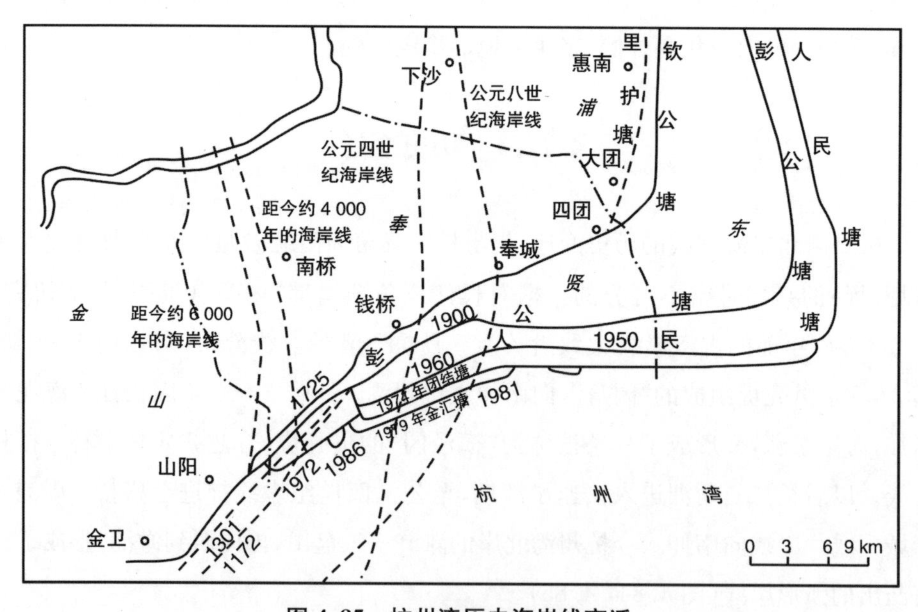

图 4.85　杭州湾历史海岸线变迁

岸强潮流冲刷，原淤涨的岸线发生节节后退，昔日为陆的滩浒岛、王盘山相继沦入海中成为今日孤岛，同时在大、小金山之间受潮流冲刷形成金山深槽。历代兴建的海塘(堤)是历史海岸线变迁的重要见证。据史载，公元1052－1054年(北宋皇祐四年—至和元年)修筑的旧捍海塘是上海境内杭州湾北岸修建的最早海塘，代表了公元11世纪的海岸线。公元1584年(明万历十二年)在川沙、南汇兴修外捍海塘，后于1733年(清雍正十一年)重修改称钦公塘(始筑时称王公塘)。继而于1900年(清光绪二十六年)在奉贤境内续筑彭公塘，与南汇钦公塘相连，1906年在彭公塘外又筑李公塘，后为风暴所毁，解放初重修，1960年修成后改称为人民塘。1964年在人民塘外圩基础上培高加宽，修成胜利塘，后又向外围建了团结塘、七九塘、金汇塘及九五塘等。从历史海塘修建来推算海岸线的淤进速率上看，反映了长江三角洲海岸的向海淤涨以东进为主，而临杭州湾侧的岸线主要受涨潮流的作用，淤涨较为缓慢，海岸线的淤涨速度远小于长江口南侧的南汇东滩。

20世纪70年代以来，为加快杭州湾北岸的工业建设，进行了三次较大规模的低滩圈围造地工程。其中如1972年10月起始的上海金山石化总厂围堤工程，一线海堤总长11.4 km；1996－1997年在金奉交界沿海6.3 km岸段，实施上海化工区0 m以上滩地圈围工程，2003年上海化工区西又增加漕泾围区，堤长5.2 km，连同原上海化工围堤在内，一线海堤总长达11.5 km，总面积将近2万亩；2002－2003年在南汇芦潮港西侧临港工业区2 m水深低滩圈围，堤线长达7.8 km，圈围面积约4.0 km^2。

另外，1994－1996年南汇咀建人工半岛工程，一期筑促淤坝4.0 km，面积1.4万亩，1998－1999年，二期工程向东偏北延伸4 km至0 m线向北至石皮勒，圈围6.0万亩，为兴建海港新城打下基础。

目前，整个杭州湾北岸已成为人工海塘控制的人工海岸，近年新建海塘达标二百年一遇，岸线已被人工稳定，海岸演变的人工控制作用日显重要。

4.12.2 水沙条件

(1) 潮流

杭州湾是一个漏斗状海湾，来自东部外海的潮波由湾口输入以半日潮波为主，M_2 分潮最大，由东南方向进入湾口传向湾顶，受漏斗状海湾地形影响，底摩擦效

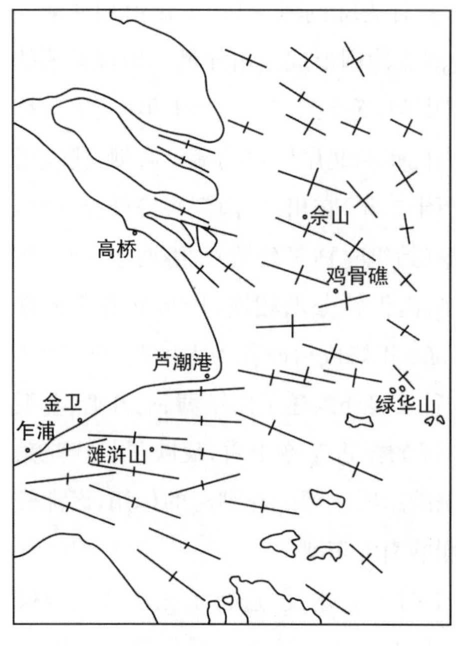

图 4.86 杭州湾口、长江口 M2 分潮椭圆长轴及方向

应、潮波反射及集能作用，使潮波振幅由湾口向内逐渐递增，潮波变形，驻波特性增强(图 4.86)。杭州湾 $\frac{(H_{O_1}+H_{K_1})}{H_{M_2}}$ 值一般小于 0.40，主要浅海分潮振幅 $(H_{M_4}+H_{MS_4}+H_{M_6})$ 在北岸均大于 30 cm，较南部为大，浅水影响判据 $\frac{(H_{M_4}+H_{MS_4})}{H_{M_2}}$ 一般均大于 0.05，因此杭州湾大部海域属于非正规浅海半日潮性质。

由湾口向湾顶，随着海湾束窄，潮差不断加大，北岸芦潮港平均潮差 3.20 m，最大 5.92 m；滩浒 3.36 m；金山咀 4.01 m，最大 5.93 m；乍浦 4.60 m，最大 5.75 m；至澉浦达 5.57 m，最大 8.87 m。

杭州湾潮流以半日潮流为主，以 M_2 分潮占优，据计算统计，M_2 分潮最大值 (W_{M_2}) 即潮流椭圆长轴平均为 1.13 m/s，由湾口向湾内递增，湾内浅海分潮流相对较强，$\frac{W_{M_4}}{W_{M_2}}$ 比值 0.08～0.10，向湾内不断增大，M_2 分潮椭圆率较小，为 0.03～0.07，往复流性质极强(表 4.30)。

表 4.30 杭州湾 M2 分潮椭圆要素

椭圆要素	湾顶	湾中	湾口	口外
W 长轴	1.38	1.20	1.11	0.92
ω 短轴	0.06	0.04	0.07	0.19
K 椭率	+0.04	-0.03	-0.07	-0.19
Θ 长轴向	87°	101°	99°	119°
$\frac{(W_{K_1}+W_{O_1})}{W_{M_2}}$	0.10	0.20	0.17	0.26
$\frac{W_{M_4}}{W_{M_2}}$	0.10	0.09	0.09	0.08

根据杭州湾北岸历年来实测潮流资料，分别取自芦潮港、柘林、漕泾、金山、乍浦，杭州湾北岸距岸 3～4 km 水域内，计算统计得出潮流特征值和椭圆要素，列于下表(表 4.31)。

表 4.31 杭州湾北岸潮流特征值和椭圆要素流向流速(m/s)

<table>
<tr><td rowspan="2"></td><td colspan="4">乍 浦</td><td colspan="4">金 山</td><td colspan="4">漕 泾</td><td colspan="4">柘 林</td><td colspan="4">芦潮港</td></tr>
<tr><td colspan="2">涨流
(°)</td><td colspan="2">落流
(°)</td><td colspan="2">涨流
(°)</td><td colspan="2">落流
(°)</td><td colspan="2">涨流
(°)</td><td colspan="2">落流
(°)</td><td colspan="2">涨流
(°)</td><td colspan="2">落流
(°)</td><td colspan="2">涨流
(°)</td><td colspan="2">落流
(°)</td></tr>
<tr><td>潮段平均流速</td><td colspan="2">1.05
(241)</td><td colspan="2">0.75
(47)</td><td colspan="2">0.94
(249)</td><td colspan="2">0.77
(82)</td><td colspan="2">0.92
(237)</td><td colspan="2">0.69
(57)</td><td colspan="2">0.87
(241)</td><td colspan="2">0.70
(64)</td><td colspan="2">0.93
(275)</td><td colspan="2">0.75
(97)</td></tr>
<tr><td>垂线最大</td><td colspan="2">1.77
(241)</td><td colspan="2">1.45
(87)</td><td colspan="2">1.49
(252)</td><td colspan="2">1.32
(76)</td><td colspan="2">1.38
(240)</td><td colspan="2">1.15
(57)</td><td colspan="2">1.53
(240)</td><td colspan="2">1.03
(61)</td><td colspan="2">1.53
(272)</td><td colspan="2">1.28
(100)</td></tr>
<tr><td>测点最大</td><td colspan="2">2.28
(238)</td><td colspan="2">1.89
(65)</td><td colspan="2">2.31
(256)</td><td colspan="2">1.79
(89)</td><td colspan="2">2.23
(240)</td><td colspan="2">1.60
(62)</td><td colspan="2">2.21
(237)</td><td colspan="2">1.46
(66)</td><td colspan="2">2.74
(265)</td><td colspan="2">1.85
(100)</td></tr>
<tr><td>椭圆要素</td><td>W
1.09</td><td>ω
0.05</td><td>K
0.05</td><td>Θ
62°</td><td>W
1.01</td><td>ω
0.03</td><td>K
0.03</td><td>Θ
82°</td><td>W
0.95</td><td>ω
0.05</td><td>K
0.05</td><td>Θ
60°</td><td>W
0.93</td><td>ω
0.05</td><td>K
0.03</td><td>Θ
65°</td><td>W
1.01</td><td>ω
0.03</td><td>K
0.02</td><td>Θ
99°</td></tr>
</table>

杭州湾北岸潮流特征如下：

北岸自湾口向湾内，涨潮期平均和最大流速芦潮港为 0.93 m/s、1.53 m/s，柘林 0.87 m/s、1.53 m/s，漕泾 0.92 m/s、1.38 m/s，至金山咀 0.94 m/s、1.49 m/s，乍浦达 1.05 m/s、1.77 m/s；落潮流速芦潮港为 0.75 m/s、1.28 m/s，柘林为 0.70 m/s、1.03 m/s，漕泾 0.69 m/s、1.15 m/s，金山咀 0.77 m/s、1.32 m/s，乍浦 0.75 m/s、1.45 m/s，涨潮流均大于落潮流。

其间在柘林—漕泾段却是潮流流速相对减弱区段，这与整个杭州湾潮流运动有关。

杭州湾北岸沿岸潮流流向具有明显的往复流性质，K 值在 0.02～0.05 之间，流向与岸线等深线走向基本一致。漕泾地区，由于处在岸线由东西向向东北西南向的转折处，流向亦随之发生变化，由芦潮港的 275°～97°至柘林 241°～64°至漕泾转为 237°～57°至金山咀外又恢复为东西走向。

造成沿岸潮流强弱变化的原因：一是受到整个杭州湾内潮流场变化的影响，在杭州湾北岸的中部，在高平潮和低平潮时，分别出现涨、落潮流的分流和汇流区，形成了弱流环境(图 4.87)，沿程流速相对较弱；二是受沿岸工程影响，引起海岸廓线的变化造成局部流场的改变，从而影响沿岸泥沙运动及海床冲淤。

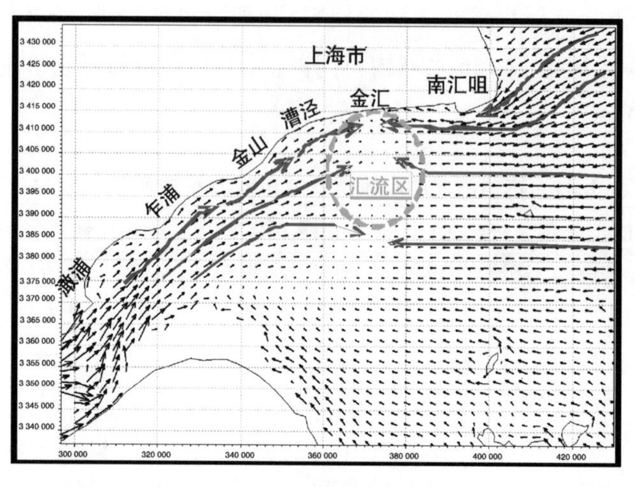

(1) 落转涨

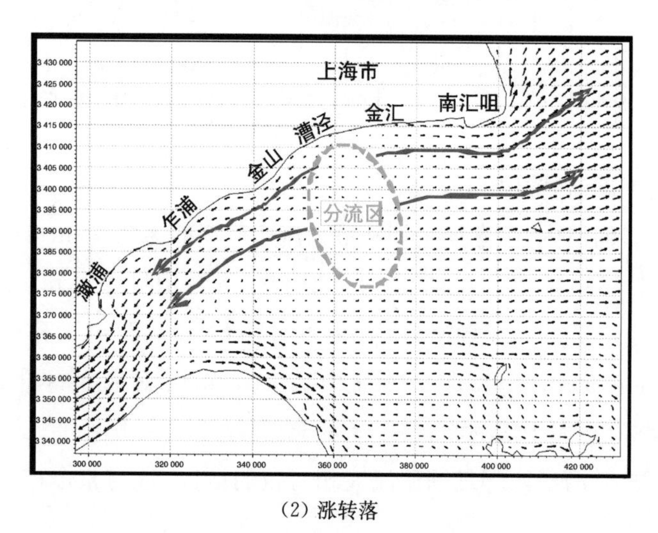

(2) 涨转落

图 4.87　杭州湾北岸潮流场

(2) 波浪

杭州湾内波浪以风浪为主，占全年波浪频率的 80%。据位于杭州湾北岸的金山石化水文站历年观测资料统计(表 4.32)，受地形影响，冬半年以离岸浪为主，夏半年以向岸浪为主。沿岸波浪，夏半年(5－10 月)平均波高 0.4～0.6 m，最大波高 3.9 m，波向 SE～SSE；冬半年(11－4 月)平均波高 0.3～0.4 m，最大波高 3.0 m，波向 NW～N。夏半年大于冬半年。

表 4.32　金山石化水文站月平均波高、周期与最大波高

	1	2	3	4	5	6	7	8	9	10	11	12
平均波高(m)	0.3	0.3	0.3	0.4	0.5	0.5	0.6	0.5	0.5	0.4	0.3	0.4
平均周期(S)	3.2	3.1	3.1	3.3	3.3	3.0	3.4	3.5	3.1	3.1	3.4	2.9
最大波高(m)	1.8	3.0	2.2	2.5	2.5	3.9	3.6	2.9	2.6	1.7	1.9	1.7

表 4.33 为湾口南汇咀芦潮港 2005－2006 年间观测所得的各月波要素统计。

表 4.33　南汇咀 2005 年 4 月—2006 年 3 月各月波要素统计

	4	5	6	7	8	9	10	11	12	1	2	3	年
平均波高(m)	0.48	0.57	0.61	0.66	1.0	0.52	0.26	0.29	0.28	0.35	0.45	0.48	0.47
最大波高(m)	1.7	1.8	1.7	1.8	2.5	1.2	0.9	1.0	0.7	0.8	0.8	0.9	2.5
平均周期(s)	3.42	3.64	3.56	3.5	3.36	2.44	3.08	2.88	2.11	2.3	2.39	2.49	3.08
最大周期(s)	5.7	5.5	5.8	5.3	5.1	3.4	4.3	4.2	4.0	3.8	3.2	3.2	5.8

冬半年(11－4 月)平均波高 0.39 m，夏半年(5－10 月)平均波高 0.60 m，同样冬半年小于夏半年。波浪经水下斜坡传入浅滩以后，地形摩擦阻力加大，导致波浪变形，并发生破碎，由波浪破碎造成的紊动水流往往成为引起底部泥沙扰动的主要动力因素，尤其是由台风和热带风暴引起的强浪和风暴潮对岸滩产生显著影响，并成为海岸侵蚀的重要原因。据历年统计资料，影响杭州湾及周边地区的台风平均每年 1.6 个。

(3) 沿岸泥沙运动

杭州湾上游的钱塘江是一条水清沙少的山溪性河流，上游受多个水库控制，年输入杭州湾沙量甚少，径流量 290 亿 m^3，输沙量仅 700 万吨左右，上游来沙影响仅限于澉浦以上河段。杭州湾的泥沙主要来自长江口入海泥沙的扩散，随涨潮进入杭州湾。此外，波浪对沿岸浅滩的掀沙亦是局部地区泥沙来源。

杭州湾北岸沿岸含沙量的年内变化，在湾口的芦潮港，年内表层含沙量分布如

表 4.34，年均 1.08 kg/m³。

表 4.34　芦潮港月均含沙量变化（表层）（单位：kg/m³）

月份	1	2	3	4	5	6	7	8	9	10	11	12	年均
含沙量	1.30	1.35	1.19	0.83	0.95	0.78	0.78	0.86	1.10	1.26	1.34	1.35	1.08

（据南科院，2004）

表 4.35 为金山咀的年内表层含沙量变化，年均 0.67 kg/m³。

表 4.35　金山咀月均含沙量变化（表层）（单位：kg/m³）

月份	1	2	3	4	5	6	7	8	9	10	11	12	年均
含沙量	1.17	1.22	1.03	0.60	0.52	0.50	0.39	0.34	0.31	0.53	0.74	0.87	0.67

上述均为表层含沙量，根据南京水利科学研究院对芦潮港海域表层含沙量与垂线平均含沙量的相关分析，一般天气情况下表层含沙量与垂线平均含沙量关系呈 1∶1.6。

表 4.36 为杭州湾北岸含沙量同步实测结果。

表 4.36　杭州湾北岸含沙量同步实测结果（单位：kg/m³）

	金山石化前沿		金汇河口		南汇咀	
	－5 m	－2 m	－5 m	－2 m	－5 m	－2 m
涨潮平均	0.55	0.45	0.57	0.76	1.56	0.98
落潮平均	0.38	0.38	0.46	0.45	1.80	1.47

（1991 年夏季同步）

图 4.88 为杭州湾含沙量平面分布，同样反映了杭州湾北岸含沙量分布空间上湾口大于湾内，南汇咀最高，金山咀最低现象。在年内时间分配上除受强台风影响，一般均是冬半年大于夏半年，这与杭州湾北岸波浪夏半年（向岸为主）大于冬半年（离岸为主）并不一致，原因在于冬半年的寒潮大风引起的风浪主要作用于湾口南汇咀广大浅滩，引起湾口高含沙量区域的存在，在潮流输移下，进入杭州湾内沿杭州湾北岸运移沿程递降。“波浪掀沙，潮流输沙”，是造成杭州湾北岸含沙量冬半年大于夏半年，并由湾口向湾内沿程逐渐降低的根本原因。

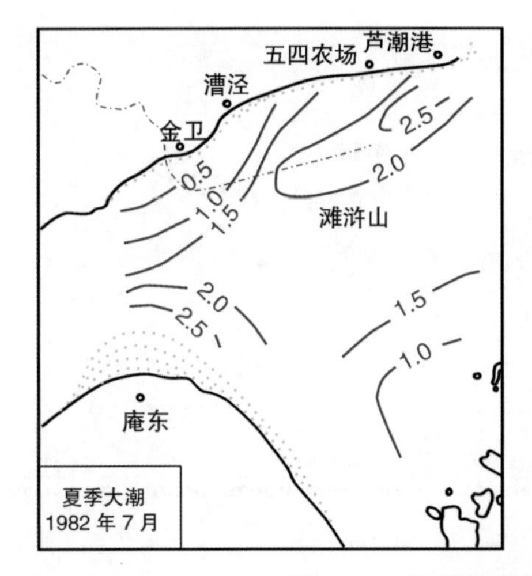

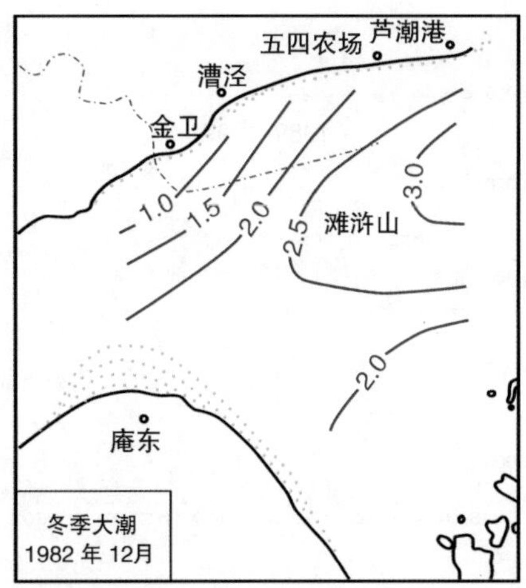

图 4.88　杭州湾悬沙平面分布(kg/m³)

杭州湾是强潮海湾,潮流是泥沙输移的主要动力,不仅湾内交换频繁,而且通过杭州湾口与外海的交换数量巨大。根据 1982 年上海市海岸带调查实测资料计算统计,经杭州湾断面进出杭州湾潮量和输沙量统计如表 4.37。

表 4.37　杭州湾断面潮量和沙量进出统计

日　期	涨　潮		落　潮		输沙净进出(万吨)
	潮量(亿 m³)	沙量(万吨)	潮量(亿 m³)	沙量(万吨)	
1982.7.21 大潮	366	5 100	367	6 200	净出 1 100
1982.12.16 大潮	337	8 222	324	7 330	净进－881
1982.12.8 小潮	211	3 074	210	2 703	净进－371

(引自上海市海岸带调查报告 P.39)

上表表明全潮进出杭州湾的潮量约 210～370 亿 m³,沙量约 2 700～8 200 万吨,即每天随涨落潮进出杭州湾的泥沙量可达 1 亿吨左右,净进或净出沙约 300～1 000 万吨,占总输沙量 5%～10%。表明杭州湾泥沙交换强烈,数量亦大,夏季为出沙期,冬季为进沙期。从湾内潮流场分布和泥沙分析,杭州湾北岸以进沙为主,南岸以出沙为主,可谓大进大出。通过年内区域间和季节性的调整,湾内外输沙量虽然大,但基本上能达到动态平衡,致使湾内大部分海床区历史上除沿岸及岛屿区外，地形冲淤总体处于相对平衡状态，并未有大冲大淤的现象存在（图4.89）。

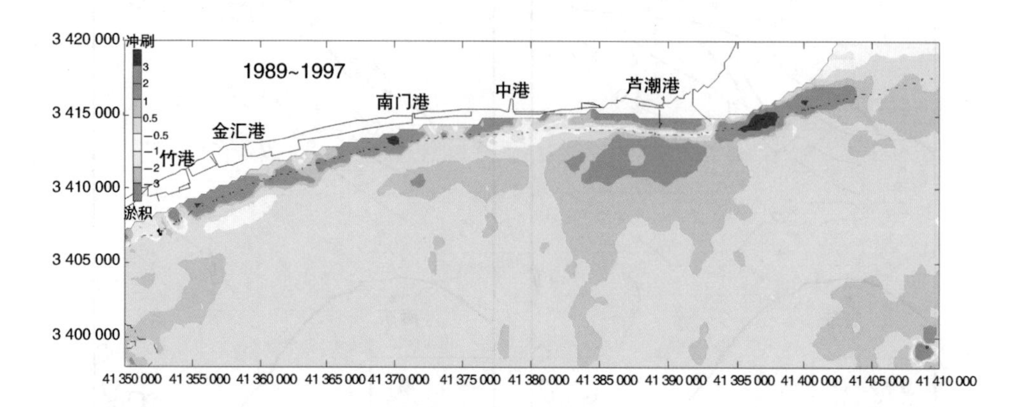

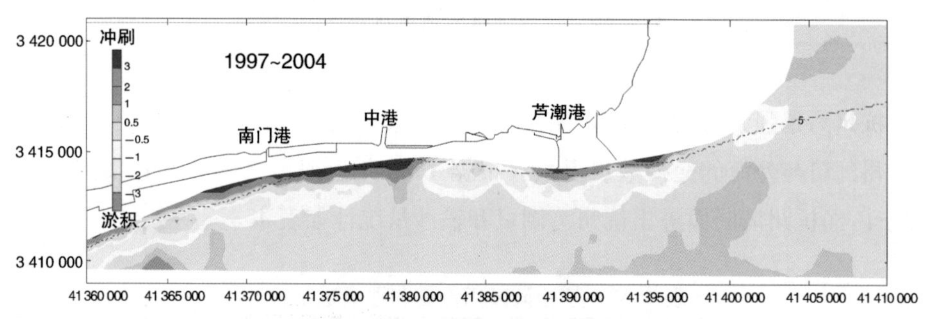

图 4.89　杭州湾冲淤趋势

第5章
涉水工程影响

20世纪50年代以来，在长江口、杭州湾北岸进行了多次规模较大的促淤圈围工程。例：50年代后期的通海沙、江心沙围垦及堵汊工程，60至70年代的崇明西部和北部上段的老白茆沙、永隆沙等围垦工程，金山石化一～六期围垦（1972－1989），上海漕泾化工区围垦（1996－2005），南汇人工半岛工程（1994－2004），浦东国际机场东扩工程（1995－2009），以及南汇东滩一～五期（1999－2004），横沙东滩一～四期（2002－2008），崇明北沿一～三期（2001－2009）等促淤圈围工程。这些工程实施后对上海经济社会发展所起的贡献是众所周知的，但工程实施后对河势变化、航道稳定、滩涂冲淤的作用需要加以总结，为“十二・五”及以后本市滩涂资源开发利用与保护提供借鉴。

5.1 徐六泾河段

在徐六泾节点形成之前，徐六泾河段江面宽达13 km，两岸对水流的约束作用小，深槽摆动不定，明显影响到白茆沙及南北港分流口河段的河势稳定。从1958年起，通海沙和江心沙先后围垦成陆，并于1970年筑坝封堵江心沙北水道，江面宽度由13 km缩窄至5.7 km，深泓摆动的幅度由6.2 km减小到1.3 km，由此形成徐六泾人工节点。

徐六泾人工节点形成后，一方面增强了对节点下游河势的控制作用，徐六泾上游澄通河段河势变化和主流摆荡对南支河段河势演变的影响逐渐减弱；另一方面，通海沙和江心沙围垦并靠江苏海门后，长江主流与北支上口的分流角加大，接近直角，北支进流条件恶化，分流比由1915年的25%减至1958年的8.7%，大潮期水沙倒灌南支。北支河段自1958年以来已演变为涨潮流占优势的河槽，河道中暗沙淤涨淤高，河槽淤积萎缩。

20世纪90年代，北支上段圩角沙群的圈围(图5.1)，进一步恶化了北支的进流条件，加剧了北支的潮波变形，加速了北支淤积萎缩过程，进入北支的径流量明显减少，近几年北支分流比在5%以下。

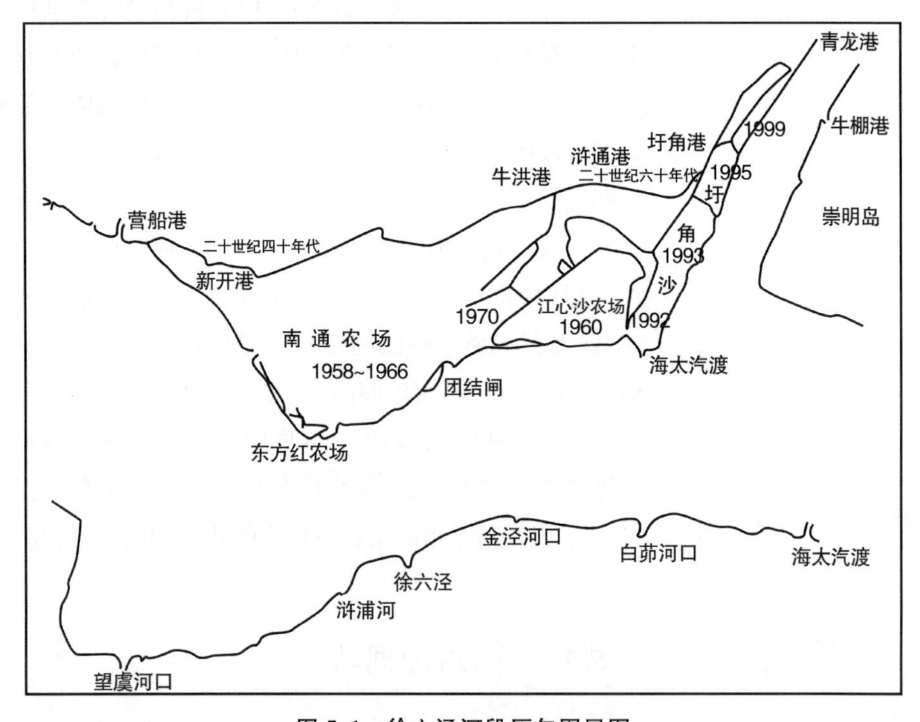

图5.1 徐六泾河段历年围垦图

5.2 崇明北沿围垦工程

自徐六泾节点形成以后，进入北支的径流量不断减少，受涨潮流作用增强及科氏力对水流运动的影响，导致北支深泓线靠北岸，崇明北沿边滩不断向北淤涨。据统计，1958－1978 年是北支历史上淤积最快的时期，围垦工程集中在崇明西部和北部上段，造成北支河道形态上逐渐成为喇叭形河口，特别是 1968 年永隆沙围垦，1975 年永隆沙南汊堵坝促淤并靠崇明岛，河宽从 12 km 束狭至 4.5 km，喇叭状河道更加明显，潮汐作用进一步加强，加速了北支淤积萎缩过程(图 5.2)。

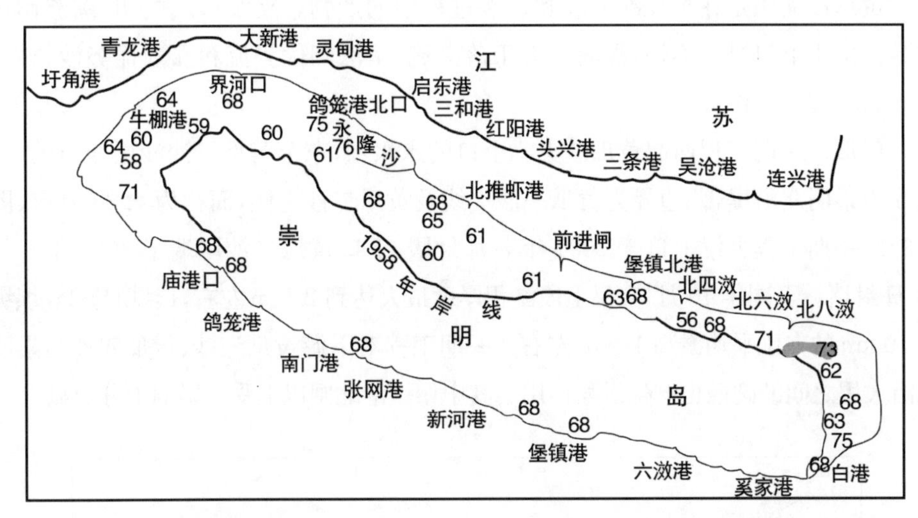

图 5.2　崇明北沿围垦工程进展(1959－1976 年)(图中数字为围垦年份)

崇明岛西端的绿化乡、跃进农场，北沿的新海、红星、长征、东风等农场以及新村乡、崇明东平森林公园所在地原为一片芦苇滩，是在 20 世纪 60 至 70 年代围垦后兴建起来的。1958 年至本世纪初，江苏海门、启东、上海崇明总围垦滩涂面积 66.3 万亩(合 442 km^2)。

5.2.1　崇明北沿中、下段促淤圈围工程

根据北支河道演变趋势、影响因素及社会经济的发展要求，长江委确定了北支综合整治的四大目标：减轻或消除北支水沙盐倒灌南支，为南支淡水资源的开发利用创造有利条件；减缓北支淤积萎缩速率；逐步改善北支通航条件；综合整治，合理开发北支滩涂资源。在此目标下，长江委提出了北支近期治理工程措施，主要包括北支中下段河道缩窄工程、护岸工程、北支上段疏浚工程等。最近几年实施北支中缩窄工程(水利部长江水利委员会，2008)。

(1) 崇明北沿一期工程(黄瓜沙一期工程)

黄瓜沙位于永隆沙下游。永隆沙于1968年围垦,1975年南汊堵坝,与崇明岛相连。随着永隆沙的围垦并岸,黄瓜沙得以迅速淤涨,至2000年,黄瓜沙东西长18.6 km,南北向最大宽度2.4 km。

黄瓜沙夹泓是在黄瓜沙形成和发展过程中的产物。夹泓形成之初,潮流作用强劲。由于上口过流不畅,涨潮流大于落潮流,呈涨潮优势流和涨潮优势沙,夹泓处于淤积衰亡之中。

黄瓜沙一期工程西起黄瓜沙夹泓上口的永兴坝,东至黄瓜二沙沙尾四通港,南边界为崇明北沿堤,北边界为黄瓜一沙堤线及黄瓜二沙南侧,面积为4.88万亩(图5.3)。一期工程夹泓上口于2001年5月封堵,下口黄瓜二沙尾端于2003年6月30日封堵。至同年10月,夹泓上段淤积厚度最大达到2.5 m左右,1#坝与2#坝纵长10 km的夹泓平均淤高1.5 m左右。一期工程对下游黄瓜三沙、黄瓜四沙与崇明北沿大堤之间的副槽也产生淤积作用。其中堡镇港北闸以上受其影响十分明显。

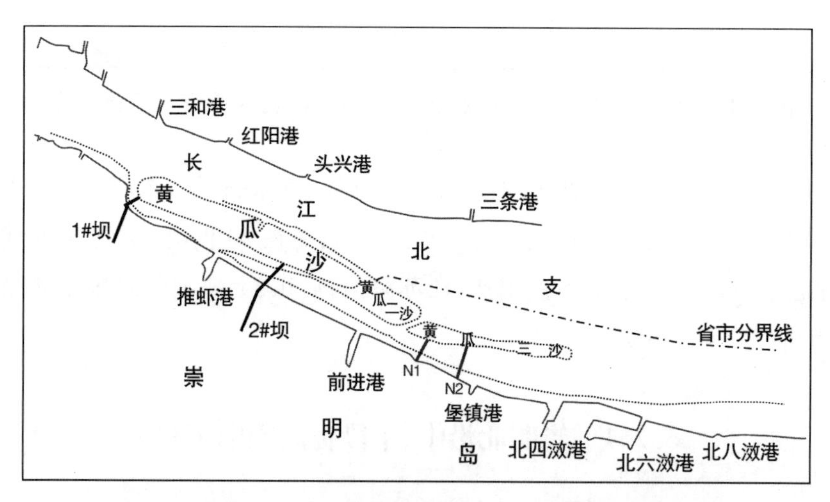

图5.3 崇明北沿一期促淤工程及N1、N2断面位置示意图

断面N_1位于堡镇港北闸与前进闸的中间,反映了黄瓜三沙与崇明北沿大堤之间夹泓自1990—2005年处于不断向北淤积之中,1990年最大水深达5.0 m,2003年接近2.0 m,最大淤积厚度为3.0 m,年均淤高0.23 m,2003年至2005年,夹泓最大淤积3.2 m,年均淤高1.6 m,淤积速率为自然状态下的7倍(图5.4)。同时黄瓜三沙与三沙北侧的无名沙滩顶高程在2003—2005年期间,分别淤高了1.6 m、

0.8 m。断面 N_2 在堡镇港北闸上侧，图 5.5 表明一期工程后崇明北沿边滩向北淤涨速度加快 4 倍，2001－2003 年，0 m、+1.0 m 线分别北移 200 m、150 m，2003－2005 年，0 m、+1.0 m 线分别北移 900 m、600 m。

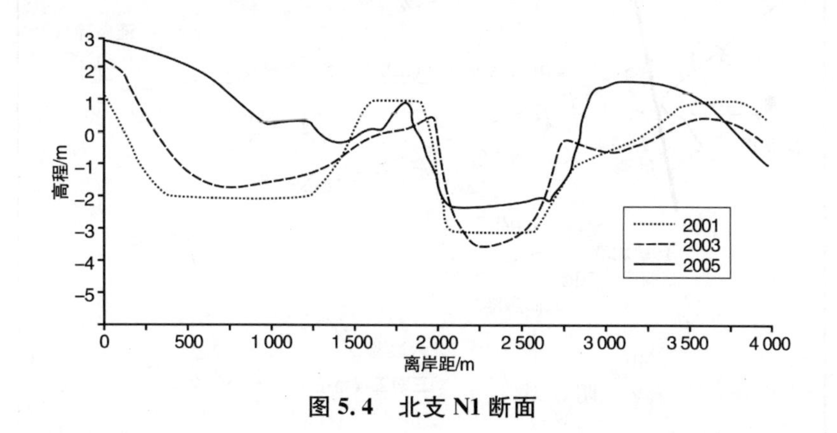

图 5.4　北支 N1 断面

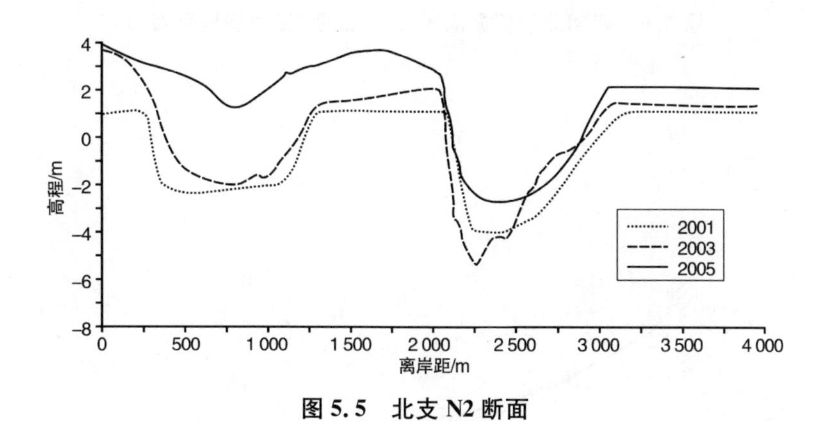

图 5.5　北支 N2 断面

(2) 崇明北沿二～四期工程

崇明北沿中、下段促淤工程总面积约 22.31 万亩，整个工程分一～四期实施，其中一期工程（又称黄瓜沙一期）已于 2003 年完工。二至四期工程从四通港至东旺沙水闸西侧，面积为 17.43 万亩（图 5.6）。

上海市滩涂造地有限公司根据北支中缩窄方案，2005－2006 年期间，在四通港至五通港之间实施二期一阶段（黄瓜三沙）促淤圈围工程，促淤面积 1.82 万亩（图 5.7）。促淤工程实施之前，黄瓜三沙与崇明北沿大堤之前的夹泓水深为 2.0～

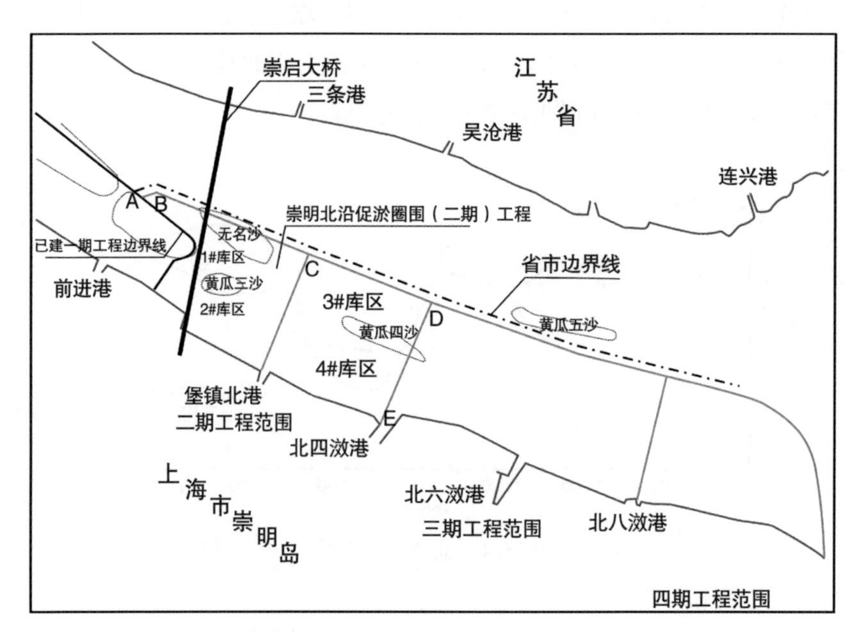

图 5.6　崇明北沿促淤圈围(二～四期)工程规划平面图

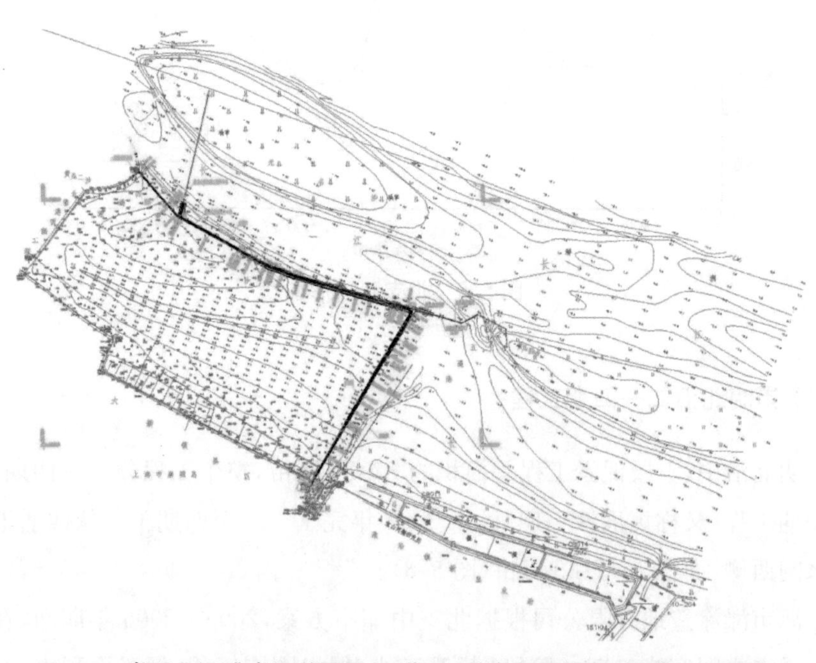

图 5.7　崇明北沿滩涂促淤圈围(二期)一阶段平面图(四通港—五通港)

3.0 m，目前围堤内滩涂高程普遍在+2.5～+3.5 m（上海吴淞高程）之间，夹泓淤积厚度达4.0 m以上。2008年开始，该公司在北六滧至北八滧之间实施三期促淤圈围工程，促淤面积1.12万亩（图5.8）。促淤工程遵循由西向东、由南往北的基本原则。

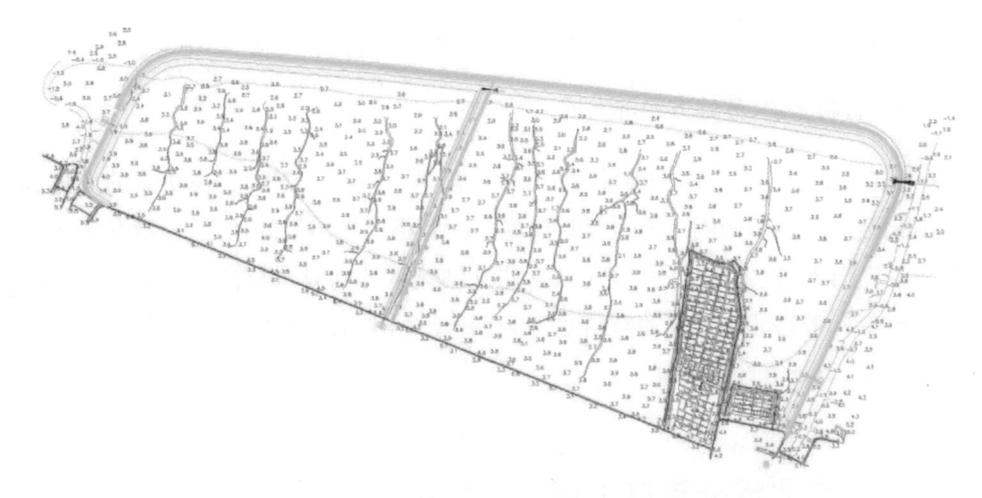

图5.8　崇明北沿滩涂促淤圈围（三期）平面图（北六滧—北八滧）

5.2.2　工程影响分析

(1) 北支中缩窄规划方案顺应北支中、下段河势自然演变趋势

北支中缩窄工程规划方案目前尚在实施之中，二～四期工程北侧围堤线从新隆沙北堤沿省市边界线南侧朝东南向延伸，直至东旺沙水闸西侧，与崇明北沿堤呈平行，与上游河段形成较为平顺的河道平面形态，促使缩窄段河槽涨落潮流向与围堤基本趋于一致，有利于维持河势的稳定，也有利于提升北支北汊的通航能力和岸线航道的利用率。

(2) 已建工程起到了加速淤积成陆的作用

通过对北支历史演变过程、本世纪初实施的黄瓜沙一期工程对其下游河道产生淤积影响的实际情况，以及2005－2008年实施的崇明北沿二期、三期促淤圈围工程产生的促淤效益的分析，表明已建工程起到了加速淤积成陆过程的作用。

目前，黄瓜三沙（原黄瓜三沙北侧的无名沙已与三沙合并）、黄瓜四沙已淤涨成沙洲，高程在+3.0 m以上，有的滩面高程达+4.0 m左右，生长着互花米草及少量芦苇。黄瓜五沙及顾园沙因位于北支口门、口外，受风浪影响明显，沙体淤涨缓慢，五沙滩顶高程在+2.0 m左右，顾园沙滩顶高程多在+2.0 m以下。

(3) 有利于沪、苏地方经济发展

北支中缩窄工程可圈围滩涂22万亩。随着沪—崇—苏大交通功能的发挥和崇明岛经济的发展，圈围的土地及新建的“北湖”将产生明显的社会、经济和生态效益。北支下段河宽缩窄近一半，在减少北支纳潮量的同时，也将减少海域来沙量，有利于维持、改善北支北汊的航道水深，有利于海门、启东岸线航道资源的开发利用，促进沪、苏地方经济发展。

5.3 南北港分流口工程

历史资料表明，南北港分流口河段是长江口三个分汊河段中冲淤演变最为复杂的河段，具体表现为分流口沙体受冲后退、滩槽易位以及沙洲之间汊道更替。为此，为了稳定南北港分流口河势，结合长江口深水航道向上延伸以及水土资源的开发利用，上海市滩涂造地公司于2007年实施了中央沙圈围工程，交通部长江口航道管理局于2007年7月实施了新浏河沙护滩工程和南沙头通道（下段）潜坝限流工程。图5.9反映了工程前后的地形变化。

5.3.1 5 m等深线变化

新浏河沙头基本稳定，因淤积沙头上提约100 m，沙体南北两侧呈现冲淤变化，沙体北侧上段工程后受冲，5 m线南侵约100 m，沙体北侧下段淤涨，5 m线北移150～350 m，沙体南沿工程后受冲，5 m线北侵距离最大达280 m。

中央沙头略有后退，后退距离100 m左右，中央沙北侧稳定。

新桥沙沙头后退370 m，沙体南北两侧冲刷，南侧5 m线北退500 m，北侧5 m

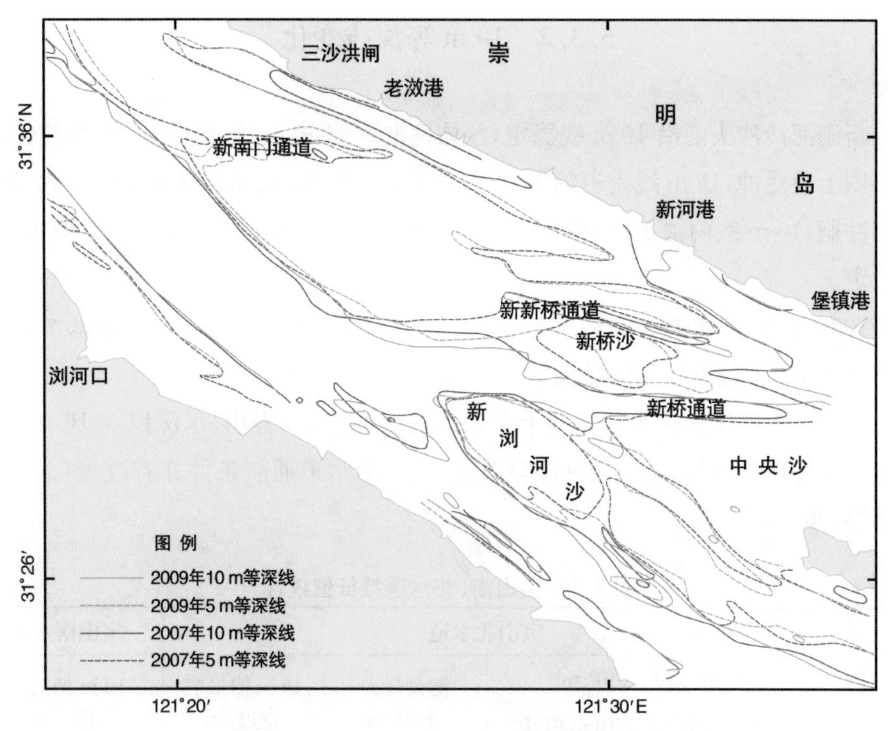

图 5.9 南北港分流口河段工程前后地形变化

线南移 100 m，沙尾向下移延伸 700～2 500 m。由于位于新桥沙上游的扁担沙南压，导致新新桥通道进口段水深由工程前的 5.7～9.7 m 变为工程后的 3.8～4.8 m，淤积了 2.0～5.0 m，5 m 槽中断，加大了新桥通道的落潮量，有利于新桥通道的刷深稳定。

南沙头通道（下段）随着新浏河沙和中央沙头的冲刷后退，部分泥沙落淤中央沙南侧，南沙头通道（下段）过水断面减小，同时，南沙头通道发生顺时针向偏转，泄水不畅，1992－2001 年通道处于萎缩之中，2001 年 5 m 水深中断。但在 2002 年后，该通道又呈冲刷扩大态势，水流增强，不仅 5 m 水深贯通，而且 10 m 深槽伸入通道 1 200 m。在南沙头通道（下段）发展的同时，通往南港的宝山北水道和通往北港的新桥通道出现淤浅现象，影响到深水航道的通航水深。2007 年 10 月，南沙头通道（下段）实施潜坝限流工程后，通道水深明显减小，5 m 槽淤浅消失，新浏河沙尾与瑞丰沙咀连成一片。

5.3.2　10 m 等深线变化

新浏河沙沙头前沿 10 m 线稳定，沙体南北两侧 10 m 线变化与 5 m 线相似，沙体北侧上段受冲，10 m 线南退约 100 m，北侧下段淤积，10 m 线外移约 200 m，沙体南侧冲刷，10 m 线内蚀 100～200 m。中央沙头受冲，10 m 线后退 300 m，中央沙北侧稳定。

2006 年底，受水流冲刷和人工挖砂影响，新浏河沙包 5 m 以浅水深基本消失，2008 年初，原沙包所在范围最浅水深已达 7.2 m。

宝山北水道作为深水航道向上游延伸的主通道，其容积、水深以及 10 m 槽最窄宽度等都得到增加，通航条件明显改善，宝山南水道通航条件亦有改善（表 5.1，金镠等，2009）。

表 5.1　宝山南、北水道特征值统计

时间	宝山北水道				宝山南水道
	河槽容积/$\times 10^6$ m^3		测量最大水深/m	10 m 槽最窄宽度/m	10 m 槽最窄宽度/m
	10 m 以深	10 m 以浅			
2006－02	10.49	0.46	16.0	365	391
2007－02	9.2	0.89	18.1	446	414
2007－11	17.17	0.63	18.7	613	619
2008－02	17.85	1.36	20.5	954	670
2008－05	17.45	1.34	19.9	841	477

新新桥通道进口段上游，10 m 线南移了 200 m，反映了南沙头通道（上段）主流有所南偏，经南沙头通道至新桥通道的流路通畅，新桥通道顺直，有利于落潮流加强，10 m 槽平均宽度由 2006 年的 500 m 拓宽至 2009 年的 700 m，新桥通道下段水深普遍刷深 2.0 m 以上，10 m 槽与北港贯通。受南沙头通道（上段）主流南压影响，新新桥通道进口段与南沙头通道夹角过大，处于淤浅状态，2009 年进口段 5 m 槽中断。

由此可见，南北港分流口河段整治工程实施后，在河势控制方面取得了明显效果。具体反映在：中央沙和新浏河沙沙头后退得到有效遏止；宝山北水道的水深和 10 m 槽最窄处宽度增加，通航条件得到明显改善，宝山南水道通航条件亦有改善；

南沙头通道与新桥通道夹角减小，泄流更为顺畅，新桥通道水深增加，轴线稳定；新新桥通道萎缩，进口段淤浅，5 m 槽消失；南沙头通道(下段)淤浅，5 m 槽消失，新浏河沙尾与瑞丰沙咀连成一体。

新浏河沙为南北港分流沙洲，作为长江河口的二级分汊口，对南北港河势稳定起着关键作用。工程后，新浏河沙在护滩工程保护下趋于稳定淤涨。建议采取适度的促淤圈围工程，增加沙洲高程。近 2 万亩(2 m 水深以浅面积)后备土地资源可作为上海市政建设、水、土资源等加以开发利用。

5.4 长江口深水航道治理工程

1998 年初，长江口深水航道治理工程开始实施。治理工程建筑物由南北导堤(堤顶高程为 +2.0 m，上海吴淞高程)、分流口潜堤、南线堤和丁坝群组成，辅以疏浚措施开挖形成维护 12.5 m 深水航道(图 5.10)。

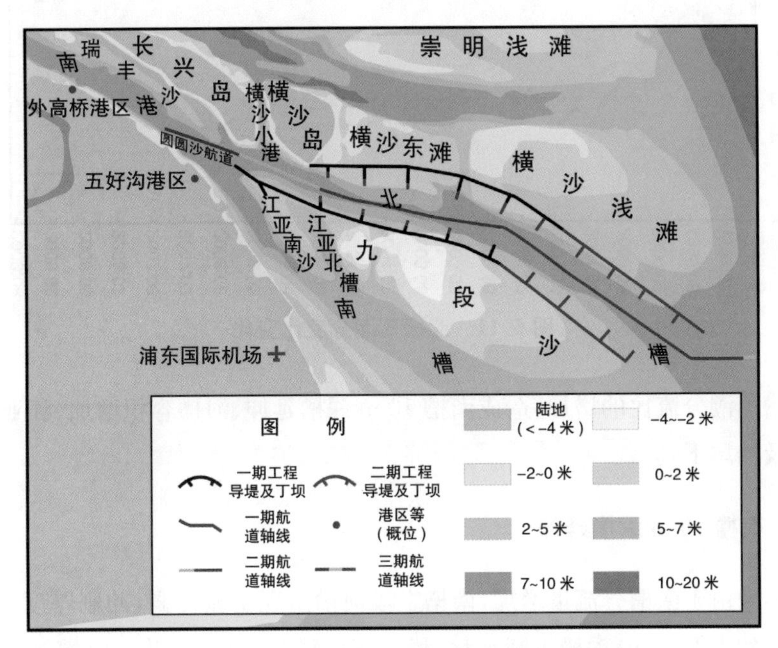

图 5.10 长江口深水航道治理工程示意图

长江口深水航道治理工程建筑物施工自 1998 年 1 月至 2004 年 12 月基本完

工，2006 年实施的三期工程主要以疏浚为主。长江口深水航道治理工程的实施，改变了江亚南沙沙头、九段沙沙头及九段沙北侧的边界条件，影响了九段沙湿地局部水域的水流场和泥沙场的运移特性，起到了堵汊、挡沙、导流的作用，凸显了航道治理工程对九段沙湿地的冲淤效应（谈泽炜等，2011）。主要表现在以下几个方面。

5.4.1 南北槽落潮分流比变化

1999 年 3 月之前，北槽上断面落潮分流比约占南北槽的 60%～62%。1999 年 3 月后，随着北槽南北导堤和丁坝群的施工，江亚北槽和九段沙串沟被封堵，北槽过水断面缩窄，水流阻力加大，逼使部分水流进入南槽，北槽落潮分流比减小，南槽落潮分流比增加至 60%左右（图 5.11）。

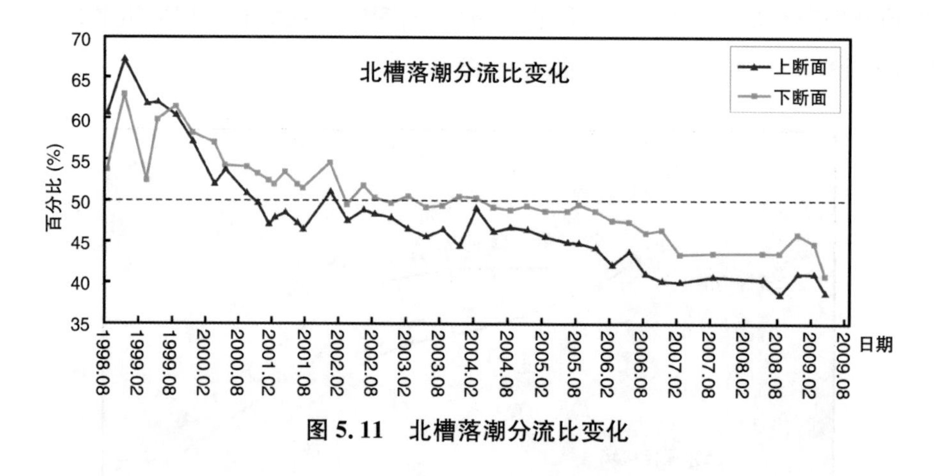

图 5.11 北槽落潮分流比变化

南槽落潮分流比的增加，造成南槽 10 m 深槽延伸、河槽容积增加、江亚南沙南侧受冲及沙尾下延。

(1) 南槽 10 m 深槽延伸

近年来由于南槽分流量增加，南槽上段河槽出现明显冲刷，冲刷厚度达 3.0～4.0 m，导致南槽 10 m 深槽不断下移，增加了南槽深水岸线，并对南槽航道的开发有益。1998 年 3 月至 2009 年 1 月，10 m 槽下移了 12 800 m，年均下移 1 191 m，已移到三甲港以东 3 km 处（图 5.12，表 5.2）。

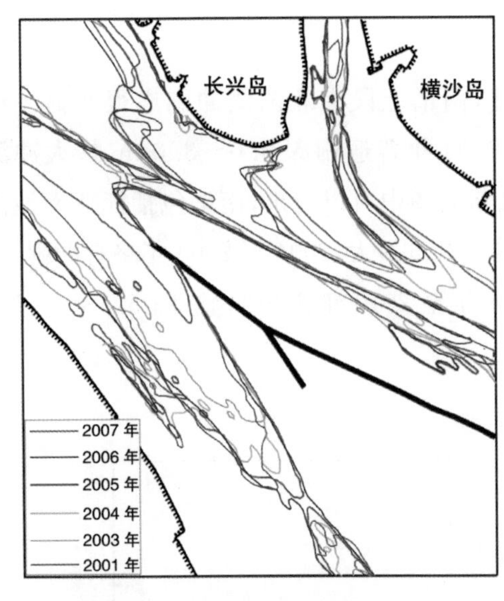

南槽 10 m 深槽变迁(2001—2007 年)

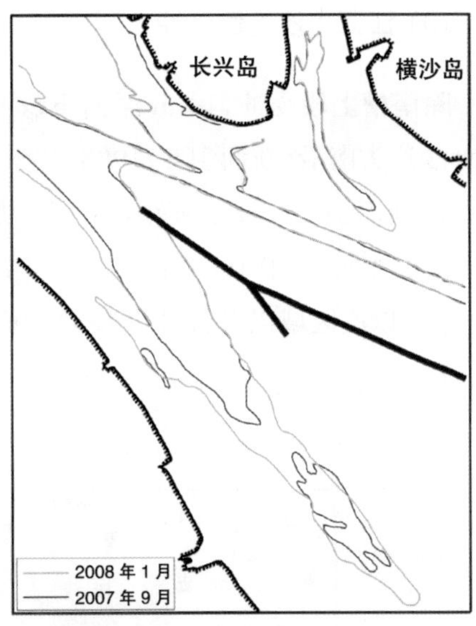

南槽 10 m 深槽变迁(2007. 9—2008. 1)

图 5. 12　南槽 10 m 深槽变化

表 5. 2　南槽 10 m 槽尾部下移距离

时间	**10 m 槽下移距离(m) (以 1998 年 3 月 10 m 槽尾部为起点)**	**年均下移距离 (m/a)**
1998. 3—2001. 7	2 750	833
2001. 7—2003. 11	2 900	1 261
2003. 11—2005. 11	1 850	925
2005. 11—2007. 4	4 500	3 214
2007. 4—2009. 1	800	457
1998. 3—2009. 1	12 800	1 164

(2) 南槽容积变化

南槽上段主槽普遍冲刷,河槽容积增加。据统计,2004 年 5 月—2009 年 5 月,南槽进口段、上段 5 m 以下容积分别增加了 800 万 m^3、3 520 万 m^3,平均水深分别增加了 0. 77 m、0. 34 m。南槽总的变化趋势是上冲下淤。

(3) 江亚南沙南侧受冲

除南槽上段受冲,10 m深槽下移外,南槽上段南北两侧冲刷亦很明显。江亚南沙沙头南沿(断面JD1)1998年至2004年普遍刷深2.0～3.0 m,最大冲深4.0 m;断面JD2位于江亚南沙中段,从断面图中可以看出,南槽包括江亚南沙南沿皆出现冲刷,其中1998年至2004年冲刷幅度最大,2004至2008年略有冲刷,而2 m水深以浅区域以及江亚北槽自1998年至2010年淤积明显(图5.13、5.14、5.15)。

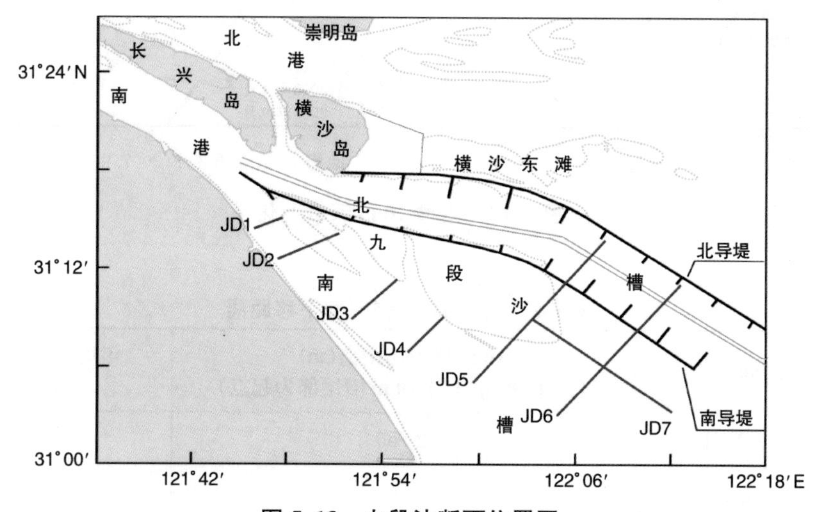

图5.13　九段沙断面位置图

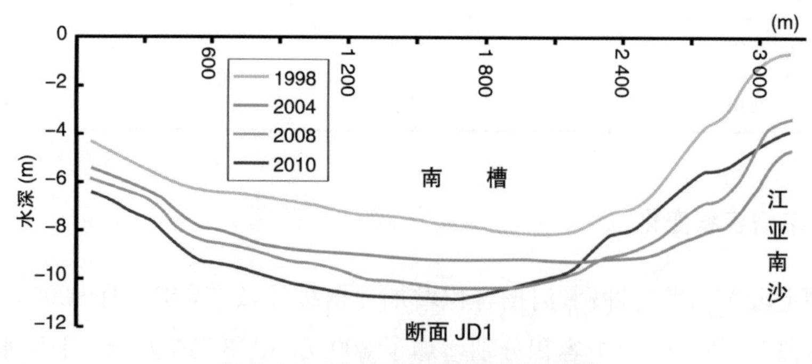

图5.14　JD1(江亚南沙)断面冲淤

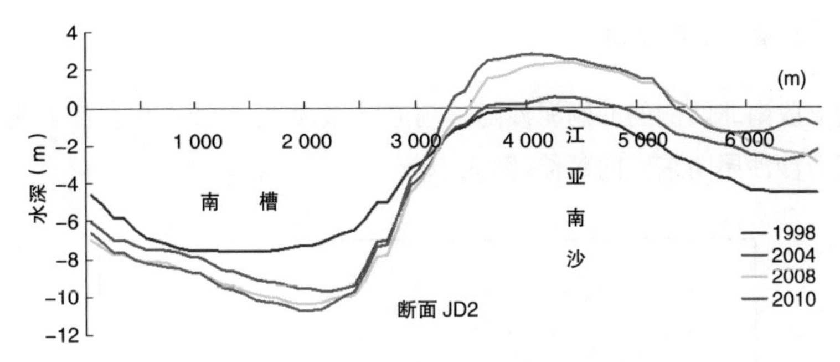

图 5.15 JD2(江亚南沙)断面冲淤

(4) 江亚南沙面积

1986 年,江亚南沙 5 m 槽与南槽贯通,江亚南边滩变为江心沙洲。当时滩顶高程为 0.4 m,平均水深 2.5 m(理论基面),为水下浅滩。1997 年,滩顶高程淤涨至 1.4 m。长江口深水航道治理工程实施后,遏制了江亚南沙沙头后退,2009 年滩顶高程达 3.3 m。

1986 年江亚南沙 5 m 水深以浅面积达 48.7 km^2,1989 年有所缩小,但高程在增加。1998 年深水航道工程实施后,0 m、2 m 水深以浅面积快速增加,但 2007 年后增长缓慢,基本上处于平衡状态。2009—2012 年,沙体高程有所增加(表 5.3)。

表 5.3 江亚南沙面积统计(单位:km^2)

年份	0 m 线以上	2 m 水深以浅	5 m 水深以浅	备注
1986		19.3	48.7	
1989	2.9	28.0	36	
1994	3.5	24.5		江亚航槽 5 m 线中断
1997	6.4	22.9		
2001	12.1	23		
2003	15.4	28.5		
2007	15.2	34.8		
2009	17.7	35.9		
2012	21.4	37.5		

(5) 江亚南沙沙尾下延

南槽上段南北两侧的冲刷泥沙随落潮流下移，部分泥沙堆积在江亚南沙沙尾，造成江亚南沙沙尾向东南向延伸(图 5.16)。

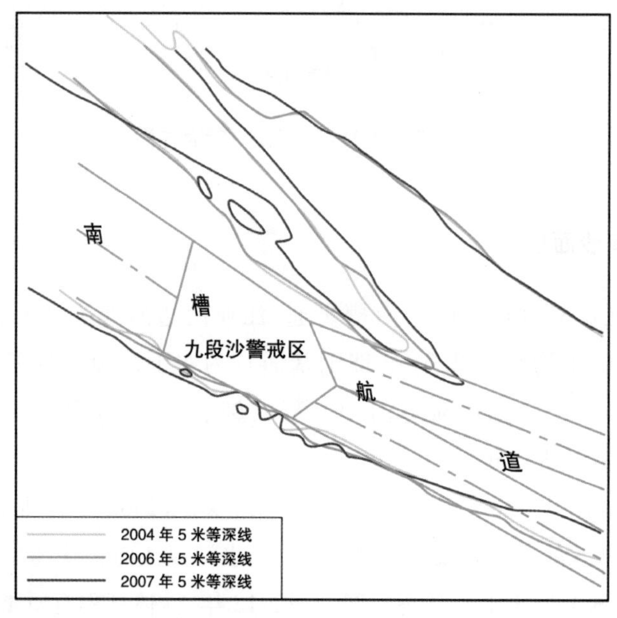

2004—2007 年

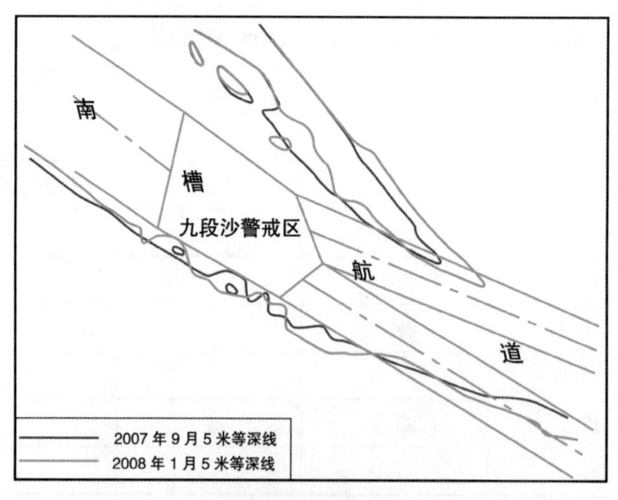

2007—2008 年

图 5.16　江亚南沙沙尾下移

1997－2001 年，江亚南沙 5 m 等深线下移 7 000 m，年均下移 1 750 m，2001 年 5 月沙尾 5 m 线进入南槽自然航道北侧；2001－2003 年，5 m 线下移 870 m，年均下移 435 m；2003－2005 年，5 m 线下移 2 500 m，年均下移 1 250 m；2005－2007 年，沙尾下移速度较慢，年均下移 335 m；2007 年 1 月－2009 年 1 月，沙尾下移速度又加快，年均达 1 060 m；2009 年 1 月至 2011 年，沙尾又下延了 3 400 m，年均下延 1 130 m。

1997－2011 年，江亚南沙沙尾 5 m 等深线向下游延伸了 16.56 km，年均下延 1 183 m(表 5.4)。江亚南沙尾部连续朝东南方向下延，造成南槽航道北侧水深变浅，不利于南槽的开发利用，建议这部分泥沙作为南汇咀控制工程吹填用砂砂源地。

表 5.4 江亚南沙沙尾 5 m 等深线下移距离统计

时间	沙尾下移距离(m)	年均值(m/a)
1997－2001.2	7 000	1 750
2001.2－2003.2	870	435
2003.2－2005.1	2 500	1 250
2005.1－2007.1	670	335
2007.1－2008.1	1 000	1 000
2008.1－2009.1	1 120	1 120
2009.1－2011	3 400	1 700
1997－2011	16 560	1 183

5.4.2 江亚北槽

鱼咀工程的主要作用是固定了江亚南沙沙头，使其不再因受冲刷而后退，从而稳定南港北槽河势。鱼咀工程和南导堤拦截了进入江亚北槽的落潮流，加速了江亚北槽的淤浅缩窄过程(图 5.17)。

随着江亚南沙向东偏北淤涨和沙尾下延，江亚北槽朝西北—东南向移动，在移动过程中，槽宽束狭，槽的长度增加。1997 年至 2009 年 1 月，江亚北槽上段北

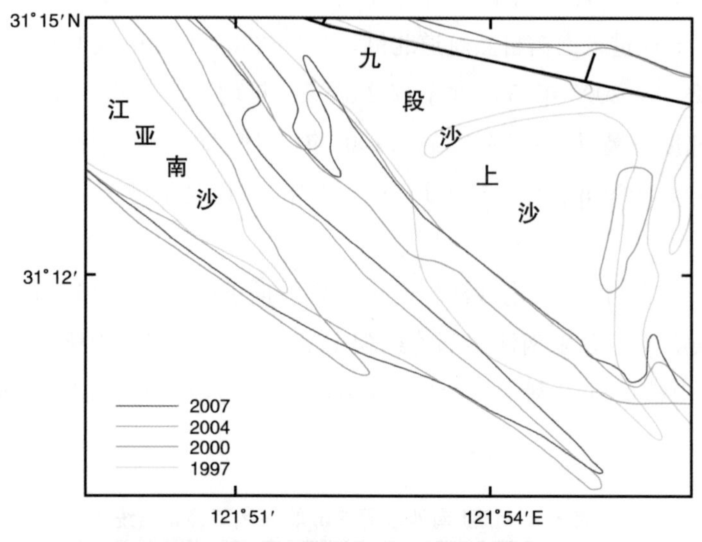

图 5.17 江亚北槽 2 m 等深线变化

移 1 500～2 000 m，最宽处由 2 000 m 缩窄至 1 000 m，随着江亚南沙沙尾下延，江亚北槽长度由 12 500 m 延伸至 21 600 m，12 年间增加长度 9 100 m。

北槽南导堤封堵江亚北槽后，其水流泥沙运动特性、河槽性质、演变趋势是我们所关心的，为此，根据实测资料作一分析。

2006 年 6 月至 2007 年 5 月在上沙码头每天测四次表层水样（分别为高、低潮位、涨、落潮中潮位）。通过一年监测资料，年含沙量平均值为 0.64 kg/m³，最高值为 4.57 kg/m³，最低为 0.03 kg/m³，6 月最小，为 0.17 kg/m³。具有大潮大于小潮、冬季大于夏季、风浪大含沙量高和年内变幅大等特点。

根据 2006 年洪、枯季在九段沙码头前沿定点 26 个小时的连续观测资料计算结果表明，洪季在一个潮周日内向上净输泥沙 89 吨，枯季为 57 吨。洪季观测期间天气好，风小，冬季观测期间遇冷空气南下影响，风大，含沙量高，但向上的净输沙量洪季仍高于枯季，反映了江亚北槽洪季淤积量大于枯季（李平，2008）。

江亚南沙沙尾的不断下移，导致江亚北槽同步向下延伸，"外沙内泓"现象凸显，造成九段沙上沙南沿芦苇滩不断侵蚀后退。据 2006 年现场监测，月最大崩坍后退距离达 1.6 m 以上，年均后退 11.5 m。另据 2013 年 4－9 月的现场勘测，上沙南沿芦苇高滩月均坍塌距离达 1.4～14.1 m，冲刷强度不断增加，冲蚀陡坎高度为 1.2～1.8 m（照片 5.1）。

照片 5.1　九段沙上沙南沿陡坎

（上图 2006 年摄，下图 2013 年摄）

从照片 5.1 的坍塌地形上可以清楚地看出，前后两张照片有明显差异。前者冲刷地形较为平滑，层次感清晰；后者冲刷地形参差不齐，带有芦苇根的新鲜泥块杂乱地滚落在陡坎前沿。

5.4.3 江亚南沙串沟

长江口深水航道治理工程兴建引起局部水域水沙条件改变，江亚南沙串沟就是工程建成后出现的地貌现象。

2003 年，在鱼咀工程的南线堤堤头下侧，2 m 等深线与 1997 年相比，内蚀 870 m，到了 2004 年，形成 2 m 串沟。2005 年串沟上口宽 625 m，最大水深 4.1 m，同时在 2 m 串沟下口，南导堤南侧出现长约 2 000 m，宽约 200 m 的封闭型 5 m 槽。2007 年 2 m 串沟上口宽 870 m，5 m 封闭槽长 3 100 m，且 5 m 槽北侧 5 m 水深贴近南导堤。2009 年，5 m 槽缩窄，长度增加至 5 700 m，并且上段 2 500 m 长的 5 m 等深线越过南导堤，不利于南导堤堤身的稳定。

南导堤和鱼咀工程有效地遏止了江亚南沙沙头和九段沙沙头的冲刷后退，封堵了江亚北槽，使江亚北槽涨潮流加强，先涨先落现象凸显。工程后南槽分流比增加，落潮流增强，造成江亚南沙南北两侧水位差，落潮时南侧水位高于北侧，加之 2 m 串沟处原滩面较低，阻力小，有利于形成串沟。

江亚北槽内的 5 m 槽是江亚南沙 2 m 串沟的派生现象。5 m 槽的存在不利于南导堤的稳定和江亚北槽的淤浅。建议采取工程措施，封堵江亚南沙 2 m 串沟。

5.4.4 九段沙湿地面积

根据九段沙湿地面积统计，1997－2004 年期间变化最为剧烈。0 m、－2 m、－5 m 水深以浅面积 2004 年比 1997 年分别增加了 50.8 km^2、42.8 km^2、22.2 km^2，年均增加 7.3 km^2、6.1 km^2、3.2 km^2，反映了九段沙湿地在鱼咀工程和南导堤的堵汊导流挡沙作用下，不但面积大幅扩大，滩面高程也快速增加，2004 年后，九段沙湿地面积变化甚微(图 5.18，图 5.19)。

图 5.20 为 1998－2008 年冲淤图，可以看出，九段沙下沙水深 2 m 以上区域整体上以淤积为主，2～5 m 水深之间，略有冲刷。近十年来九段沙湿地总体呈现“长高不长大”的特点。

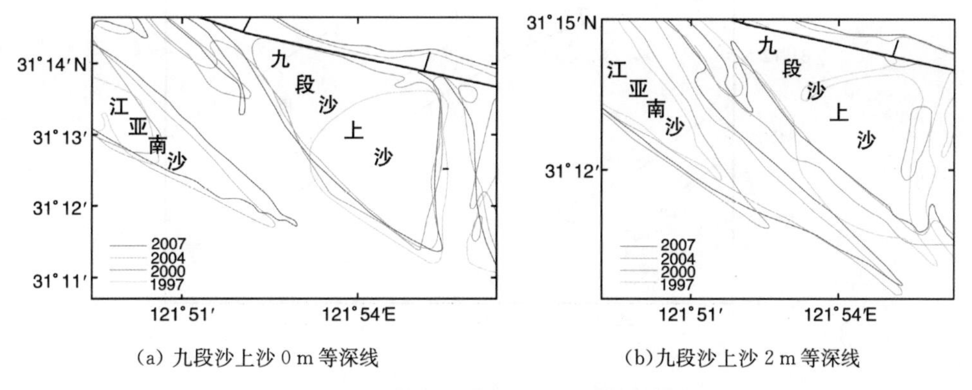

(a) 九段沙上沙 0 m 等深线 (b)九段沙上沙 2 m 等深线

图 5.18 九段沙上沙 0 m、2 m 等深线变化

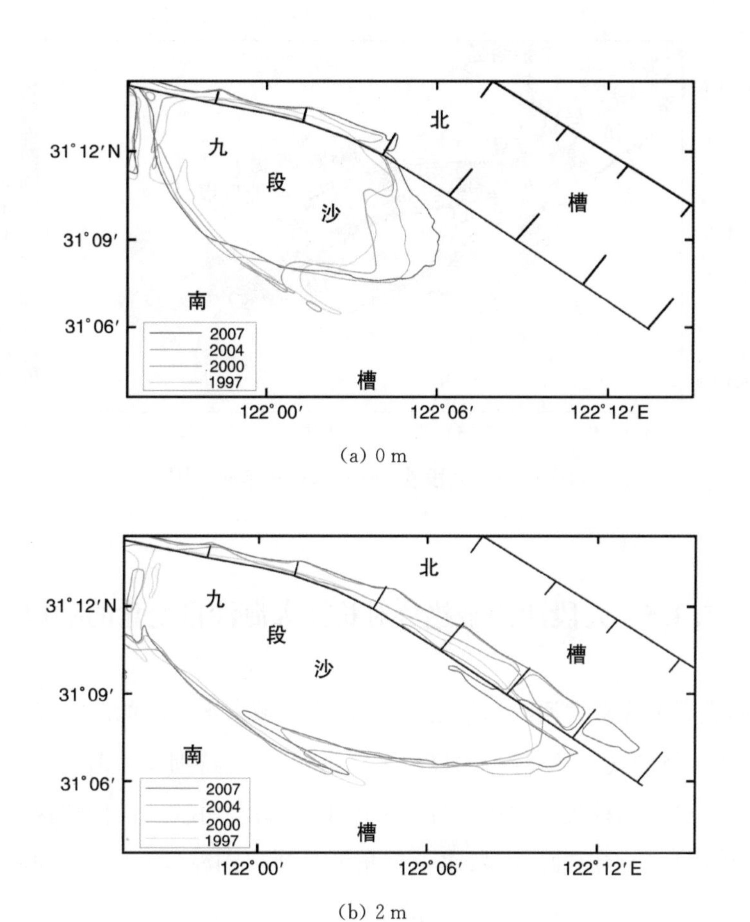

(a) 0 m

(b) 2 m

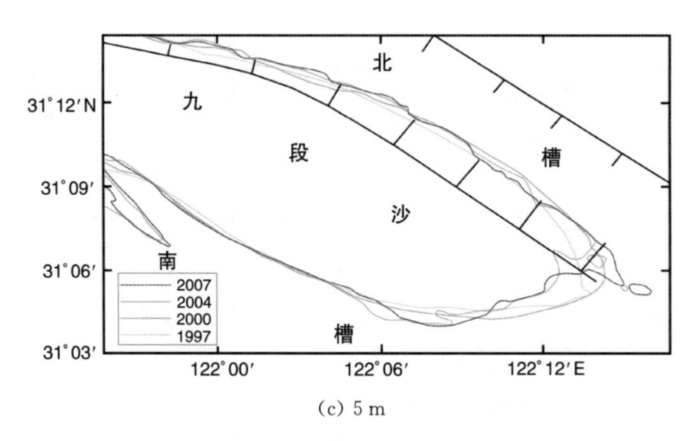

(c) 5 m

图 5.19 九段沙中、下沙 0 m、2 m、5 m 等深线变化

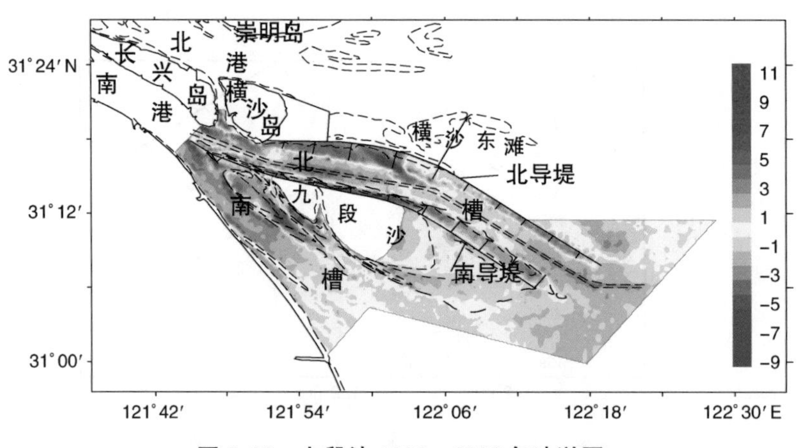

图 5.20 九段沙 1998—2008 年冲淤图

5.4.5 九段沙冲淤趋势对长江入海沙量变化的响应

目前,世界上许多大河的河口三角洲,由于流域来水来沙的改变导致不同程度的冲淤变化。例如埃及尼罗河,因修建了一系列大坝(特别是阿斯旺大坝)后,引起河口三角洲强烈蚀退,我国的黄河近年来由于入海泥沙锐减,而使快速淤涨的黄河三角洲前沿出现严重侵蚀。河口水下三角洲是河口潮滩发育扩展的基础,因此研究河口水下三角洲的冲淤变化,将有助于了解流域来沙量变化对其的响应程度,也有助于掌握河口潮滩的淤涨扩展或冲蚀缩小趋势。

半个世纪以来，长江入海年均径流量相对稳定，而入海泥沙量变化明显，所以长江水下三角洲的冲淤变化主要受流域来沙量的控制。为了解九段沙淤涨扩展趋势，根据有限数据，进行了初步研究。

所用海图分别由中国人民解放军海军司令部航海保证部(1958,1∶15万)、上海航道局(1976,1∶1万)、交通部上海海上安全监督局(1989,1∶12万)、中华人民共和国交通部安全监督局(1994,1998,1∶12万)、中华人民共和国海事局(2000,2001,2004,2007,1∶7.5万;2011,1∶8万)测绘，水深基准面为理论最低潮面。

在研究方法上采用了地理信息系统、数字高程模型以及人工神经网络，运用动力地貌学、泥沙运动力学理论对研究成果进行分析。

地理信息系统(Geographical Information System，简称GIS)，是以地理空间数据库为基础，在计算机软硬件的支持下，对空间相关数据进行采集、管理、分析、模拟和显示，并采用地理模型分析方法，适时提供多种空间和动态的地理信息，为地理研究和决策服务而建立起来的计算机技术系统。

数字高程模型(Digital Elevation Model，简称DEM)是数字地形模型(Digital Terrain Model，简称DTM)中的一种。DTM是空间数据库中存储、管理的空间地形数据集合的统称，是带有空间位置特征和地形属性的数字描述。一般GIS中的数据结构只具有二维的意义，高程是地理空间的第三维坐标。我们采用GIS与DEM相结合，建立水深数字地形库，绘制地形冲淤图，在此基础上进行冲淤分析。

人工神经网络(Artificial Neural Networks，简称ANN)既是一个非线性动力学系统，又是自适应组织系统，可用来逼近及模拟复杂的自然系统。神经网络系统具有集体运算的能力和自适应的学习能力，还具有很强的容错性和稳健性，善于联想、综合和推广。

BP神经网络是一种多层前馈神经网络，即误差反传训练算法，其中第一层称输入层，最后一层为输出层，中间层为隐含层。在前向传递中，输入信号从输入层经隐含层逐层处理，直至输出层。每一层的神经元状态只影响下一层神经元状态，如果输出层得不到期望输出，则转入反向传播，根据预测误差调整网络权值和阈值，从而使BP神经网络预测输出不断逼近期望输出。

神经元是神经网络最基本的组成部分，其模型可以表述为

$$y = f(\sum_{i=1}^{R} x_i w_i + b)$$

其中 $x_i(i=1, 2, \cdots, \mathbf{R})$ 为神经元输入,$W_i(i=1, 2, \cdots, \mathbf{R})$ 代表神经元之间的连接权值,b 为阈值,f 为传递函数(或激励函数),y 为神经元输出。

传递函数 f,常用的有线性传递函数 purelin 和正切型传递函数 tansig,表达式如下:

tansig 函数 $y=\frac{2}{1-\mathrm{e}^{-2x}}-1$

purelin 函数 $y=x$

根据九段沙发育演变规律,九段沙体朝东南方向延伸扩展,研究区域选择九段沙沙尾向东至 10 m 水深附近,面积约为 325 km² 的水下浅滩(图 5.21),选择的时间段为 1958－2000 年、2000－2004 年、2004－2007 年。

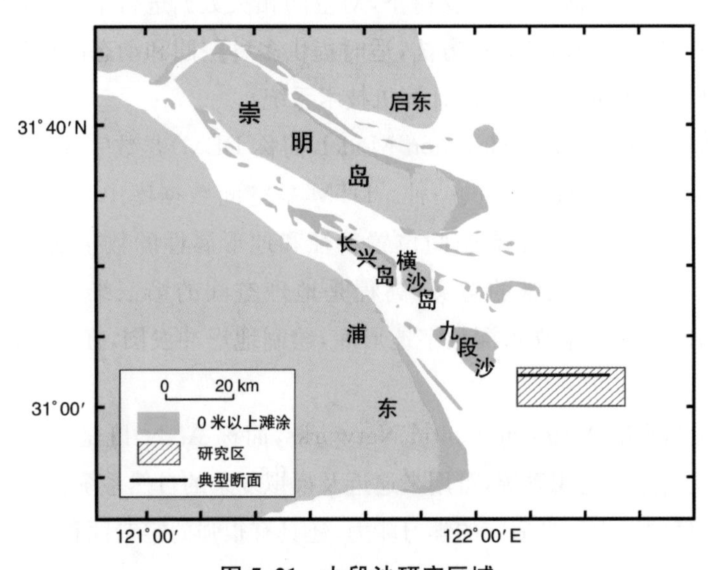

图 5.21　九段沙研究区域

由图 5.22 可知,1958－2000 年,研究区域均处于淤积状态,2000－2004 年,九段沙 5 m 等深线向海侧的水下浅滩处于冲刷中,北槽口门航道附近冲刷幅度较大;2004－2007 年冲刷区向东迁移,强度有所减弱。北槽口外冲刷范围扩大,冲刷强度增加,反映了北槽口门涨潮流加大,水流挟沙力增加,泥沙随涨潮流进入北槽,这主要由长江口深水航道工程引起的。在 1958－2007 年期间,研究区总体上仍以淤积为主,北槽下端刷深是深水航道工程所起的效应。

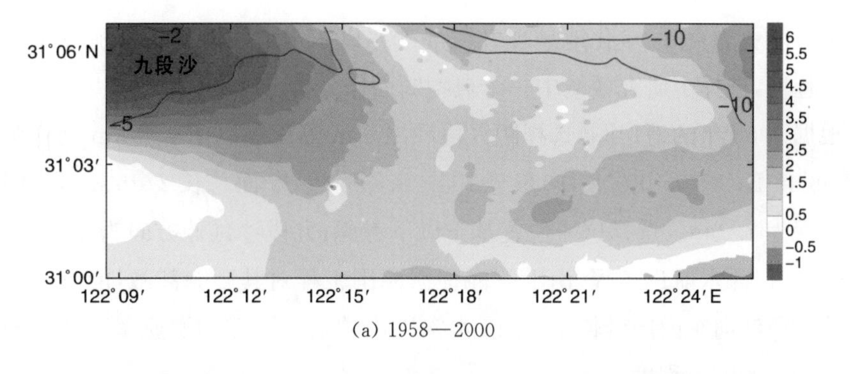

(a) 1958—2000

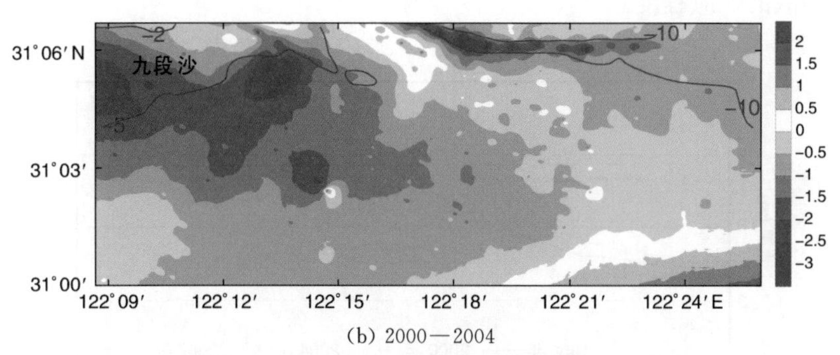

(b) 2000—2004

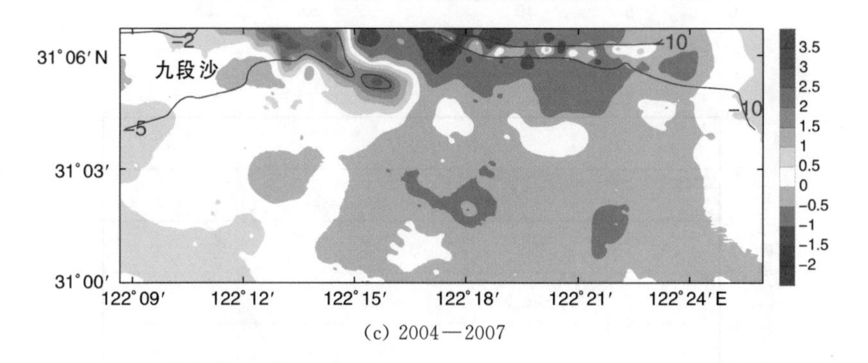

(c) 2004—2007

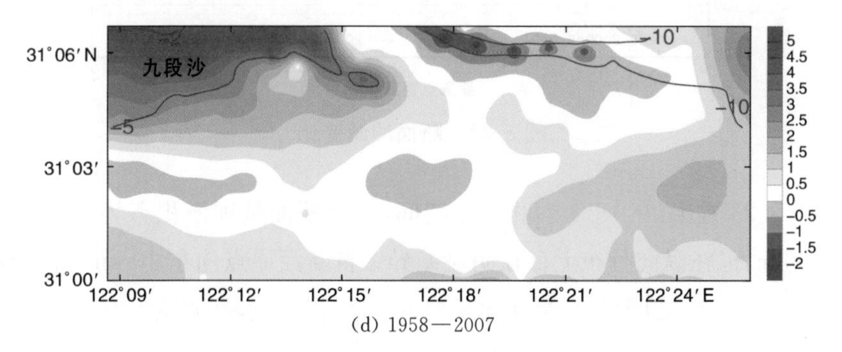

(d) 1958—2007

图 5.22　九段沙沙尾下沿浅滩冲淤变化

为了能更为直观、量化地呈现九段沙沙尾以东水下浅滩对长江流域来沙变化的响应程度，选择了研究区域中一个典型断面作分析。

根据1958年的地形图，选择距九段沙尾5 m等深线以南4.2 km处作为原点(122°08′40″E, 31°05′00″N)，向东至10 m水深附近，断面总长27.6 km，当时原点附近水深为7.9 m。选择这一位置基于以下考虑：九段沙延伸方向为东南向；相对而言，长江口深水航道工程、南汇东滩促淤圈围工程对其影响甚微，能够比较客观地反映九段沙向东南向延伸至10 m水深以内的水下浅滩冲淤速率变化对长江下泄沙量增减的响应程度。

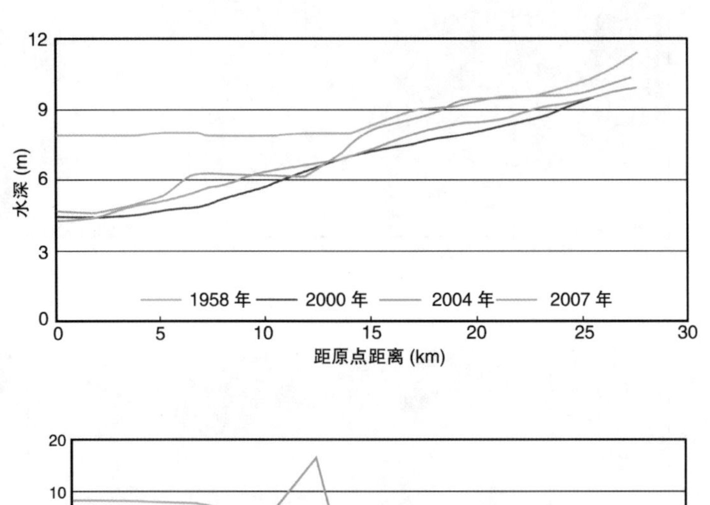

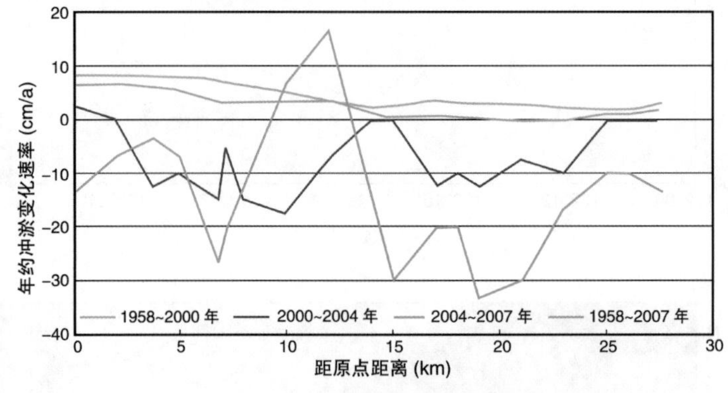

图 5.23　断面冲淤变化

从图5.23看出，在1958—2000年期间，整个断面呈现淤积态势，断面平均淤高了1.36 m，但在纵向分布上存在明显差异。自断面原点向东10 km内，淤涨快，涨幅在2.2～3.5 m之间，往东至断面东端10 m水深附近，涨幅减小，在0.8～1.5 m之间。2004年与2000年比较，总体上断面由淤转冲，处于冲刷状态，刷深0.2～

0.7 m。到了 2007 年,除在距原点 10～12 km 处浅滩有所淤积外(受北槽南导堤和 9 号南丁坝影响,在 9 号南丁坝下侧水流减缓,泥沙沉积),10 km 以西和 12 km 以东冲刷强度大于 2004 年,而且断面东段冲刷强度要大于西段。

利用人工神经网络(ANN)对该典型断面作进一步分析,达到预测目的。ANN 所用的数据是大通站年平均输沙量(亿吨)及对应时间段的断面平均冲淤率(厘米/年)。在确定了模型集 BP 网络后,利用输入、输出样本点对其进行训练,对网络的权值和阈值进行调整,以便使网络实现给定的输入、输出映射关系。该算法选用 LM(Levenberg-Marquardt)算法,在一般情况下,LM 算法的收敛速度较快,均方误差较小。隐含层传递函数为 tansig 函数,输出层传递函数为 purelin 函数。

神经网络通过多次训练,模型输出层目标输出的平均绝对误差达到 2.02×10^{-8},认为所用模型已经可以较好地模拟大通站年均输沙量与断面平均冲淤率之间的关系,可以利用该模型进行预测。

图 5.24 反映了该断面由淤转冲的大通站临界年均输沙量约为 3.0 亿吨。年均输沙量在 3.1～5 亿吨区间,预测曲线呈波浪型,前低中高后降:年均输沙量在 2.9～2.6 亿吨间,断面平均冲刷率呈线性增加:在 2.6～2.3 亿吨间,曲线相对平缓,输沙量虽在减少,但滩面相对稳定;当输沙量由 2.3 亿吨降至 1.9 亿吨时,断面平均冲刷率呈线性下降,冲刷强度急剧增加,当输沙量降至 1.6 亿吨以下时,冲刷率反而变小。

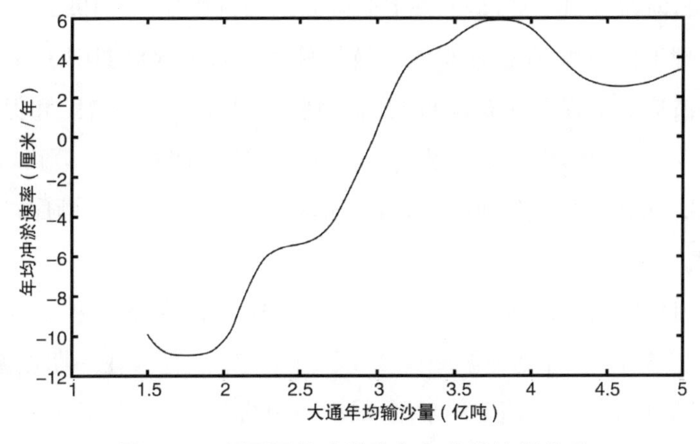

图 5.24　断面平均冲淤率与年均输沙量关系

由此可见，大通年均输沙量与九段沙尾以东典型断面平均冲淤率呈现一种非线性关系，表明采用ANN的BP网络构建两者关系的模型比较合适。由于数据量有限，特别是地形测量年份偏少，加之针对研究区某一段面，因此，预测结果与实际值会存在一些偏差。但从宏观上反映了九段沙尾以东水下浅滩断面由淤转冲存在一个大通年均输沙量的临界值。由于影响九段沙以东浅滩冲淤因素除了沙量外，还有流量、风浪、长江口汊道的分流分沙比以及预测年份之间的输沙量累积效应等，临界输沙量不会是一个单值，应是在3.0亿吨附近的某一范围内的区间值。另外，当大通输沙量小于1.6亿吨时，断面平均冲刷率反而减小。这个现象与实际符合程度如何，尚有待今后实测数据的补充和验证。但也反映了一个问题，就是说，并不是输沙量越低，长江口水下浅滩冲刷越严重，当水流挟沙力与水体含沙量、浅滩床面沉积物粒径达到新的平衡时，水流对浅滩的冲刷强度反而减小。

5.5 横沙东滩促淤圈围工程

5.5.1 工程概况

横沙东滩5 m水深以浅滩地东西长约45 km，南北宽4～11 km，面积约468 km^2，合70.2万亩，滩涂资源丰富，是上海市促淤圈围的重要地区。1998年随着长江口深水航道治理工程开展，在横沙东滩连续实施了一系列促淤圈围工程(图5.25)。横沙东滩促淤造地工程总体布局自西向东划分为成陆区、促淤区和保滩促淤区。成陆区面积5.31万亩，促淤区面积7.2万亩，保滩促淤区4.58万亩，总计17.09万亩，合113.9 km^2。按照先成陆区，再促淤区，后保滩促淤区的顺序，逐步实施促淤造地工程。

横沙东滩促淤圈围(一期)工程已于2005年初完成，促淤面积5.3万亩，二期工程在一期工程东侧，计划促淤圈围4.7万亩，三期工程为在一期促淤区内圈围2.5万亩，四期工程位于二期工程东侧，促淤面积约7万亩。1997年以来虽然经历了1998年及1999年两次洪水过程，但由于长江口深水航道北导堤工程具有明显的堵汊、挡沙、导流作用，横沙东滩淤积效果明显。

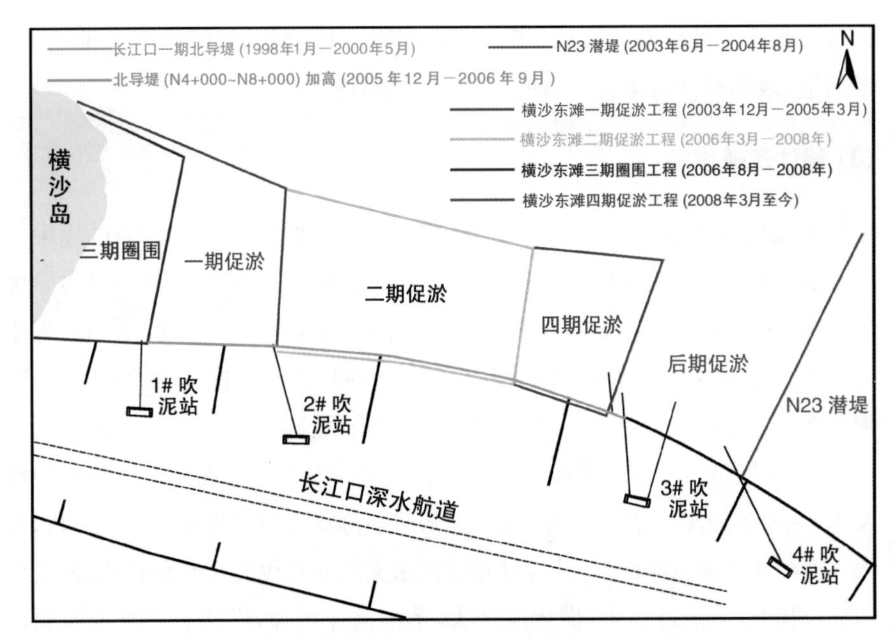

图 5.25　横沙东滩促淤圈围工程平面位置

5.5.2　工程对北港河势演变的影响

(1) 固定了横沙岛以东北港南侧边界

横沙东滩一期、二期、四期促淤工程和三期圈围工程的北侧堤有利于北港南沿的稳定。横沙东滩由粉砂和砂质粉土等物质组成，疏松易动，抗冲性差，因此横沙东滩北沿水动力条件增强时，容易发生侵蚀，等深线向南移动，或者动力条件趋弱，发生淤积，等深线向北移动，这种变化在过去年代屡见不鲜。现在实施了北侧堤工程，加强了北港南沿的稳定性。

(2) 有利于北港河势趋向稳定

北港河道大体上可以认为是由两个弯道组成。上段弯道，称为堡镇弯道，凹岸在北侧，弯顶在堡镇码头东侧，凸岸在南侧的青草沙；下段弯道，称为横沙弯道，凹岸在南侧，弯顶在横沙岛附近，凸出部分在六滧沙脊尾部。近年来横沙弯道微弯河势略有加剧，深泓线更靠向河槽的凹岸。说明横沙东滩促淤圈围工程的北侧堤呈深水逼岸的态势，如果没有工程稳定的岸线，自然岸线在水动力条件增强的情况下发生侵蚀是很自然的事情。因此，横沙东滩促淤工程北侧堤，固定了北港边界，限制岸线后退，限制横沙弯道发展，使北港河势趋向稳定。

(3) 横沙通道增深

横沙东滩的自然滩面高程较低，而且介于北港和北槽之间，涨落潮过程中发生水量沙量的交换。1998 年 1 月到 2000 年 5 月实施长江口深水航道一期北导堤工程，长 27.89 km，高程 2.0 m，北导堤封堵了横沙东滩串沟，阻断了涨落潮过程中北港和北槽之间的水沙交换。这部分被阻断了的水沙量总会寻找适当的通道下泄：一是上溯至南北港分汊口，另一是在横沙通道，再一是下泄至口外。现在北港北沙沙尾向东南发展，北港口门 6 m 等深线中断，拦门沙水深变浅，说明在口外实施交换没有明显发生。南北港分汊口离横沙东滩较远，从目前分流量和河势演变情况分析，可能性不大。横沙通道离东滩较近，共青圩和横沙水文站分别代表北港和北槽，两者潮位存在明显位相差，落潮过程中，横比降增大，落潮流速增加，横沙通道发生冲刷，5 m 河槽容积迅速增大，1998 年容积不到 1.0×10^7 m^3，2007 年已达到 4.0×10^7 m^3，短短几年扩大了 3 倍多，充分说明了北导堤及横沙东滩促淤圈围工程对横沙通道的增深产生了深刻的影响。2000 年前的工程影响最大，2000 年到 2004 年之间的一系列工程，影响已明显减小，2004 年以后基本上进入了动态平衡的新阶段。

(4) 对横沙东滩演变的影响

北导堤及横沙东滩促淤圈围工程改变了横沙东滩自然情况下的水文泥沙条件。北槽北导堤、横沙东滩北侧促淤堤成了横沙东滩南北两侧的边界，横沙东滩自然状态下的水流泥沙交换受到阻止。东侧堤及其他隔堤，使每块圩田在潮汐过程中实现浑水进、清水出的运行特点，达到促淤的效果。横沙东滩 0 m 滩地面积，2002 年与 1998 年相比，增加 18.88 km^2，年均增加 4.72 km^2。2004 年与 2002 年相比，又增加面积 27.15 km^2，每年增加 13.58 km^2。根据横沙东滩一期、二期实测地形比较，一期促淤工程施工期间（2003.8－2005.3)，围区内平均淤积约 1 547 万 m^3，平均淤积厚度约 0.44 m；二期工程施工期间（2006.2－2008.3)，围区内淤积量 1 374 万 m^3，平均淤积厚度 0.44 m。

横沙东滩促淤圈围工程将大片滩地处在工程控制范围内，为深水航道疏浚泥土吹泥上滩创造了条件，使河口地区深水航道治理工程建设和促淤圈围造地工程建设能够得到协调发展。

(5) 对深水航道的影响

横沙东滩促淤圈围工程包括五期工程与长江口深水航道治理工程，建设周期基本重合。一系列工程减少了北港和北槽之间的水沙交换，发挥了长江口深水航道北导堤导流、挡沙的作用。

横沙东滩五期(即横沙大道工程)新建的南大堤类似前期所做的北导堤的加高工程。根据动床物模结果，工程实施后，北槽进口和上段有轻微淤积，而对中下段地形变化影响不大。

由此可知，长江口深水航道治理工程与横沙东滩促淤圈围工程是伟大的工程。横沙岛以东 17 万亩的滩地促淤圈围，形成了横沙以下北港南侧和北槽北侧新的堤线，阻隔了工程范围内北港和北槽之间的水沙交换，增加了横沙通道水深，对北港河势稳定有利，长江口北槽深水航道工程发挥了导流、挡沙作用，对横沙东滩有促淤效果，并为吹泥上滩创造条件。在横沙东滩促淤圈围工程和长江口深水航道治理工程建设过程中，二者得到了协调发展。

5.6 南汇边滩促淤圈围工程影响

5.6.1 工程介绍

随着上海经济社会的飞速发展，土地资源短缺的矛盾日益突出。自 1994 年开始，上海人工半岛建设发展公司和上海市滩涂造地公司在南汇边滩 0 m 线附近实施大规模的促淤圈围工程。整个南汇边滩促淤圈围工程北起浦东国际机场北侧堤，南至芦潮港东侧，其围海大堤位于 1998 年测量地形的 0 m 线附近(上海吴淞基面)，促淤圈围面积 23.7 万亩。(图 5.26)。

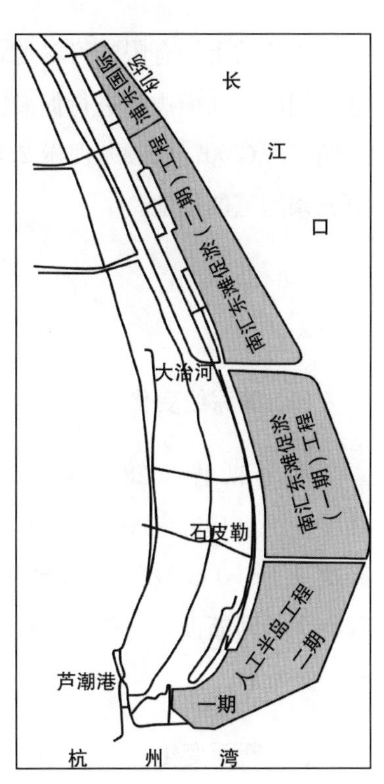

图 5.26 南汇边滩促淤圈围工程示意图

(1) 南汇人工半岛工程

1994—1996 年，南汇人工半岛一期促淤坝建成，引起附近岸滩地形变化。工程期间，杭州湾一侧的南汇嘴南滩 0 m 以下滩坡出现冲刷，最大冲刷速率达 0.5 m/a。随着人工半岛二期（2002－2004 年）促淤坝向东偏北向延长，导致坝外水域泥沙补给量减少，出现冲刷过程。

(2) 南汇东滩工程

自 1999 年开始，上海市滩涂造地公司在南汇东滩实施促淤圈围工程，工程分五期。一、二期为促淤工程，一期工程（1999.10－2000.5）地处长江口南岸大治河口至石皮勒港，南汇人工半岛北侧堤为本工程的南边界，陆地岸线长度 10 km，促淤面积 7.03 万亩，二期促淤工程（2000.10－2001.5）位于长江口南岸大治河口至浦东国际机场大堤的南边界，占用陆地岸线 12 km，促淤面积 4.69 万亩。三期圈围工程位于一期促淤工程范围内，三期围堤以外，建围堤约 13.9 km，圈围造地 5.05 万亩，四、五期工程为在一、二期促淤区内实施填土成陆圈围。

(3) 浦东国际机场东扩工程

为节约上海有限的可耕地，把浦东国际机场延伸至海堤之外的潮滩上，对三甲港南侧的长江南边滩进行促淤圈围。一期工程（1995－2000）促淤圈围 2.8 万亩，二期工程（2007－2009）促淤 2.5 万亩。2010 年开始实施圈围工程，作为兴建机场第五条跑道的用地。

5.6.2 工程影响

(1) 等深线变化

图 5.27、图 5.28 分别为 1997－2007 年、2007－2009 年的南汇东滩 5 m 等深线变化图。1997－2007 年，中浚以下的南汇东滩 5 m 等深线向北扩展，北移最大距离达 2 500 m 左右，九段沙尾南侧略有冲刷。2007－2009 年 5 月，5 m 线稳定，仅在大治河断面 5 m 等深线向北推移，九段沙尾东南侧 5 m 线南伸，造成南槽下段 5 m 槽缩窄。

(2) 断面变化

2001 年南汇东滩一、二期促淤大坝兴建后，经过一个时段水流与地形的调整

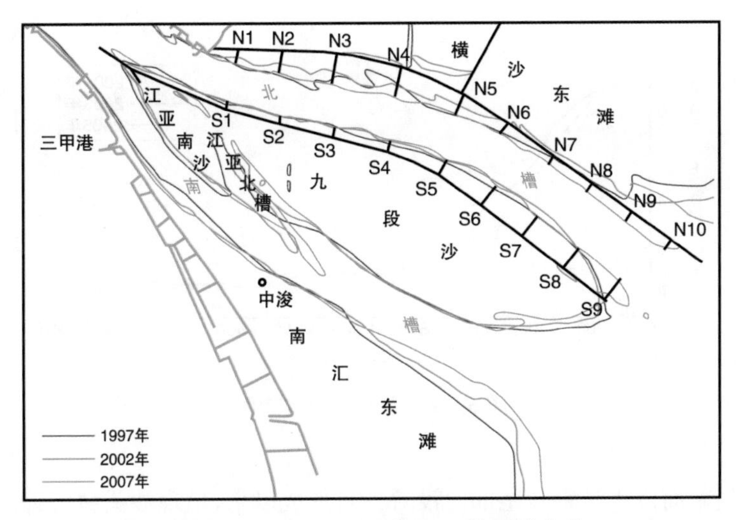

图 5.27　1997—2007 年 5 m 等深线变化

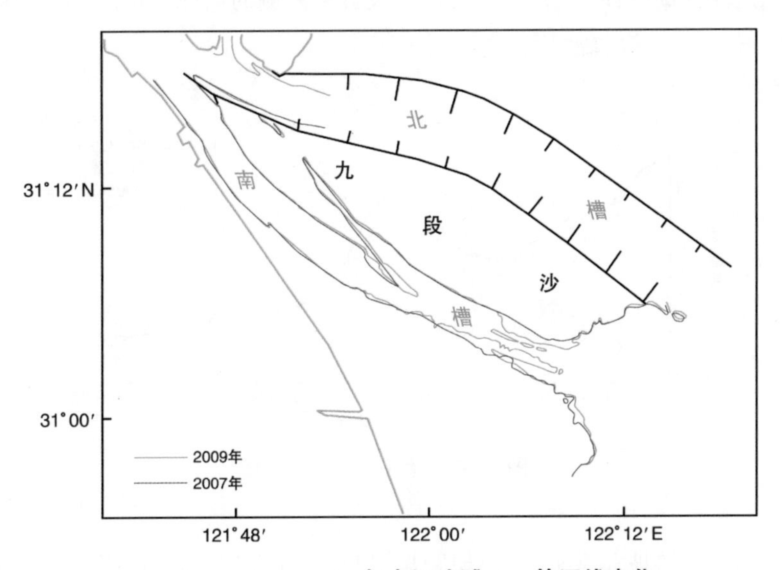

图 5.28　2007—2009 年南汇边滩 5 m 等深线变化

后，达到新一轮平衡，南汇东滩总体上仍呈淤涨趋势。

自 2000 年汛后，南北槽分流比发生调整，南槽分流比由 40%左右增加到 50%～60%，造成南槽上段强烈冲刷，2001 年以来 10 m 深槽下移 13 km，在断面形态上表现为槽冲滩淤的特点。如图 5.29 所示，南汇三甲港断面距岸 600 m 内，边滩淤涨了 1.0 m 左右，年均淤高 0.25 m；距岸 600 m 外，冲刷明显，冲刷幅度达 1.0～2.5 m。

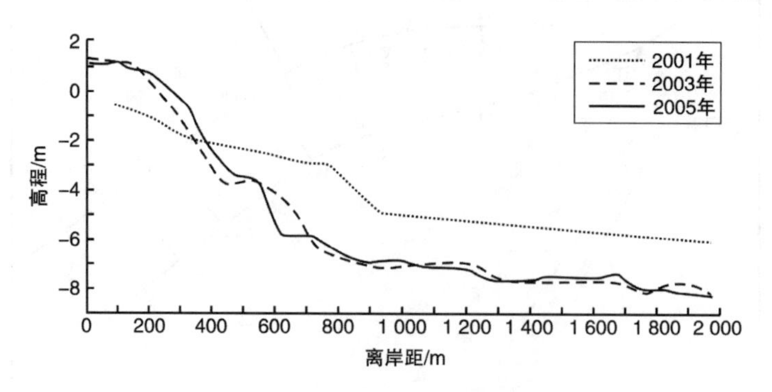

图 5.29　南汇三甲港断面

三门闸断面位于没冒沙尾部。没冒沙自形成以来，呈现沙头缓慢冲刷下移，沙尾不断淤涨延伸的演变特点，1997 年后，沙尾 2 m 水深以浅沙体与处于淤涨状态下的南汇边滩连成一体。图 5.30 反映了没冒沙内侧的边滩 0 m、2 m 等深线分别外伸 320 m、540 m，没冒沙沙脊高程增加了 1.7 m。

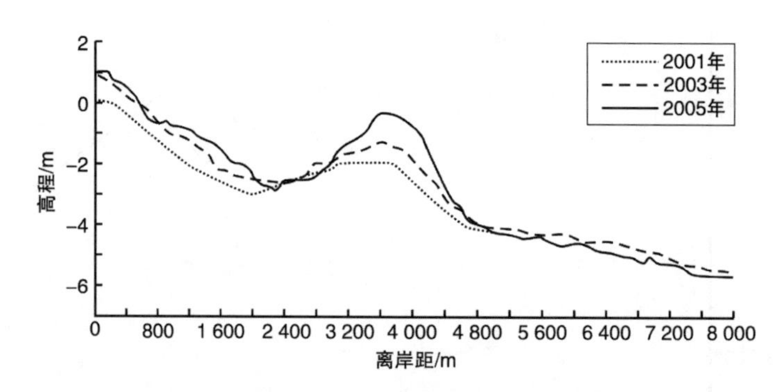

图 5.30　南汇三门闸断面

石皮勒断面滩坡非常平缓，离岸距离最长，5 m 等深线以浅潮滩宽度达 16 km 以上。距围堤 500 m 内，最大淤高 1.8 m，距大堤 500～1 500 m，有一挖砂坑，1 500 m 外，2 m、3 m、5 m 等深线分别外移 1 850 m、1 500 m、1 800 m，呈淤涨态势(图 5.31)。现场勘查表明，促淤工程后，石皮勒附近滩涂淤涨十分明显，落潮时可以看到大片出露的潮滩。

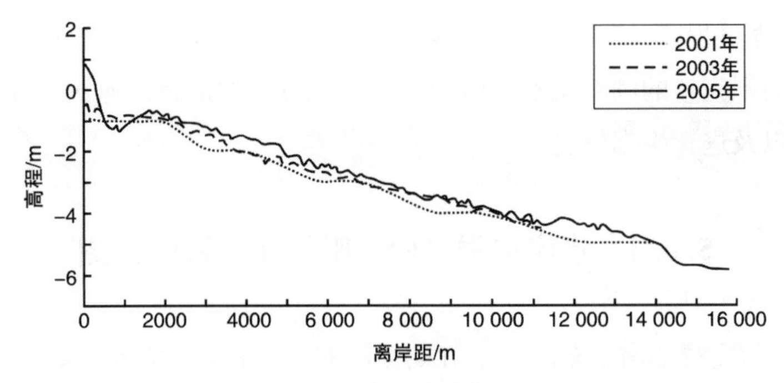

图 5.31　南汇石皮勒断面

5.6.3　工程效应

(1) 符合长江口南边滩自然演变规律

南汇边滩连成的围海大堤走向与历史上不同时期兴建的海塘所形成的岸线走向比较一致,基本上反映了长江口南边滩向外淤涨的变化特性,顺应了长江口南边滩自然演变趋势,有利于河势、滩势的稳定。2003 年圈围新大堤建成后,促使南汇边滩的动力、地形变化进入新一轮的调整过程。

(2) 缩窄了南槽河宽

南汇四、五期圈围工程使岸线向外推进了 700～5 000 m,在某种意义上缩窄了南槽宽度,这对新岸线外水流强度带来一定影响。在沿堤流的作用下局部范围内的浅滩发生短期冲刷,随着时间推移,堤外水流、地形之间的相互作用逐渐得到调整,达到新的平衡。南汇东滩 36 km 的圈围大堤,为南槽的河势控制提供了固定的南边界条件。

(3) 增加了 20 多万亩的土地资源

上海土地资源紧缺的矛盾众所周知,对南汇边滩实施大规模促淤圈围工程是贯彻落实国务院、上海市政府关于加快实施围海造地部署的具体措施。

目前圈围的 20 多万亩土地拓展了上海的发展空间,既可以作为因城市发展占用耕地的置换补偿用地,也可以直接用于工业、市政、服务业等产业的发展用地。

在低潮滩上实施促淤工程,尽管圈围后水流泥沙与地形之间进行调整后,进入新一轮的淤涨过程，但缺失了高潮滩及中潮滩的一部分，缺失了盐沼植物，潮滩是不完整的，而不完整的潮滩是不健康的。要采取有效的措施加速潮下滩、低潮滩的淤涨速率，以及进行生态修复。

5.6.4 建议加强对南汇咀控制工程的监测

21世纪初完成的南汇东滩一～五期促淤圈围工程，围堤建在吴淞高程零米线附近。正在实施的南汇咀控制工程，围堤线初步设置在吴淞高程2～3 m等深线附近，其对动力场、泥沙场的影响有很大差别，后者比前者要复杂的多。为了最大限度发挥南汇咀控制工程的经济、社会、环境效益，建议以下三个方面的问题需进一步分析研究。

(1) 对南汇东滩水沙输移环流系统的影响

根据南汇咀控制工程的设计方案，围堤线设置在2.0～3.0 m水深之间。从南汇边滩水、沙输移的环流模式看，2 m等深线附近是一条非常重要的水沙输移分界线，2 m以浅水域水沙向岸净输送，即涨潮上滩的泥沙大于落潮带走的泥沙，潮滩发生淤积，2 m以深水域为落潮优势沙，泥沙向海净输移。由于控制工程围堤外移，打破了南汇边滩水沙输移环流系统，对边滩淤涨将会带来影响。

(2) 对南、北槽影响

控制工程实施后，新的围堤将建在现有围堤外侧2.0～10.0 km处，南槽过水断面明显缩窄，从而引起南北槽涨落潮分流分沙比变化，可能对深水航道产生影响，值得关注。

(3) 分流汇流区迁移对南汇边滩和杭州湾北岸冲淤的影响

南汇边滩尖角是长江口与杭州湾涨潮分流、落潮汇流区域，控制工程实施后，分流汇流区位置随之外移，其对南汇边滩和杭州湾北岸的水沙输移以及地形冲淤将会产生哪些影响。

(4) 定期观测

在控制工程实施过程中和工程竣工后，应定期进行地形、水文、泥沙观测，掌握其变化过程，为潮滩生态修复、保滩护堤提供 1：1 的原体模型数据。

5.7 杭州湾北岸海岸工程

在以圈围造地工程为主体的海堤工程控制下，整个杭州湾海岸均已建成为稳定的人工海岸，一线海塘均已达到百年一遇的标准，海岸变迁主要表现为大堤以外的水下滩坡和海床的冲淤变化上。从宏观自然环境上考虑，20 世纪 90 年代以来，长江口入海泥沙量的日益减少，直接影响到杭州湾的泥沙供应，近十年来的南汇东滩和南滩的大规模促淤圈围，对长江口入海过境泥沙吸纳拦截以及滩地内挖沙吹填更是减少了进入杭州湾内的泥沙量。由此引起了整个杭州湾北岸岸滩和近岸海床潮流冲刷作用加大，造成了 90 年代以来杭州湾北岸近岸海床普遍发生冲刷。

下面分区分析如下：

5.7.1 南汇岸段

杭州湾北岸南汇岸段自南汇咀汇角—南奉交界的泻水槽，全长 12.3 km，为南汇咀南滩所在。经过 20 世纪 90 年代以来的筑堤圈围，岸线和近岸地形形势如图 5.32。

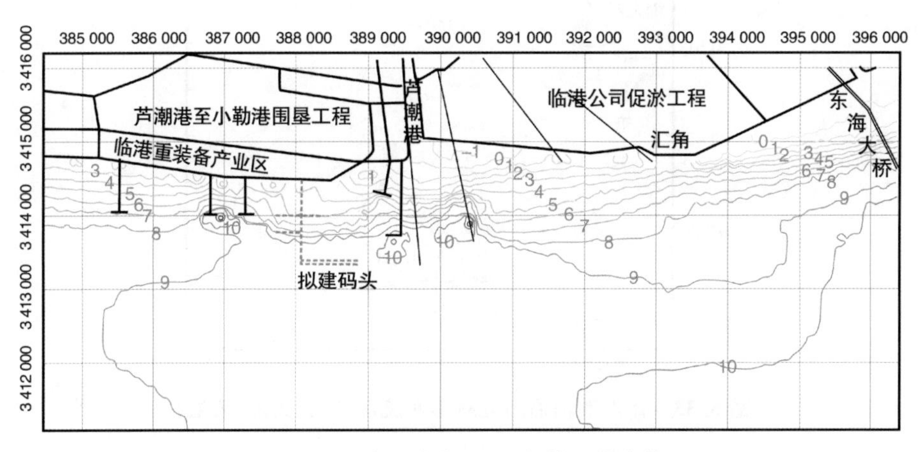

图 5.32 南汇岸段 2008 年等深线变化

陆上部分：芦潮港以东至东海大桥人工半岛圈围，堤线水深 0 m 左右，芦潮港以西为临港工业区所在，堤线水深为 2 m 高程，堤外已有 4 000 吨级大电气和重机码头各一座，在芦潮港老客运码头东侧建成新车客渡码头一座，前沿水深 8 m 以上。已经建成的有临港西港区海洋工程运出码头和东港区一期 2 万吨级码头各一座，码头前沿水深均在 8 m～8.5 m 左右。

南汇咀处在长江口和杭州湾的交汇处，水流泥沙条件复杂，近岸潮流在此产生分流和汇流现象(图 5.33)。

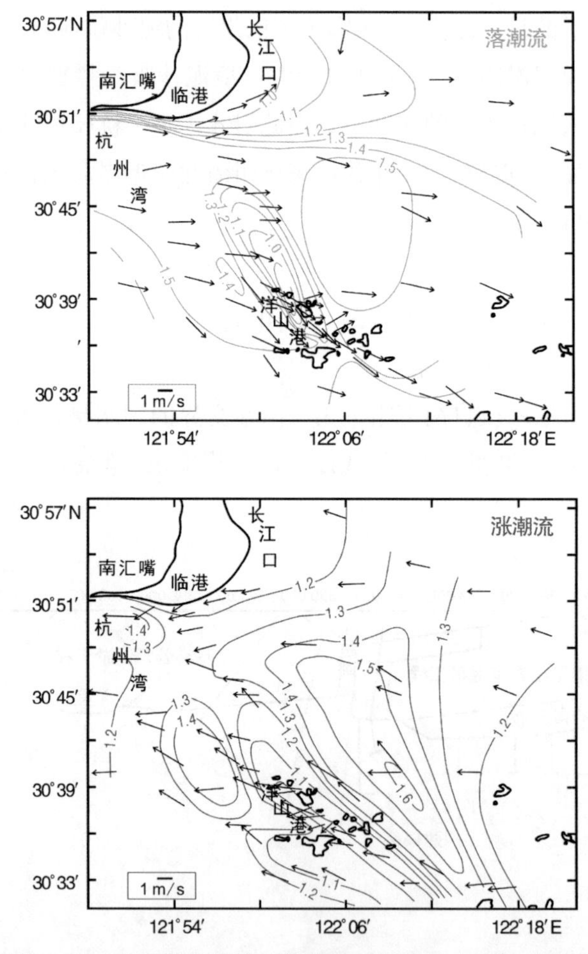

图 5.33　南汇嘴前沿海域涨落潮流场分布(大潮、表层)

芦潮港以东偏北约 3.5 km 处有个汇角咀，是长江口与杭州湾水沙频繁交换的场所。20 世纪初至 50 年代，由于长江主泓走南港南槽入海，导致南汇东滩冲蚀后退，而南滩在泥沙供应丰沛的条件下向海淤涨；50 年代后期至 80 年代中期，长江主泓改走北港入海，导致南港南槽发生严重淤积，南汇东滩不断向外扩展，随后修建了胜利塘、七九塘、八五塘，但南滩供沙不足发生强烈侵蚀，1958 年至 1980 年前后，岸滩冲刷后退了 800 m，1961 年芦潮港水闸被冲毁，1962 年重建。1983 年后，由于南槽冲刷扩大，南槽的分水分沙量增加，南滩又开始出现向海淤涨的趋势。南汇东滩与南滩出现冲淤交替的现象，当地渔民称之为“摇头沙”。其影响范围主要在塘角～芦潮港之间，还可波及南汇东滩的大治河至南汇南滩的泻水槽之间约 20 km 范围内，在距岸 2 m 水深以内的大片浅滩内进行，从而影响着岸线的稳定性。

1994 年后，由于南汇咀人工半岛工程开始兴建，在南汇咀浅滩 0 m 低滩上筑堤促淤圈围，至 2004 年，促淤圈围范围，包括南汇东滩北至浦东国际机场，在南汇南滩，西至临港工业区 2 m 水深滩地的圈围，总圈围面积达 150 km^2。如此大规模的浅滩圈围工程，不仅稳定了南汇咀两侧分流和汇流角的位置，更是在很大程度上抑制了南汇咀近岸浅滩滩槽泥沙交换，稳定了 0 m～2 m 水深内边滩的冲淤交替变化，从而控制了由“摇头沙”现象所引起两侧浅滩的摆动幅度，非常有利于边滩的稳定。此外，由于大规模的低滩促淤圈围工程，“吸纳”和拦截了大量由长江口下泄入海的过境泥沙，加上堤外大量的取土吹填入圈围区内，加剧了入海泥沙的减少，引起 1996 年以后沿岸滩地和近岸海床地形的冲刷，导致了 0 m、2 m、5 m、8 m 等深线的不断冲刷内移。

芦潮港车客渡码头前沿，9 m 以深的冲刷区范围在逐年扩大，反映了南汇岸段自 2004 年 2 m 水深低滩圈围后的地形变化(图 5.34)。

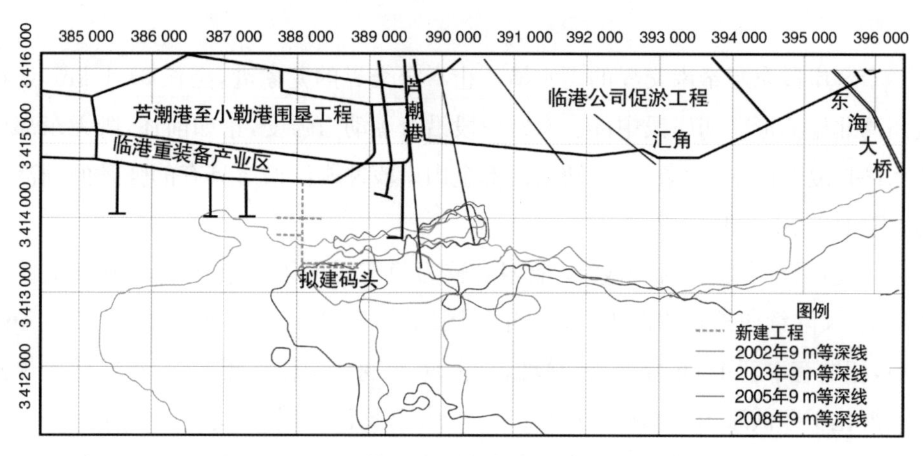

图 5.34　9 m 等深线位置变化(2003—2008 年)

可以得出南汇岸段岸滩和海床的冲淤趋势，在芦潮港以西的临港工业区沿岸圈围工程围堤外距岸400～500 m，水下斜坡除个别区受码头工程影响为冲刷外，均出现少量淤积，在500 m外的水下斜坡下部至海床均以冲刷为主。芦潮港以东至汇角，处在人工半岛和世纪塘堤线外侧，滩坡变缓，沿岸淤积带在水下斜坡随之展宽至距岸1 000～1 400 m处，8 m以上水深的海床以冲刷为主(图5.35)。

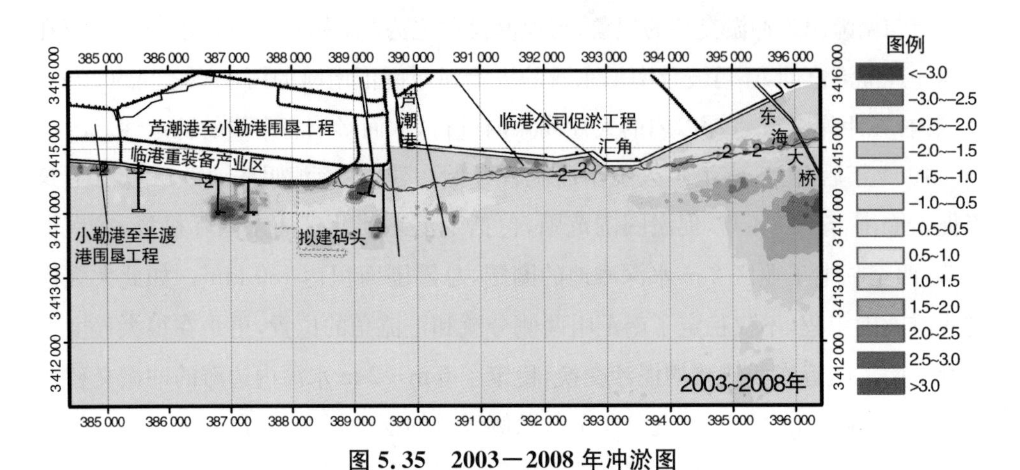

图5.35　2003－2008年冲淤图

2002－2008年累计冲刷达1.0 m左右，年均接近0.20 m，这对目前杭州湾泥沙来源日益减少的宏观背景下，预计冲刷过程还将持续一定时段后才会逐渐缓和趋向平衡。

5.7.2　奉贤岸段

奉贤岸段东起奉南交界的泻水槽西止奉金交界的龙家港，全长31.6 km，处在杭州湾北岸弧形微凹岸段中部。奉贤岸段沿海潮动力强度，正如前述，既无东部杭州湾湾口复杂的水、沙条件，又缺乏西部金山岸段冲刷深槽所具有的强劲的潮流动力。具有上、下过渡性质。

因此，沿岸水深相对较浅，滩地相对较为稳定。1960年在彭公塘基础上修建人民塘，又陆续向外筑堤圈围，1974年筑团结塘，长24.6 km，外推2.5～3.0 km。以后，相继有奉新1～6号塘，柘林塘，金汇塘，华东灰坝，及至1996年以后大规模的上海化工区低滩圈围工程，以及近年来的柘林南滩大堤、碧海金沙和华东灰坝东滩大堤促淤圈围等工程。目前奉贤一线海塘长达42.3 km，大部分为百年一遇的达标工程，围堤普遍建在 0 m 滩线，最低接近水深 1～2 m 处(图 5.36)。

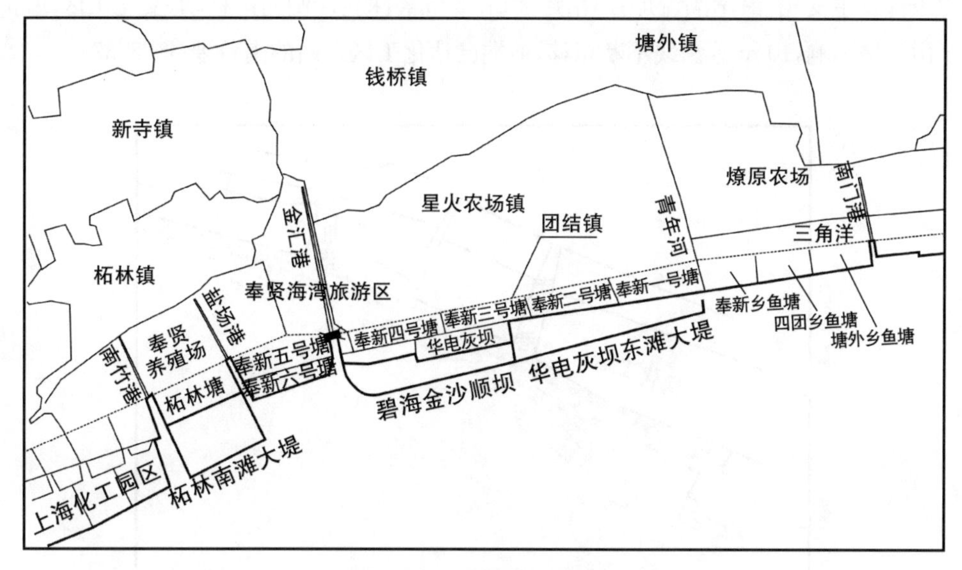

图 5.36　奉贤圈围工程分布

随着进入杭州湾泥沙量的减少，奉贤岸段的滩地、水下滩坡和近岸海床在此大环境影响下，虽无大冲大淤现象出现，但在冲淤趋势上大部分地区已逐渐具有冲刷之势，奉贤东段，近十年来，除近岸水下斜坡受局部圈围工程影响有冲有淤外，距岸 500 m 外的水下斜坡下部和海床均具冲刷态势。下表为 1999－2008 年十年间在中港东、西两侧断面冲淤值统计(表 5.5)。

表 5.5　1999－2008 年奉贤中港两侧断面冲淤值统计

		距岸(团结塘)距离　(m)						
		400	800	1 200	1 600	2 000	2 400	2 800
中港东	总量	－0.84	－1.41	－0.28	－0.04	－0.10	－0.08	－0.14
	年均	－0.08	－0.14	－0.03	0	－0.01	－0.01	－0.01
中港西	总量	－1.40	－2.02	－0.27	－0.05	－0.17	－0.10	－0.06
	年均	－0.14	－0.20	－0.03	－0.01	－0.02	－0.01	－0.01

上表反映了，奉贤东部中港岸段距岸 2 800 m 内均为冲刷，近岸冲刷量年均可达 10～20 cm，在 1 000 m 外的海床，冲淤平衡略有冲刷，年均 1～3 cm。

在奉贤金汇港西部岸段，处在杭州湾弧形海岸中部，历史上是微淤涨岸段。近十年来，上海化工区东部、柘林南滩至金汇港 0 m 以上浅滩不断被圈围后，堤外潮动力条件发生变化，沿岸潮流加强，沿岸 5 m、8 m 等深线冲刷向岸移动，受化工区西部金山深槽影响，10 m 等深线不断东移，前端已达化工区东站的南竹港（图 5.37）。

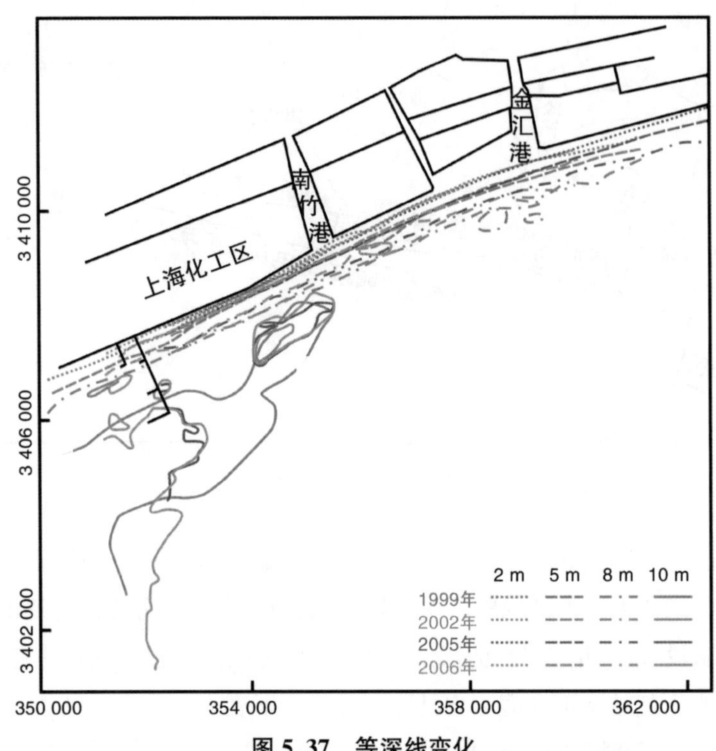

图 5.37　等深线变化

1999－2006 年间整个区域有冲有淤，近岸以冲刷为主，距岸 800 m 外冲淤变幅减少，虽有冲有淤，但总的趋势近年也是以冲为主。近岸滩地的促淤圈围工程难度日益增大，护岸保滩力度正在不断加大。

近年来，杭州湾北岸兴建的部分水利工程，由于堤岸外凸明显，成为潮流的顶冲点，造成局部岸滩的强烈冲刷，甚至危及堤岸安全。

奉贤金汇港以东自兴建了华电灰坝东滩大堤后，高滩剥蚀速度加快，大部分岸段高滩堑坎线至海塘堤脚距离仅剩 40～60 m。据 2002－2009 年水下地形测量资料，2 m 等深线已基本逼近坝体坡脚，5 m 等深线也是逐年后退逼近岸坡。2009 年，5 m 等深线离顺坝只有 182 m，与 2002 年相比，后退了 115 m，成为险工岸段，保滩形势十分严峻（图 5.38）。

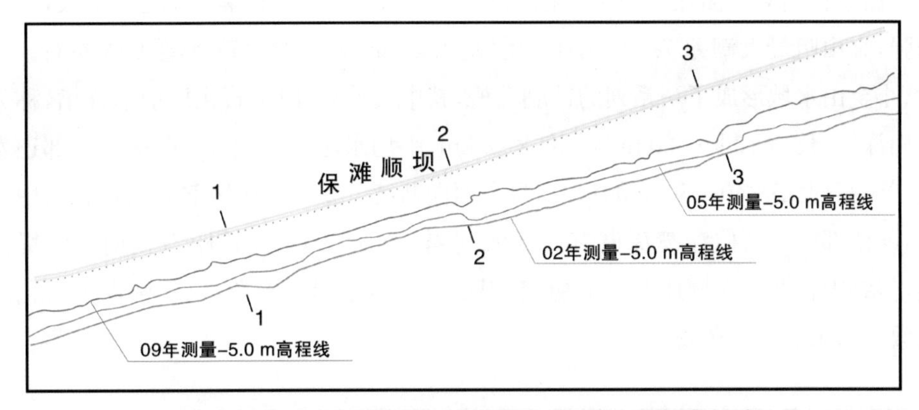

图 5.38 华电灰坝东滩大堤前沿 5 m 等深线后退过程

表 5.6 反映了距灰坝围堤 100 m 处冲刷深度最大，最大冲深 3.14 m，年均冲刷 0.45 m。三个断面平均冲刷达 0.40 m/a，距大坝 200 m、400 m 三个断面的平均冲刷深度分别为 0.23 m/a、0.16 m/a。冲刷动力主要是风浪、潮流，尤其与台风浪有关系。距堤 100 m 以内冲刷幅度最大，可能与沿堤流所起作用有关。

表 5.6 灰坝促淤堤前滩面冲刷深度统计(单位:m)

距堤距离	100 m			200 m			300 m		
断面号	1-1	2-2	3-3	1-1	2-2	3-3	1-1	2-2	3-3
2002—2005	1.93	1.48	1.43	1.05	0.61	0.60	0.57	0.56	0.12
2005—2009	1.21	1.03	1.40	0.91	0.91	0.67	0.73	0.62	0.62
2002—2009	3.14	2.52	2.83	1.96	1.52	1.27	1.30	1.18	0.74
年均冲刷(m/a)	0.45	0.36	0.40	0.28	0.22	0.18	0.19	0.17	0.11

5.7.3 金山岸段

金山岸段东起上海化工区西部及漕泾围区经龙泉港至金山咀戚家墩直至上海金山石化厂围区西金丝娘桥，全长 24.8 km。其中东段为上海化工区西部、漕泾围区经龙泉港至金山咀戚家墩，岸线走向东北西南向，戚家墩以西进入上海金山石化厂围区大堤，岸线走向由东北、西南向转为近东西走向，整个金山岸段均是由海塘组成的人工海岸，岸线稳定。

由于杭州湾断面在金山咀处已束窄为 50 km,潮流不断幅聚,潮差增大,潮流增强,金山咀最大潮差 7. 15 m,平均潮差 4. 23 m,大于湾口芦潮港 1 m 左右。在大、小金山水域形成了一系列的冲刷深槽,其中大、小金山至石化厂前沿深槽,称为金山深槽,长达 12 km,20 m 等深线宽 2 km,平均水深 20～30 m,在深槽底部还发育了一系列深达 40～50 m 的深潭,呈东西向断续分布。深槽尾部分为南、北、中三支,与西部的海盐白沙湾深槽有一浅滩间隔(图 5. 39)。深槽距石化前沿海堤甚近,但终因长期来深槽地形基本稳定,很少影响就近岸堤安全,也就确保了石化海堤数十年来的长治久安。

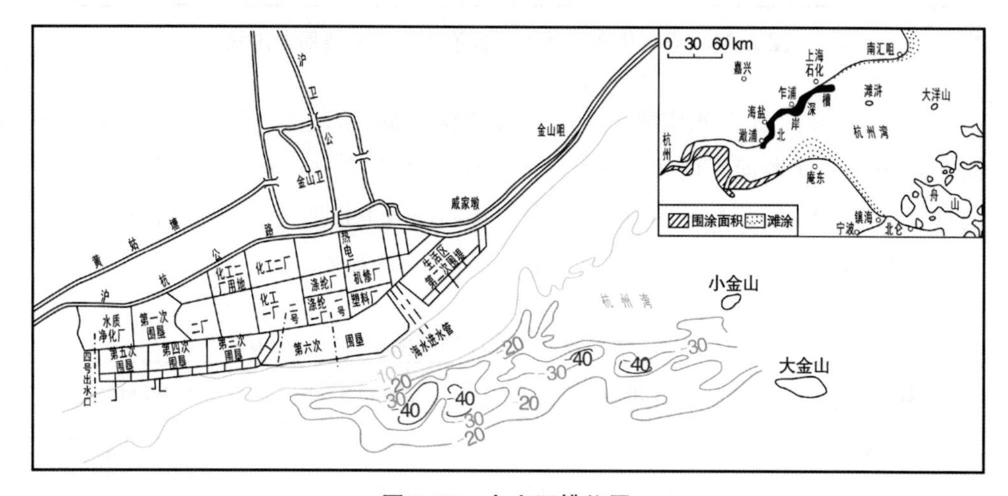

图 5. 39　金山深槽位置

(1) 金山岸段东部海床冲淤特征

金山东部的上海化工区—漕泾岸段,岸线走向处在东北西南向东西向过渡的转折段,潮流相对较弱。

图 5. 40 代表了 1999－2007 年的石化东部的漕泾围堤外等深线的变化,其中 1999－2003 年代表了西区围堤工程前 -2 m、-5 m 等深线为代表的水下斜坡地形稍有冲刷内移,2003 年以后 -8 m、-10 m 等深线为代表的海床地形以淤积为主。2003－2007 年间水深 5 m 以浅的近岸带内冲刷减弱,略有淤积,水深 5～10 m 间冲淤不大。10 m 以深海床以冲刷为主。本区岸段总的呈冲刷趋势,由于处在深槽区内侧,潮流相对较弱,岸滩及海床的冲刷稍大于淤积。

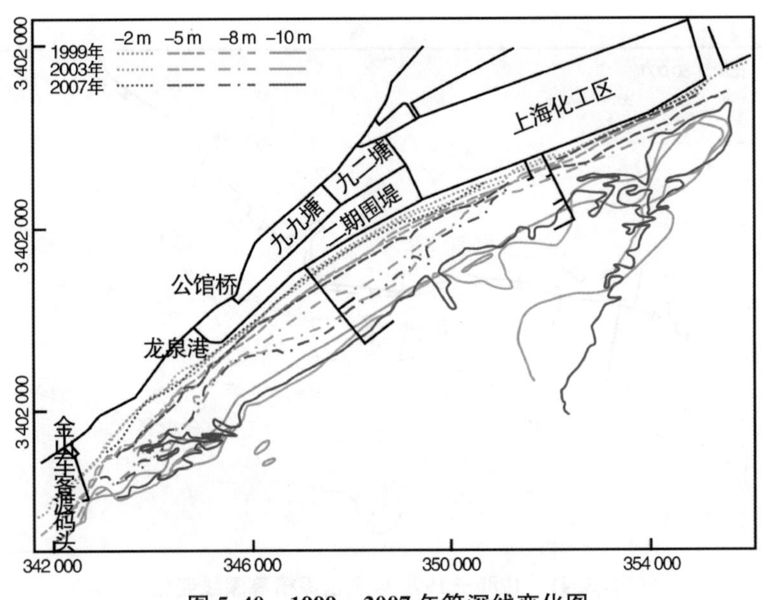

图 5.40　1999—2007 年等深线变化图

(2) 金山岸段西部海床冲淤特征

金山岸段西部基本上为上海石化厂大堤前沿，石化厂围堤自 1972 年 10 月开始圈围至 1995 年 10 月先后完成了六次较大规模的围堤工程，一线海堤线总长 10.4 km，围海面积 11.76 km^2。此外堤外还修建了电厂及化工码头各一座。围堤工程及码头工程建成后，岸线外推了 1.6 km 至 0 m 低滩线，造成岸线凸出，引起大堤前沿水流和地形的变化。

尤其是深槽内流速强度分布对沿岸海床地形产生明显的影响，1972 年—1995 年上海金山石化总厂先后完成六次围堤后，整个海堤前沿岸线外推了 1.6 km 左右，引起堤前潮流加大，加快金山深槽的冲刷扩大。深槽北侧水深线靠岸，南侧水深线不断南移，深槽尾端西移并开始分汊，至 1998 年，深槽 15 m 等深线西移了 2 000 m 左右至白沙湾，同时南移了 1 000 m 以上，20 m 等深线变化不大。图 5.41、5.42 分别为 1980—1990 年、1990—2000 年间深槽等深线变化。

2000—2004 年，金山深槽及两侧海床经历着一个冲淤转换过程。2000—2002 年，除沿岸附近及深槽西部海床有冲刷外，深槽内大部分以淤积为主(图 5.43)。

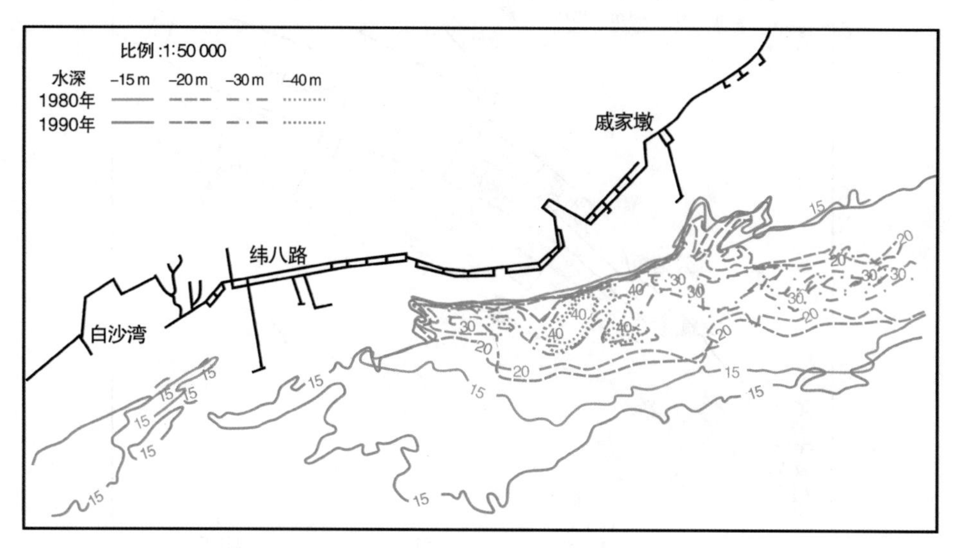

图 5.41 1980—1990 年金山深槽等深线变化

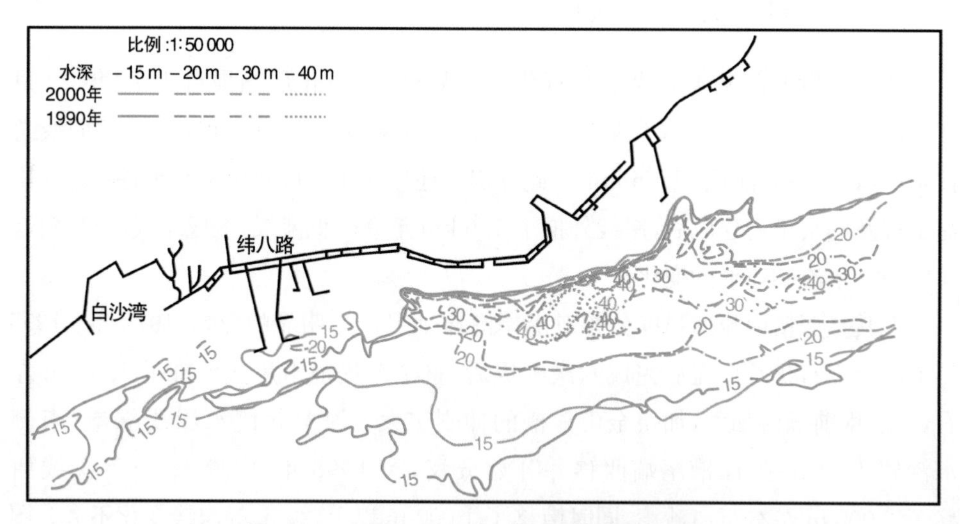

图 5.42 1990—2000 年金山深槽等深线变化

2002—2004 年间,除深槽中段有局部淤积外,深槽及海床大部分以冲刷为主(图 5.44)。15 m 等深线北侧稳定,南侧等深线向南移动了 1 500 m 左右。

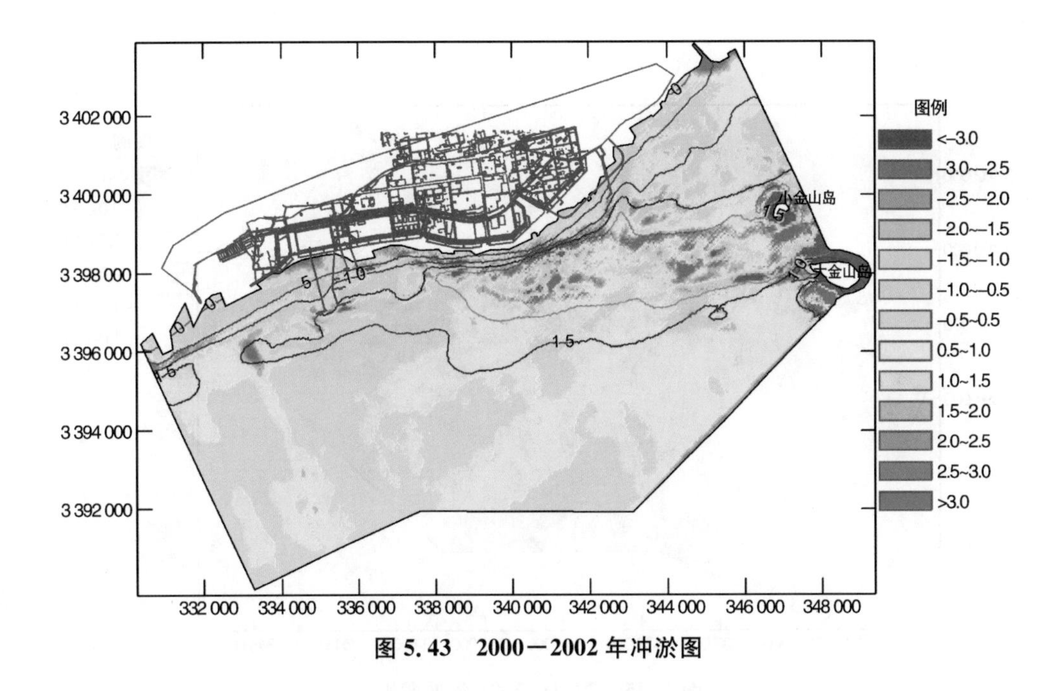

图 5.43　2000—2002 年冲淤图

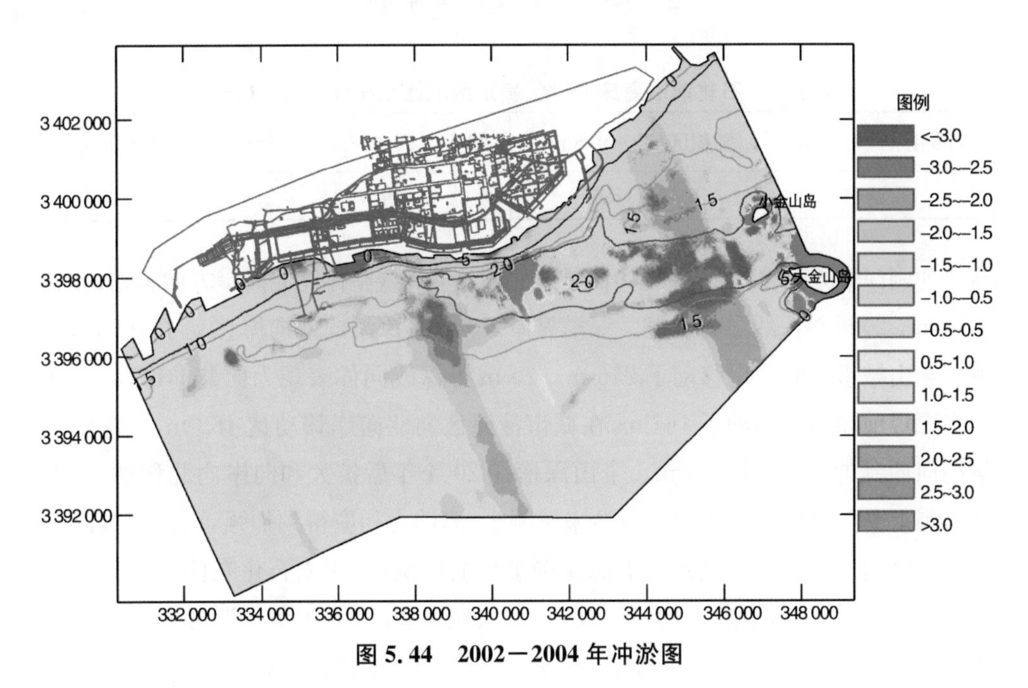

图 5.44　2002—2004 年冲淤图

2004－2008 年石化前沿深槽及海床地形除局部有淤积外，大部分以冲刷为主。2004－2008 年冲淤图(图 5.45)反映出，冲刷区大于淤积区，冲刷区主要以冲刷深槽为主体，金山大堤前沿海床冲刷、淤积和稳定区面积统计如表 5.7：

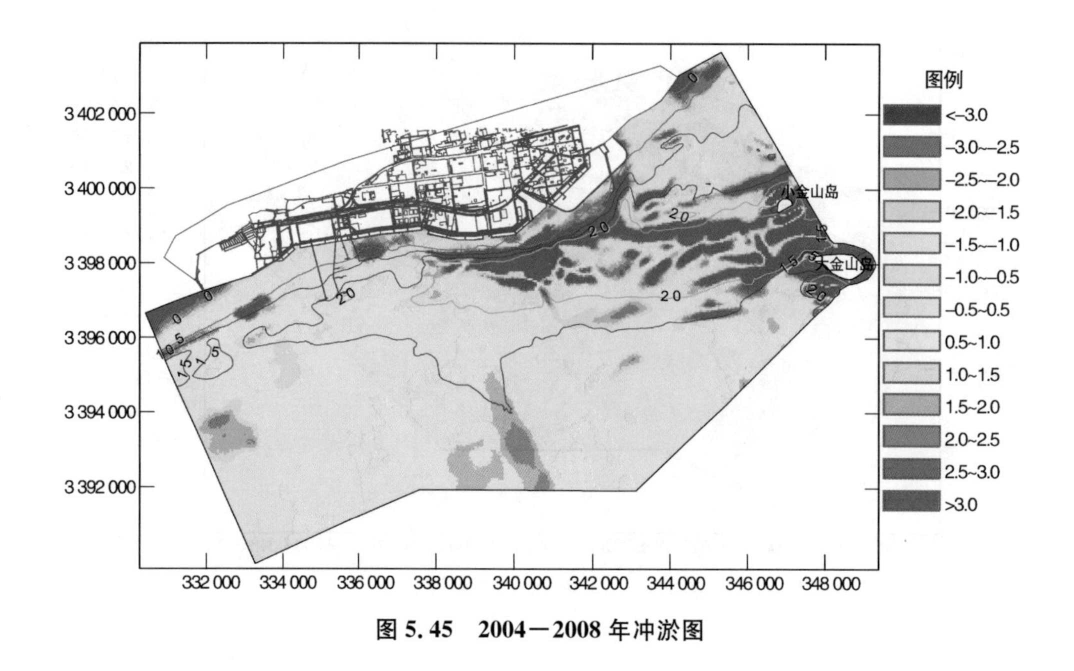

图 5.45　2004—2008 年冲淤图

表 5.7　石化前沿海床冲、淤、稳定区域面积统计(单位:km^2)

冲刷区(<0.5 m)	淤积区(>+0.5 m)	稳定区(-0.5~+0.5 m)	统计原面积
44.713 0	33.718 8	44.798 2	123.23

冲刷深槽的变化,主要表现为深槽南北侧各等深线整体向北向岸方向移动,尤其是 15 m、20 m 等深线最为明显。深槽靠岸,15 m 等深线向北向岸移动了 165 m,东侧靠金山城市沙滩向岸移动了 216 m。20 m 等深线同样表现为向北向岸移动,在六次围堤前端向岸移动了 167 m,在城市沙滩区向北向岸移动达 458 m,在深槽尾端则向西延伸扩展,达 218 m。金山深槽在 2004 年后扩大和向岸向北移动,一方面宏观上受整个杭州湾北岸因泥沙来量减少,潮动力相应得到加强,而产生大面积冲刷的影响;同时,因石化附近沿海圈围工程的影响,近年来石化东侧金山城市沙滩圈围工程的建设,引起东部新岸线凸出,出现了新的"人工节点",导致近岸潮流强度的变化,造成石化六次围堤至城市沙滩围堤前沿的冲刷,这是新建工程所产生的影响,必需引起重视。

5.7.4 本节小结

杭州湾是长江三角洲向海淤进过程中形成的一个漏斗状海湾。杭州湾北岸处在长江三角洲的南翼，受东海潮波传入的影响，沿岸潮流以东西向往复性潮流为主，流速大，含沙量高，加上风浪作用，长期来西部岸滩以冲蚀为主，东部岸滩以淤涨为主。在西部金山岸段，大、小金山处发育了金山深槽地形，潮流流速增强，槽线稳定，对沿岸岸线走向起到控制作用。

随着历史上护岸海塘工程的兴建，杭州湾北岸已由自然演变状态的海岸转而成为由全线海塘工程控制的人工稳定海岸。在近湾口南汇岸段已建有团结塘等海塘，近年来又建设南汇咀人工半岛工程；湾内的金山岸段已在金山咀的戚家墩节点工程以西建有金山石化总厂围堤工程，成为杭州湾北岸东、西两端向海凸出的“人工节点”，东西两个人工节点之间，岸线走向上南汇咀至奉贤南门港段基本上为东西走向，向西经金汇港逐渐转向东北西南走向，经漕泾至金山石化总厂再转东西向，形成了微弯内凹的弧形岸线。这一岸线走向，在一定程度上影响着北岸沿岸潮流运动和地形冲淤上存在地区性差异。

靠近湾口的南汇岸段受长江口下泄水流和杭州湾口水流交汇影响，不仅潮动力强，而且含沙量高和冲淤十分复杂，南汇咀附近存在东滩、南滩冲淤交替的“摇头沙”现象，影响岸滩稳定。近年来，大规模低滩圈围工程实施，“摇头沙”现象得到有效控制，岸线趋于稳定。但因受长江口入海泥沙量的持续减少，海床出现大面积冲刷，近十年来，近岸水深已普遍刷深了 0.5～1.0 m，并有持续发展的趋势。这就为充分利用水深资源，开发中小型港口提供了良好前景。

西部的金山岸段，由于金山深槽的存在，水深流急，长期来岸滩地形基本稳定，尽管深槽逼岸，但对于已建的金山石化围海大堤尚未构成威胁。由于堤外已存滩地面积很少，目前围滩造地余地不大，但可充分利用深槽水深再建港口和扩大水上游乐设施项目建设，仍具有良好前景。

介于金山和南汇之间的奉贤岸段，处在杭州湾北岸中部，其中漕泾—金汇港之间为微弯弧形岸段的顶部，潮流动力处在涨、落潮流辐聚和辐散区内，既没有金山深槽段强劲的潮流，亦无东部南汇岸段复杂多变的水流、泥沙条件，岸段内潮动力相对较弱，海床地形较浅。近年来，受泥沙来量减少及上、下游南汇和金山地区海床冲刷扩展影响，近岸海床亦出现一定程度的冲刷趋势，但幅度不大。目前水深

2 m 以上尚有相当数量的滩涂资源，除可利用于圈围造地外，岸线资源的开发保护十分重要，如人工沙滩和水上游艇、水上飞机场等游乐场地的开发，再进一步可考虑构筑人工岛，用于临港工业区和码头建设，仍具有良好的潜力。

根据长江口杭州湾的水文泥沙变化趋势、沿岸水利工程布局现状以及上海市南翼社会经济发展的需求，将杭州湾作为整体加以研究，尤其对杭州湾北岸的保滩护堤要从全局考虑。对此，建议本市有关职能部门加强协作、加强调查研究，尤其是工程对流场、泥沙场和地形冲淤的影响和趋势预测的研究，并在此基础上修订杭州湾北岸水土、航道、港口码头、旅游等资源综合利用规划，为上海市南区经济社会可持续发展服务。

第6章
上海潮滩资源保护与开发利用

根据上海潮滩资源分布现状，从自然环境和人为影响的因素来对近30年来的滩涂资源动态变化过程作一初步分析，并对上海潮滩资源的保护与开发利用提几点建议。

6.1 潮滩面积

长江下泄泥沙丰富，在河口区扩散堆积，为上海市沿江沿海提供了丰富的滩涂湿地资源，而潮滩面积是衡量滩涂资源总量的基本要素。

6.1.1 1982年

1980－1986年上海市开展海岸带和滩涂资源综合调查，由上海市测绘部门组织进行全市滩涂地形测量工作，绘制1∶25 000滩涂地形图。我们采用CorelDRAW8.0和ArcGIS9.0软件对地形图进行数字化处理后获得的滩涂面积（部分未覆盖区域用1982年海图补充）如表6.1。

下表统计得到总面积为2 906 km²，统计中将崇明北沿属于江苏部分面积亦包括在内，面积偏大。为了进一步核实，同时将1982年出版的海图（1∶120 000，理论深度基准面)按行政界线进行量计,结果见表 6.2。

表 6.1　1982 年滩涂面积(单位:km²)

区域	>0 m	0～2 m	2～5 m	合计
杭州湾北岸	71	12	21	104
南汇边滩	128	138	293	559
九段沙	49	127	119	295
横沙东滩	59	120	316	495
崇明东滩	249	186	381	816
崇明北沿	111	135	159	405
江心沙洲	28	75	129	232
总计	695	793	1 418	2 906

注:理论深度基准面

表 6.2　1982 年滩涂面积(单位:km²)

区域	>0 m	0～5 m	合计
杭州湾北岸	74	36	110
南汇边滩	129	432	561
九段沙	70	231	301
横沙东滩	60	399	459
崇明东滩	235	525	760
崇明北沿	50	157	207
江心沙洲	70	190	260
总计	688	1 970	2 658

比较表 6.1 与表 6.2,发现表 6.1 统计的滩涂总面积比表 6.2 多 248 km²,经核查,在量计 1∶25 000 滩涂地形图时,将崇明北沿区段内属江苏界内滩涂亦统计在内之故。因此,1982 年本市滩涂面积按理论深度基准面计算,应为 2 600～2 700 km²。

6.1.2　2004－2005 年

利用 2004－2005 年间测量的 1∶120 000 的海图,统计不同区段的滩涂面积(表 6.3)。

表 6.3　2004—2005 年间滩涂面积(单位:km²)

区域	>0 m	0～5 m	合计
杭州湾北岸	23	21.7	44.7
南汇边滩	33	427.9	460.9
九段沙	144	263	407
横沙东滩	64	366	430
崇明东滩	137	482	619
崇明北沿	95	105	200
江心沙洲	114	181	295
岛屿边滩	52	69	121
总计	662	1 916	2 578

注:理论深度基准面

如表 6.3 所示,2005 年 0 m 以上滩涂面积为 662 km²,比 1982 年减少了 26 km²,5 m 以浅水深面积为 2 578 km²。

上海市(水利局)水务局从 1982 年开始,陆续对全市滩涂进行测量,除 2005 年外,测量范围均达不到 5 m 等深线,大部分覆盖范围在近岸 0～2 m 等深线以内区域。上海市水务局提供的 2005 年滩涂面积数据见表 6.4。

表 6.4　2005 年不同基准面测图滩涂面积(单位:km²)

水深基面	>0 m	0～－5 m	总面积	备注
理论基面	662	1 916	2 578	2004—2005 年海图
吴淞基面	539	1 822	2 361	上海市滩涂资源公报

表 6.4 反映了 2005 年上海市滩涂面积为 2 361 km²(上海吴淞基面),由 2004—2005 年海图量计得到的滩涂面积为 2 578 km²(理论基面),除去两个基面所带来的差值外,两者基本相近。

6.1.3　2005－2012 年

图 6.1 根据上海市水务局计量的滩涂面积绘制,反映了近 8 年来,上海市不同高程的滩涂面积变化过程。＋3 m、＋2 m 以上面积,2011 年与 2005 年相比分别

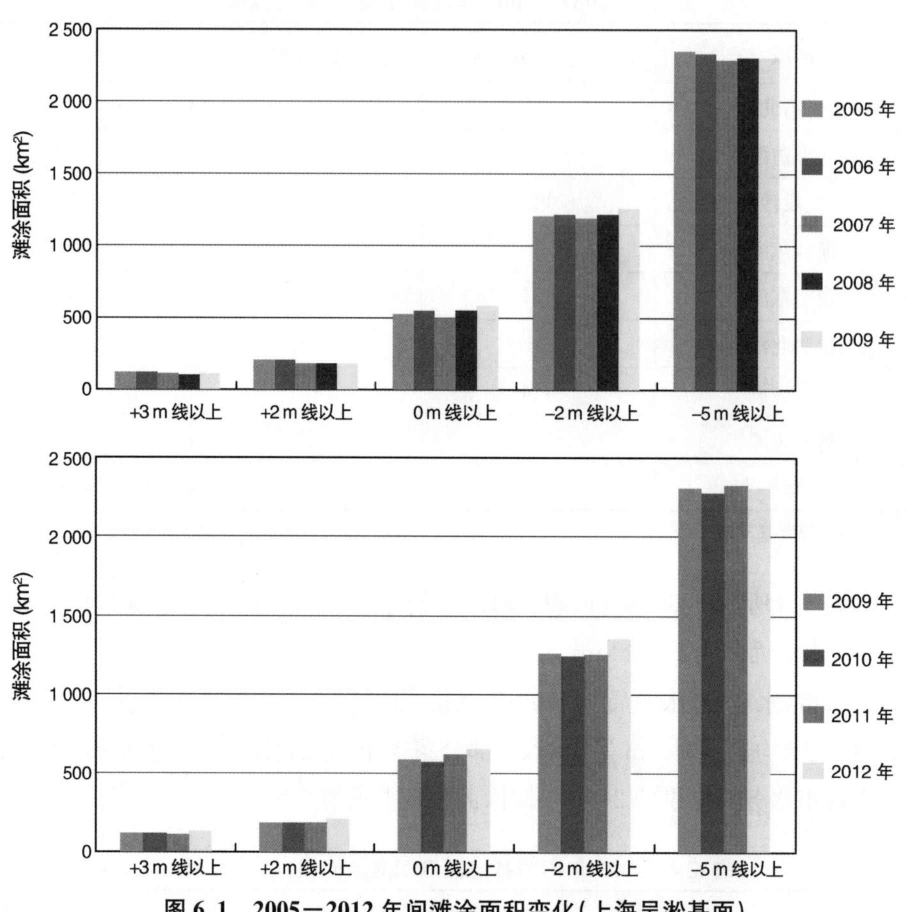

图 6.1　2005—2012 年间滩涂面积变化(上海吴淞基面)

减少了 11.9%、13.2%,0 m、- 2 m 以上面积分别增加了 17.1%、3.0%,- 5 m 以浅面积略有减少,约为 1.5%。另根据上海市水务局最近公布的资料,2012 年与 2011 年比较,+ 3 m、+ 2 m、0 m 线以上面积分别增加了 11.3%、6.7%、3.5%,- 2 m、- 5 m 线以上面积减少了 0.9%、1.1%。这些数据反映了上海潮滩高程有所增加,- 5 m 线有所内蚀。

6.1.4　滩涂围垦史

上海市滩涂围垦历史悠久,早在公元 8 世纪,就有古捍海塘,以后随着滩涂的淤涨,先后修筑了钦公塘,彭公塘,李公塘等,岸线不断外移。新中国成立后,为社会经济发展之需要，又围垦了大片滩涂，据统计，1953－2004 年，上海市圈围滩涂 976.22 km^2，年均 19.1 km^2，其中，1980－2004 年圈围 435 km^2。图 6.2 反映了本市围垦面积的时间分布，新中国成立后有两个时间段围垦速度较快。一是在 20 世纪 60 年代，上海市政府动员广大干部、知青到崇明、南汇、奉贤、长兴挑泥筑堤，围海造地 252 km^2，年均圈围 25.19 km^2；二是在 21 世纪初，圈围强度增加，2000－2004 年间达到 161.21 km^2，年均圈围 40.3 km^2。圈围高程由高滩向中、低滩延伸，方法上采用先促淤，后吹砂填土，加速中、低滩的成陆过程。

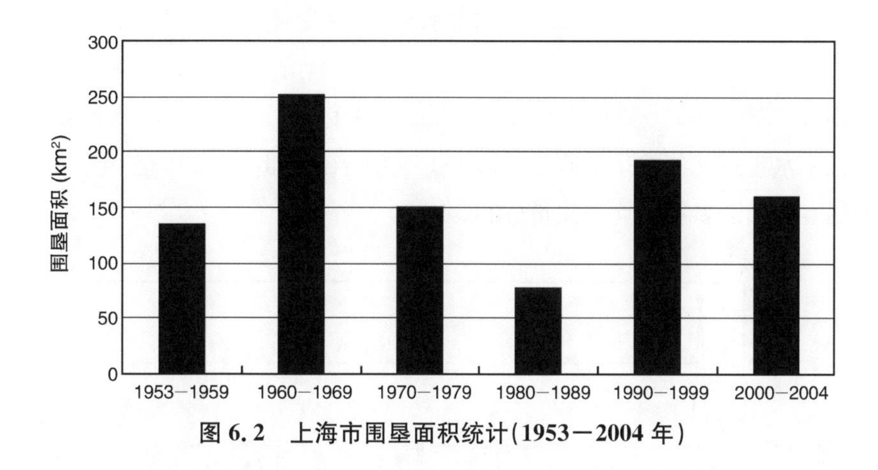

图 6.2　上海市围垦面积统计(1953－2004 年)

图 6.3 反映了本市围垦面积的地域分布，崇明贡献率最大，占 60%，其次是南汇，占 15.7%。

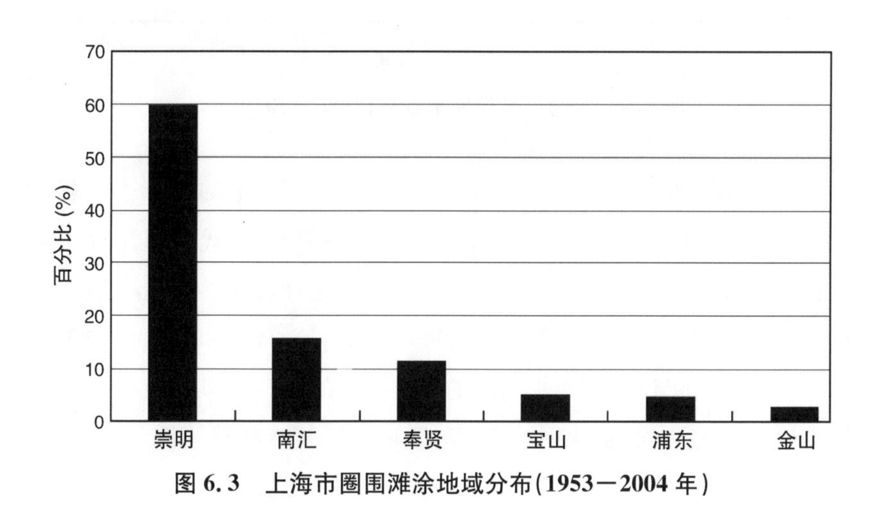

图 6.3　上海市圈围滩涂地域分布(1953－2004 年)

6.2 自然环境的影响

自然环境影响主要包括两个方面的因素，一是长江入海泥沙量的减少与海平面上升，二是在沿岸动力条件下沉积环境的变化。

6.2.1 流域来水来沙变化

大通站多年(1950－2005)平均径流量 9 034 亿 m^3。由于三峡水库蓄水等原因，长江来水量近几年略呈下降趋势，2008 年的年径流量为 8 291 亿 m^3，2009 年为 7 819 亿 m^3，低于多年平均径流量(图 6.4)。

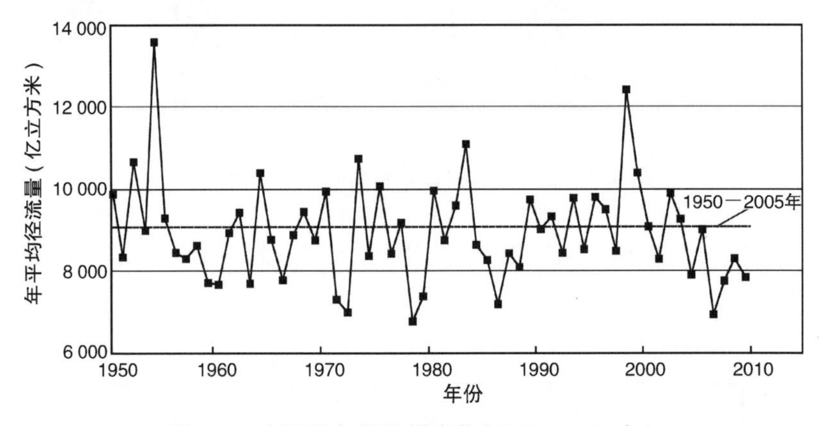

图 6.4 大通站年径流量变化(1950－2009 年)

长江来沙丰富，根据大通站资料统计，1951－2005 年的多年平均输沙量为 4.14 亿吨，多年平均含沙量 0.461 kg/m^3。从 20 世纪 80 年代后期开始，输沙量呈明显下降趋势，1990－1999 年年均输沙量为 3.43 亿吨，2000 年后，大通输沙量降至 3 亿吨以下，2004 年降至 1.47 亿吨，2006 年只有 0.848 亿吨，2008 年输沙量虽回升至 1.3 亿吨，但仍仅为多年平均值的 31.4%(表 6.5，图 6.5)。2010 年，由于长江水量丰沛，大通站年输沙量达 1.85 亿吨，2011 年水量偏低，年输沙量降至 0.711 亿吨，低于 2006 年，创大通站有记录以来的最低值。2012 年，径流量接近 2010 年，年输沙量为 1.63 亿吨。

表 6.5 大通站泥沙特征值统计

年份	1951—2005	2001	2002	2003	2004	2005	2006	2007	2008	2009
年均输沙量(亿 t)	4.14	2.76	2.75	2.06	1.47	2.16	0.848	1.38	1.3	1.11
年平均含沙量(kg/m³)	0.461	0.336	0.277	0.223	0.186	0.239	0.123	0.179	0.157	0.142
年平均中值粒径(mm)	0.017	0.008	0.012	0.010	0.008	0.008	0.008	0.013	0.012	0.010

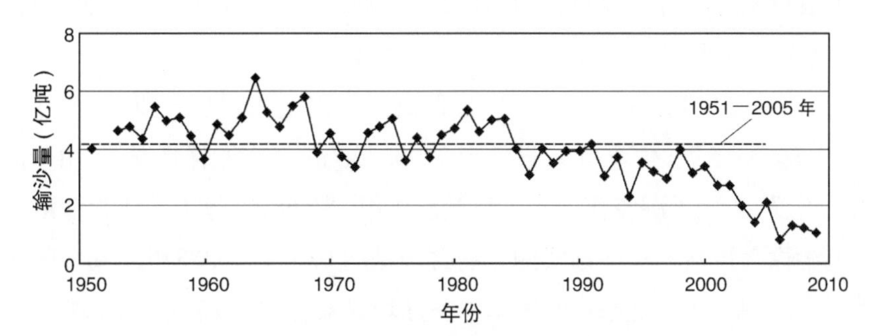

图 6.5 大通站年输沙量变化(1951—2009 年)

6.2.2 长江口及杭州湾北岸含沙量变化

历史上长江口及杭州湾滩涂淤涨的泥沙主要来自长江,长江入海泥沙的持续减少,亦减少了塑造杭州湾沿岸滩涂和长江口水下三角洲的泥沙来源,减缓了淤涨速率。同时相应地加强了潮流和波浪等水动力对滩涂和海床床面的冲刷,泥沙再悬浮的强度加大,在一定程度上弥补了流域泥沙来源的不足,使近岸水体悬沙浓度仍保持了较高水平。1999—2000 年间分别对徐六泾、横沙、佘山等地水体含沙浓度进行逐日取样观测,统计得出的逐月含沙浓度列于下表(表 6.6,表 6.7)。

表 6.6 1999 年徐六泾、横沙、佘山月均含沙量(单位:kg/m³)

站位	1	2	3	4	5	6	7	8	9	10	11	12 月	年均
徐六泾	0.098	0.102	0.119	0.061	0.125	0.088	0.112	0.115	0.205	0.150	0.092	0.088	0.113
横　沙	0.336	0.389	0.379	0.366	0.304	0.327	0.325	0.229	0.281	0.388	0.415	0.387	0.344
佘　山	0.463	0.469	0.639	0.472	0.337	0.265	0.169	0.374	0.339	0.300	0.178	0.411	0.484

表 6.7　2000 年徐六泾、横沙、佘山月均含沙量(单位:kg/m³)

站位	1	2	3	4	5	6	7	8	9	10	11	12 月	年均
徐六泾	0.087	0.069	0.087	0.021	0.044	0.051	0.184	0.334	0.339	0.234	0.159	0.178	0.149
横　沙	0.415	0.345	0.386	0.368	0.295	0.287	0.369	0.533	0.377	0.488	0.367	0.382	0.384
佘　山	0.550	0.511	0.423	0.388	0.267	0.254	0.277	0.418	0.401	0.705	0.571	0.475	0.436

由上表可知,徐六泾站主要受长江径流影响,年均含沙量存在着明显的洪、枯季变化,洪季>枯季,随着上游输沙量的减少,含沙量总体水平降低,年均分别为 0.113 kg/m³、0.149 kg/m³,是三站中最低的。年内变化,夏季(洪季)9 月份最高为 0.339 kg/m³,冬季(枯季)4 月最低为 0.021 kg/m³。在同样情况下,由于河口潮汐作用的增强、加大了潮流输沙和风浪掀沙作用的强度,引起了水体含沙浓度要明显高于上游徐六泾站。横沙站实测年均含沙量达 0.344～0.384 kg/m³,在季节性变化上,冬季(枯季)>夏季(洪季),冬季月均最高达 0.415 kg/m³,夏季最低为 0.229 kg/m³,2000 年台风季节出现较高含沙量可达 0.533 kg/m³。反映了近年来河口区含沙量径流控制作用趋弱,潮流和风浪作用相应增强,泥沙来源则主要来自潮流和风浪对浅水区海床的冲刷泥沙再悬浮,随潮流进入河口区,参与滩涂的冲淤过程。处在崇明东滩东部的佘山站,含沙量的持续观测资料表明,年均含沙量达 0.436～0.484 kg/m³,含沙量季节性变化更为明显,主要受潮流和风浪掀沙作用的影响,冬季明显大于夏季,冬季 1—2 月份月均含沙量可达 0.511～0.550 kg/m³,夏季为 0.2～0.4 kg/m³,最大为 0.418 kg/m³(包括台风影响在内)。在风浪作用下,一方面引起浅滩和海床床面物质的再悬浮,在潮流作用下参与河口区内滩槽物质的交换;另一方面造成河口沙洲浅滩表层物质的粗化,减缓了滩面增高的速度,使河口沙洲出现淤涨缓慢的现象。

杭州湾北岸的含沙量由于潮流和风浪作用增强,含沙量水平相对较高,近期在湾口芦潮港车客渡码头前沿观测(每日四次)结果如表 6.8。

表 6.8　芦潮港月最大、月平均含沙量统计(单位:kg/m³)

年月	2005 年									2006 年			年均
	4	5	6	7	8	9	10	11	12	1	2	3	
最大	1.77	1.89	1.79	1.71	3.59	1.82	3.40	4.52	4.06	3.71	3.54	3.01	3.15
平均	0.83	0.95	0.78	0.70	0.86	1.10	1.26	1.34	1.30	1.30	1.35	1.19	1.08

表 6.8 为 2005 年 4 月至 2006 年 3 月的含沙量观测值，全年平均含沙量 1.08 kg/m^3，高于长江口含沙量。全年 4－8 月月平均在 1 kg/m^3 以内，冬半年含沙量明显升高，最大月均含沙量出现在 2 月，达 1.35 kg/m^3，反映了本区含沙量的时间分布规律，主要受潮汐作用大小和风浪的掀沙作用，而与长江径流输沙下泄量关系相对减弱。由河口区向外的口外海滨区，含沙量呈向海方向递减，但在岛屿区较高。下表为洋山海区全年各月含沙量观测结果(表 6.9)。

表 6.9　小洋山站月均含沙量统计(单位:kg/m^3)

站位	1	2	3	4	5	6	7	8	9	10	11	12	年均
2000 年	0.80	1.06	1.02	1.04	0.82	0.58	0.47	0.57	0.96	0.89	1.07	1.28	0.88
2005 年	1.03	1.01	1.13	1.05	0.83	0.48	0.26	0.40	0.45	0.63	0.77	1.38	0.78

表 6.9 反映了距长江口外 30 余km 处，在外海的大、小洋山海域年均含沙量为 0.7～0.9 kg/m^3，接近 1 kg/m^3，12、1、2、3 四个月月均含沙量为 1.11 kg/m^3，6、7、8、9 四个月月均含沙量为 0.521 3 kg/m^3，冬季明显高于夏季，反映了冬季为风浪频繁季节，风浪对附近岛屿浅滩的掀沙作用，加上长江口和杭州湾落潮流影响，共同构成了口外海域水体悬沙的主要来源。

由此可以认为构成目前沿岸滩涂及近岸海床冲淤的泥沙来源，近十年来，除 1998 年长江发生特大洪水，下泄沙量达 4.5 亿吨，有丰富的泥沙供应外，其余年份下泄的流域来沙量持续减小，近十年来已由 3 亿 m^3 降为 2 亿 m^3 左右，从绝对量上对比国内其他入海河口而言，下泄沙量仍然是较高的，但对滩涂逐年淤涨的贡献率已大大降低。其不足部分，由河口区潮流和风浪对口外浅滩和海床(包括水下三角洲海床)冲刷再悬浮的泥沙予以补充，使近年来河口区水体含沙量仍保持在较高水平上，为滩涂的持续缓慢淤涨提供泥沙来源，同时进入滩涂促淤工程区内淤积。因此，重视对水体悬浮泥沙的利用，是确保今后滩涂资源增长的重要途径。

6.2.3　海平面上升

海平面上升对潮滩的影响虽然是长期缓慢的，但潮滩对其的反应却很敏感。在全球海平面上升的背景下，世界上许多三角洲潮滩面临侵蚀或被淹没的威胁，加上沿海城市地下水的大量抽取，加速了地面沉降，凸显了海平面上升的效应。

据上海市地质调查研究院的调查报告(2003)，由于抽取地下水，导致地层泥土压实作用，南汇滨岸带水准点沉速达 4.64 mm/a（1980－1995 年）、11.83 mm/a（1995－2001 年），崇明东滩为 5～6 mm/a（1980－1995 年）、25 mm/a（1995－2001 年）。另据政府间气候变化委员会（IPCC）的评估报告（1992），全球海平面的上升速率在 1990 年以前的 100 年为 1～2 mm/a 左右，1990－2030 年为 3.5 mm/a，2030－2050 年为 4 mm/a 左右，海平面上升速度呈增加趋势。

上海市沿江沿海潮滩滩坡平缓，坡度在 0.2‰～2‰之间，海平面上升（加之地面沉降）对其影响不可小视。

6.2.4 沿岸工程的影响

沿岸工程对滩涂冲淤的影响主要在两个方面：一是滩涂圈围工程，二是采砂工程，其他为港口航道和大桥工程等。

(1) 促淤圈围工程的影响

近年来随着上海市对土地需求量的日益增加，加快了围海造地的步伐，圈围高程由 +3 m 以上的高滩逐步移到 0 m 低滩，部分地区已向 2 m 水深的潮下带伸展。在圈围步骤上采用先促淤，即建促淤堤，吸纳大量堤外悬沙，随潮水进入促淤堤内落淤，一般促淤至 +2 m 左右高程后，再正式建大堤进行圈围成陆。由于在促淤过程中，拦截了大量堤外过境悬沙，造成沿岸水域泥沙量的减少。1994 年以来长江口南岸南汇边滩连续实施 0 m 线的圈围工程，至 2004 年共计圈围约 20 万亩，约合 135 km^2，从工程前期的促淤效果看，按平均淤高 1 m 计，10 年间从堤外吸纳过境泥沙可达 1.4 亿 m^3，年均约 1 400 万 m^3，约占同期长江口分流南槽下泄泥沙的 17%以上。其结果，促淤工程区内出现大量淤积，滩面抬高，而堤外因泥沙量的短期减少，堤外滩地出现过程性的冲刷，影响了水下浅滩的淤涨速度。

杭州湾北岸 20 世纪 70 年代，自金山石化围堤工程以后，1997 年以来又进行了上海化工区及临港工业区较大规模的低滩圈围工程，目前 0 m 线以上滩地只有 12.8 km^2。圈围工程后，加大了堤外水流强度，加大了对近岸海床的冲刷，目前 8 m 等深线已贯通整个杭州湾北岸，上海化工区前沿 10 m 深槽已伸向化工区大堤前沿，对大堤构成威胁。虽然水体中仍保持了较高的含沙量水平，但往复性的潮流较强，悬沙难以沉降，造成 0 m 以下的水下滩坡变陡，长期得不到恢复，持续进入冲刷状态，0 m 以上滩涂面积圈围又加上冲刷，已日渐减小（表 6.10）。

表 6.10 杭州湾北岸 0 m 线以上滩涂面积(单位:km^2)

年份	1990	1993	1997	2003	2005	2006	2007	2008	2009	2010
面积	64.8	66.4	34.5	30.5	21.0	15.2	10.2	9.2	8.3	12.8

(2) 采砂工程的影响

近年来上海许多大规模的圈围工程,虽经过自然促淤,但仍不足以达到用地标高,对此必须进行堤外取砂吹填,来加快滩面增高速度。每年所需吹填砂土方量均取自长江口内的沙洲浅滩,其累积效应不仅对局部河势产生明显影响,而且加大了水流对河口沙洲的冲刷。

如长江口长兴岛南侧的瑞丰沙咀,是介于南港主槽和长兴岛涨潮槽之间的砂体,W 型复式河槽十分稳定。自 20 世纪 90 年代以来开始对砂体人为挖砂用以吹填成陆,下沙体日益缩小。下沙体由 2001 年的 4.08 km^2 至 2006 年仅留 0.26 km^2。目前最浅水深达 7.0 m 以上,高出两侧航槽 3~5 m,表明沙咀的基座尚存在。瑞丰沙咀下沙体的消失,有助于南港主流的北偏,导致南港南岸外高桥码头前沿水动力减弱,泥沙落淤,水深减小,码头功能的正常发挥受到影响。

处在长江南北港分流口的新浏河沙包,遭受南支主流冲刷,前几年因人为开挖取砂,作为吹填用砂,沙体面积快速缩小。5 m 以浅的沙体面积 1991-1997 年存在逐年增大趋势,1997 年达到 7.4 km^2,后因挖砂和水流的冲刷,沙体面积逐年减小,至 2007 年仅存0.02 km^2,目前最浅水深达 7 m 以上,比两侧航道水深高出 2~6 m,同样表明沙包的基座存在。新浏河沙包的消失,使宝山南水道得到了拓宽,分流比增加,有利于宝山南、北水道的维护。

此外,在人工半岛圈围工程基础上建设的上海临港主城区,一次性圈围滩涂面积在 5 万亩以上,约合 30 余km^2,经促淤后,为增加围区内滩面高程,在堤外浅滩及水下斜坡(0~5 m 水深)间采挖吹填泥土约 5 000 万 m^3 以上。开挖后,滩面上形成一系列的取土坑,坑内最大水深可达 10~15 m,破坏了滩面的完整性。滩面泥沙在潮流冲刷作用下,坑内回淤较快,造成附近滩面普遍刷低,减缓了滩涂的淤涨速率。

(3) 其他大型涉水工程

长江口深水航道建成双导堤工程后,起到了对两侧浅滩的堵汊、导流和拦沙作用,一、二期工程以后,对横沙东滩和九段沙浅滩的堵汊和拦沙作用明显,对滩面增高起到了积极的作用。

东海大桥建成后，桥墩的阻流作用改变了局部水域的水动力结构，在大桥靠岸侧加速了两侧滩地的淤涨，但亦加快了水下斜坡下部局部海床的冲刷。

此外，由于人工半岛 0 m 围堤及临港 2 m 水深围堤工程建成后，南汇咀西侧岸滩的冲淤互换的“摇头沙”现象得到有效的抑制，防止了附近岸滩大冲大淤现象的再度出现。沿岸大型工程，尤其是围堤工程的低滩化以后，使上海大部分 0 m 以上滩涂主要靠工程来达到人工稳定。在当前流域泥沙持续减少的宏观背景、滩涂自然淤涨已十分缓慢的严峻形势下，充分采用工程的作用，如促淤工程和一系列防护工程的建设来科学地利用沿江沿海的泥沙资源，加快滩涂资源的再生和生态修复，不失为一个明智的选择。

6.2.5 潮滩湿地总体发展趋势

在宏观自然环境和沿岸工程影响下，整个潮滩的冲淤趋势总体上动态平衡，略有减少，但资源分布在各区段上差异较大：

(1) 杭州湾北岸区段，近年来持续冲刷，造成滩涂面积逐年减少，大部分滩涂要依靠护岸保滩工程才得以稳定。

(2) 长江口南槽南侧的南汇东滩，近年来受长江深水航道工程影响，从分流工程向下，进入南槽后河槽为上冲下淤，自浦东机场以下，5 m 水深以浅滩涂均出现不同程度的淤高。

(3) 1998 年实施深水航道工程以来，九段沙湿地 2 m 水深以上滩面在不断缓慢抬高，以淤积为主，2007 年后趋于稳定，但在 2 m 水深以下局部浅滩出现冲刷。

(4) 横沙东滩受长江口深水航道北导堤堵汊拦沙影响，滩面逐渐抬高，等深线向海推进，5 m 水深以上面积有所增加。

(5) 崇明东滩近年来滩面仍在不断淤高，5 m 等深线缓慢外移，5 m 水深以浅面积有所增加。

(6) 长江口北沿，在强潮流作用下，海域来沙较丰富，促使崇明岛北沿浅滩淤涨明显，促淤圈围余地较大。

为加快对滩涂资源利用进程，对今后滩涂资源的开发利用，必需遵循利用和保护一致的战略原则，即一是实现促淤和圈围的平衡，从上海滩涂淤涨的自然规律和近岸水域的泥沙输运和沉积特征出发，实施“多促少围、促二围一”的方针，为滩涂稳步增长提供有利环境；二是实现滩涂生态环境和发展空间的平衡，从滩涂湿地生态环境和土地资源开发的和谐统一中，达到双赢和多赢的目的；三是要实现现在和将来的平衡，从上海市经济、社会发展需求，从自然演变和经济技术管理的统一，制订出中、长期发展规划，体现出可持续发展的科学理念。

6.3 泥沙资源利用

6.3.1 悬沙分布特征

上海市沿海水域悬沙包括陆域来沙、海域来沙和底沙再悬浮三部分，绝大部分来自长江径流在不同时期携带入海的流域来沙。

(1) 平面分布

上海市沿海悬沙分布基本特征是浓度高低相差悬殊，北支悬沙浓度最高，实测最大值为 29.3 kg/m^3，北港比南港高，南槽比北槽高；长江口以拦门沙附近水域的悬沙浓度较高，向东逐渐减小，纵向上形成低—高—低的马鞍型分布，高悬沙浓度出现在拦门沙河段，如南槽悬沙浓度表层为 0.1～0.7 kg/m^3，中层为 0.5～2.0 kg/m^3，近底层达 1～8 kg/m^3，最高可达 68 kg/m^3，形成浮泥。

根据上海市海岸带调查资料，长江口外水域常年平均含沙量约 0.4 kg/m^3，大致以 10 m 等深线为界分成东西两部分，东部悬沙等值线分布与等深线走向基本一致，西部悬沙等值线呈双舌状分布(图 6.6)。

由图 4.88 可知，杭州湾悬沙浓度分布总趋势是北岸东高西低，南岸西高东低，湾内存在着两个悬沙高浓度中心，即湾口南汇咀附近，浓度为 2.5～3.0 kg/m^3，庵东滩地前缘，悬沙浓度为 2.5～2.7 kg/m^3，金山嘴附近是杭州湾含沙量最低地区。冬季分布总趋势和夏季基本一致，但是浓度普遍增大。

(2) 垂向分布

在涨落潮流不断变化过程中，部分泥沙颗粒不断地经历悬浮、落淤、再悬浮的

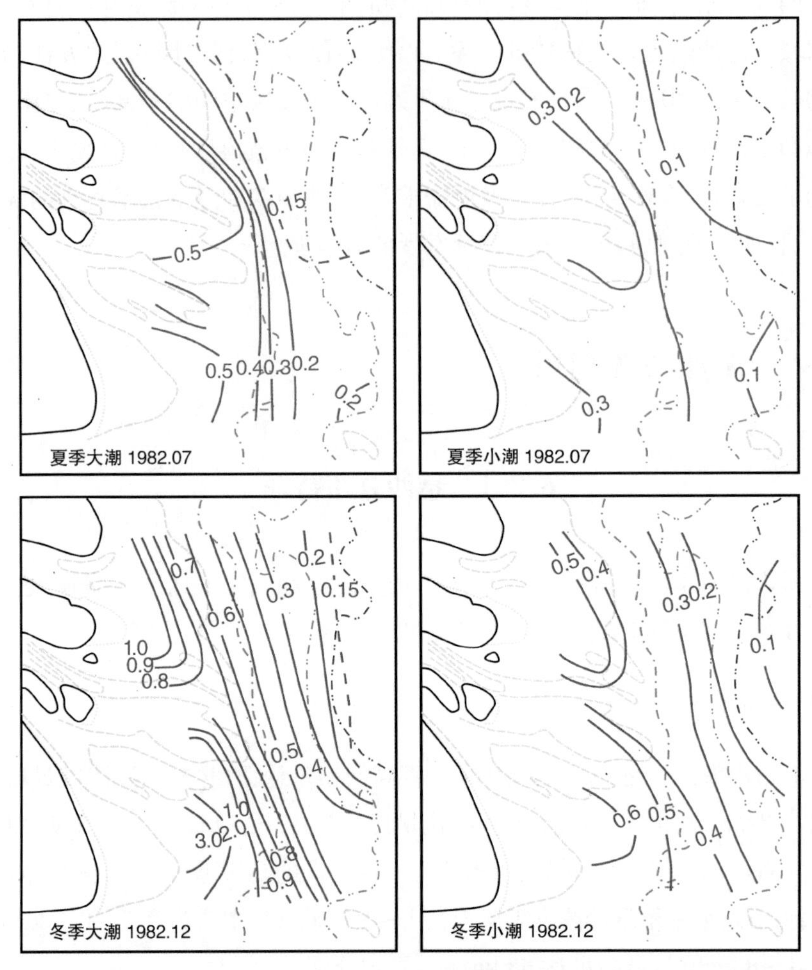

图 6.6　长江口门外水体含沙量分布

运动。通常悬沙浓度在垂向上由表层向底层逐渐增加，这是最普遍的情况，主要出现在杭州湾南部和中部，及长江口内南北港、南北槽水道内。第二种类型是上、下层含沙量差别较小，主要出现在北支的强混合河段、长江口外东北部水深较大的水域。

(3) 时间变化

长江河口、杭州湾悬沙浓度随时间变化主要表现为周日变化、半月变化和季节变化。

周日变化　含沙量随涨落潮流速交替变化，长江口最大悬沙浓度一般发生在涨急、落急后，最小出现在涨憩、落憩附近，悬沙峰值迟后于流速峰值。长江口内南支落潮含沙量高于涨潮，口外涨潮含沙量高于落潮，但在芦潮港外侧水域，无论表层还是近底层，均是落潮期含沙量高于涨潮期，反映了泥沙来自长江落潮水流。

半月变化 长江口、杭州湾的大、小潮潮差和流速相差甚大，故大、小潮含沙量存在明显差异。据统计，长江口外夏季大潮含沙量为小潮的1.6～2倍，冬季为1.5～2.5倍，杭州湾湾口断面平均含沙量大潮为1.53～3.04 kg/m^3，小潮为0.68～2.56 kg/m^3。

季节变化 悬沙的洪枯季变化明显。长江口内悬沙浓度夏季高冬季低，这是因为长江夏季处于汛期，输沙量大，冬季枯水期，输沙量小。长江口外和杭州湾水域悬沙浓度表现为冬季高、夏季低，主要冬季风浪比夏季大，掀沙作用强，故含沙量高。长江口外水深30 m以东水域，风浪作用难于达及海底，悬沙浓度季节性变化不大，平均值在0.1 kg/m^{3}以下。

6.3.2 长江河口水下三角洲

1983年，陈吉余等根据长江河口近百年来演变规律、水沙输移特征及口外海床沉积物分布，对长江口水下三角洲的范围、水沙运移、沉积结构和地形冲淤作了全面论述。

长江河口水下三角洲面积约一万多平方公里，其上端为拦门沙的滩顶，下界水深为30～50 m附近，它的北界与苏北浅滩相接，南界越大戢、小戢叠覆在杭州湾的平缓湾底之上。

水下三角洲的组成物质以31°20′N为界，北部沉积物粒径较粗(0.065～0.015 6 mm)，南部较细(0.007 8～0.003 9 mm)。

拦门沙地区钻孔资料反映了长江口水下三角洲的沉积特征。在水深28～34 m左右，为前三角洲相的浅海沉积物，系青灰色黏土，淤泥粉砂相互成层；水深8～9 m以下至28 m左右，为三角洲前缘相沉积，水深1～8 m为拦门沙沉积，上部为粉砂～细砂，下部为细砂～粉砂，水深1 m以上为三角洲顶积层。

长江水下三角洲的冲淤变化与长江主泓的变道密切相关。长江主泓走北港入海期间，北港口外趋于淤积，南港口外受冲内蚀；长江主泓改走南港入海，则崇明东滩受冲刷，南港口外淤积。反映在地形上的显著变化是10 m等深线的内退或外移。

近百年来，长江流域来沙有50%以上在口门附近沉积，形成了广阔的水下三角洲，犹如巨大的“泥库”，在波浪和潮流的作用下，原先沉积的泥沙再次悬浮搬运，成为河口潮滩湿地淤涨的重要物质来源。

6.3.3 泥沙再悬浮

径流、潮流、波浪是塑造河口海岸地貌形态的主要水动力因素，泥沙运动是动力作用与地形冲淤变化之间的载体。河口海岸水域悬沙浓度变化是在水动力作用下泥沙运移、沉积和再悬浮的综合结果。掌握悬沙浓度变化特性不仅对航道整治工程十分重要，同时对科学利用泥沙资源、降低围海造地成本、加快促淤成陆进程也有十分重要的现实意义。导致长江口门及杭州湾湾口水域悬沙浓度明显变化的主要原因是河床泥沙的再悬浮。

利用两组资料进行分析。一组是徐六泾以下长江河口至邻近的杭州湾 8 个测点 1 年的逐日表层悬沙浓度值(陈沈良等，2004)，另一组是 2003 年长江口门附近 3 个测点的含沙量资料。第一组资料的测点分布较广，在空间上具有一定的代表性(图 6.7)。

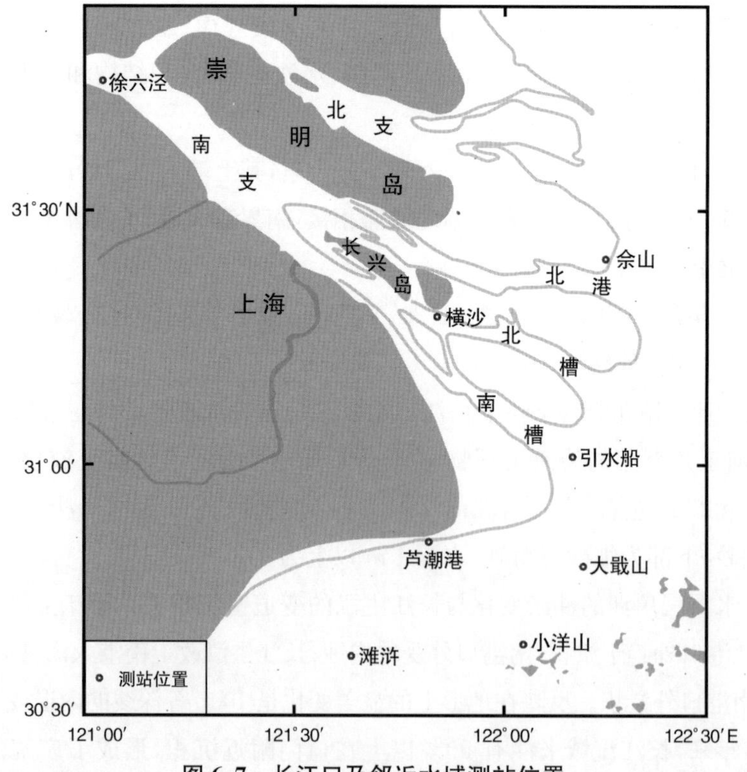

图 6.7 长江口及邻近水域测站位置

在时间上虽然不完全同步(表 6.11),但根据徐六泾、横沙、佘山 3 年的同步观测资料表明,年际间悬沙浓度变化较小。因此,时间上的不完全同步不会显著影响到大尺度的时空对比效果。

表 6.11 长江口及邻近水域测站悬沙浓度观测情况

序号	测站	地理位置	观测时间	采样方式
1	徐六泾	长江口南、北支分汊节点	1998 年 8 月—1999 年 7 月	每日 8:00 和 14:00
2	横沙	长江口南北槽分汊节点	1998 年 8 月—1999 年 7 月	每日 8:00 和 14:00
3	佘山	北港外 - 5 m 浅滩上	1998 年 8 月—1999 年 7 月	每日 8:00 和 14:00
4	引水船	南槽口门	1982 年 8 月—1983 年 7 月	每日高潮时刻和 14:00
5	大戢山	长江口和杭州湾分界处	1982 年 8 月—1983 年 7 月	每日高潮时刻和 14:00
6	芦潮港	杭州湾北岸近口处	2002 年 5 月—2003 年 4 月	每日高潮时刻一次
7	小洋山	杭州湾口外	1997 年 8 月—1998 年 7 月	每日高、低潮时刻
8	滩浒	杭州湾口内	1992 年 9 月—1993 年 8 月	每日 8:00 和 14:00

从各测点的年均悬沙浓度值(表 6.12)可以看到,徐六泾—长江口门—杭州湾口悬沙浓度呈不断增加的趋势,徐六泾站年均表层悬沙浓度为 0.128 9 kg/m^3,口门引水船站增加到 0.358 0 kg/m^3,杭州湾的滩浒站高达 1.555 8 kg/m^3,为徐六泾的 12 倍。

表 6.12 长江口及邻近水域测站表层悬沙浓度观测资料统计(单位:kg/m^3)

站位	徐六泾	横沙	佘山	引水船	大戢山	芦潮港	小洋山	滩浒
夏半年	0.155 0	0.270 0	0.338 4	0.202 8	0.332 5	0.729 7	0.790 2	1.274 1
冬半年	0.102 8	0.336 2	0.504 8	0.513 2	0.724 0	1.265 2	1.189 6	1.837 5
平均	0.128 9	0.303 1	0.421 6	0.358 0	0.528 3	0.997 4	0.989 9	1.555 8

再悬浮率的定义及计算值:

对泥沙再悬浮作用的大小可用泥沙再悬浮率来表示。泥沙再悬浮率 R 定义为:

$$R = (S_t - S_r)/S_t$$

其中：S_t 为测点水体悬沙浓度，S_r 为径流挟带的悬沙浓度，将徐六泾的悬沙浓度视为长江径流挟带泥沙的本底值。根据再悬浮率公式计算的结果如表 6.13 所示。

表 6.13　长江口、杭州湾各测站泥沙再悬浮率

	横沙	佘山	引水船	大戢山	小洋山	芦潮港	滩浒
夏半年	0.426	0.542	0.236	0.534	0.788	0.804	0.878
冬半年	0.694	0.796	0.800	0.858	0.919	0.914	0.944
平均	0.575	0.694	0.640	0.756	0.871	0.871	0.917

表 6.13 数据表明，徐六泾以下泥沙再悬浮率呈增加趋势，横沙测点为 57.5%，佘山 69.4%，大戢山 75.6%，滩浒为 91.7%。这说明长江口外及杭州湾口水体中泥沙绝大多数是由再悬浮泥沙组成，并且泥沙再悬浮率冬季高于夏季。

第二组资料选择了位于长江口外的三个测点含沙量数据（图 6.8）。

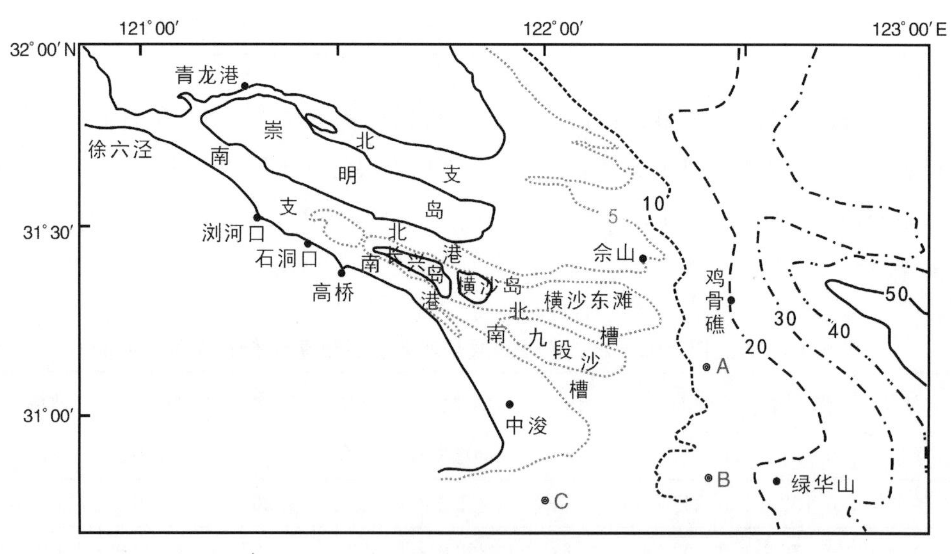

图 6.8　站位图

A 测点位于鸡骨礁南约 6 km 处，水深 11 m，潮流运动带有旋转流性质。洪季悬沙浓度在垂向上分层明显（图 6.9），涨、落潮期间，底层与表层含沙量比值分别为 5.4∶1、7.4∶1，泥沙再悬浮过程出现两次。枯季垂向混合强度增强，涨、落潮期间，底层与表层含沙量比值分别为 3.8∶1、2.1∶1（表 6.14）。

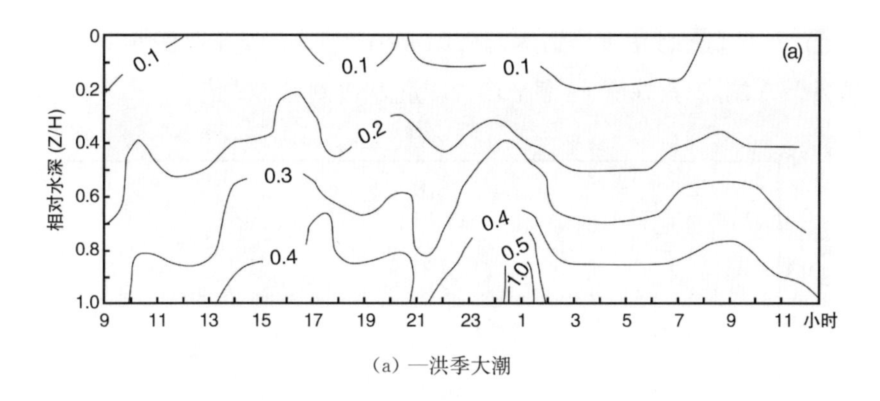

(a) —洪季大潮

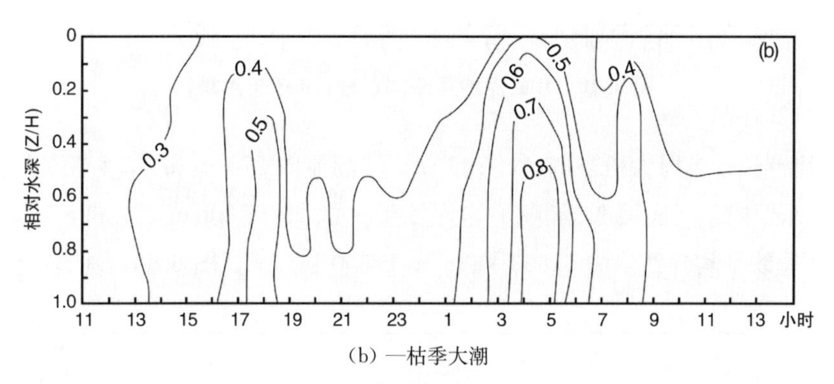

(b) —枯季大潮

图 6.9 A 站泥沙再悬浮过程(2003 年)

表 6.14 长江口外测站含沙量特征值统计(单位:kg/m³)

站号	观测日期	表层		近底层		近底层/表层		垂线平均	
		落潮	涨潮	落潮	涨潮	落潮	涨潮	落潮	涨潮
A	2003 年(洪季大潮)	0.070 9	0.090 0	0.525 0	0.487 0	7.4∶1	5.4∶1	0.251 5	0.283 0
	2003 年(枯季大潮)	0.223 5	0.117 0	0.496 2	0.442 1	2.1∶1	3.8∶1		
B	2003 年(洪季大潮)	0.100 9	0.111 5	1.458 3	1.657 5	14.5∶1	14.9∶1	0.505 8	0.649 0
C	2003 年(洪季大潮)	0.635 7	0.305 0	3.695 7	3.291 7	5.8∶1	10.8∶1	1.650 0	1.600 0
	2003 年(枯季大潮)	0.976 7	0.389 4	3.644 8	3.387 2	3.7∶1	9.4∶1	2.500 2	2.274 7

B 测点距西绿华山岛 16.5 km,在 A 测点南侧 33 km,水深 12 m。较大的泥沙再悬浮过程出现两次,第一个峰值出现在涨转落时段,第二个峰值出现在落急后 2

小时。近底层最高悬沙浓度分别达到 2.04 kg/m³,5.93 kg/m³(图 6.10)。悬沙浓度明显高于 A 测点,垂线涨、落潮平均含沙量为 A 测点的 2 倍。

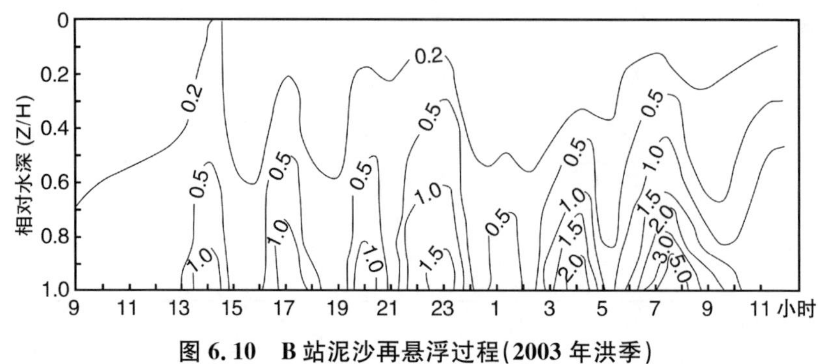

图 6.10　B 站泥沙再悬浮过程(2003 年洪季)

C 测点位于东海大桥东侧,水深 11 m。涨潮流向 270°～296°,落潮流向 80°～105°,呈东西向。近底层涨、落潮平均含沙量为 3.291 7 kg/m³、3.695 7 kg/m³,涨、落潮垂线平均含沙量为 1.600 kg/m³、1.650 kg/m³。图 6.11 表明,C 测点洪

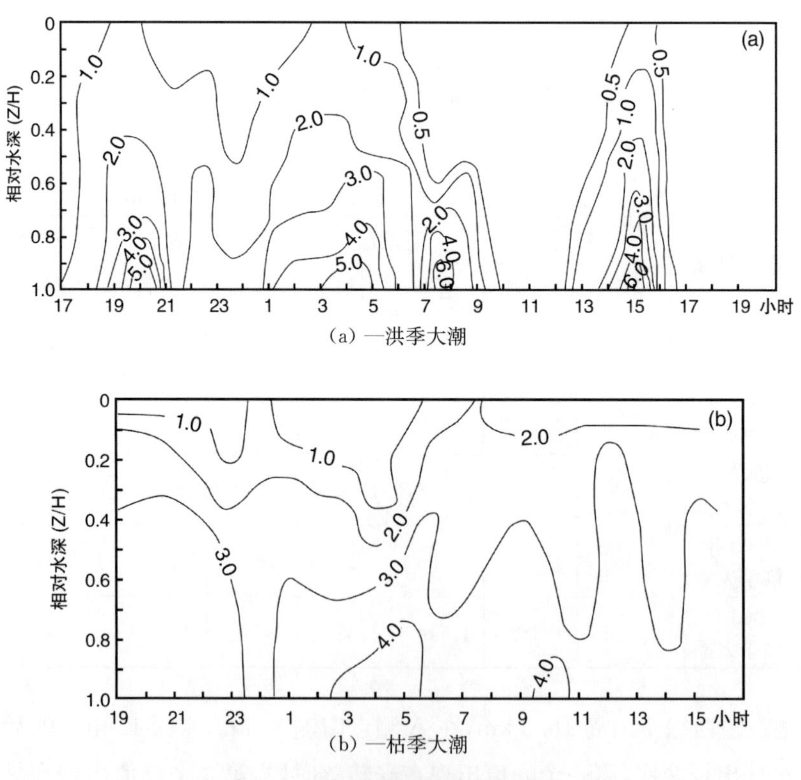

(a) —洪季大潮

(b) —枯季大潮

图 6.11　C 站泥沙再悬浮过程(2003 年)

季泥沙再悬浮现象十分明显，在两个潮周期内共出现四次泥沙再悬浮过程，分别出现在落潮转涨潮的转流时段、涨转落的转流时段、落急后 2 小时以及涨转落时段，四次再悬浮过程中，近底层最高含沙量分别为 5.31 kg/m^3、5.31 kg/m^3、6.56 kg/m^3、6.31 kg/m^3。C 点枯季泥沙垂向混合强度远大于洪季，相对水深 0.2 层以下悬沙浓度在 2.0 kg/m^3 以上，0.4 层以下在 3.0 kg/m^3 以上。

根据 20 世纪 80 年代上海市海岸带调查资料以及 2003 年、2006 年、2009 年的现场观测资料，表明南汇东滩及其邻近水体含沙浓度较高。据 2006 年和 2009 年洪季水文测验资料分析，南汇浅滩大潮涨落潮含沙量多在 1.0～3.0 kg/m^3 之间，中、小潮一般在 1.0 kg/m^3 以下，最大含沙量达 1.0～5.0 kg/m^3。同时在南槽和南汇咀外缘高含沙量水域，泥沙再悬浮现象十分明显，洪季在两个潮周期内出现两次，有时出现三次甚至四次泥沙再悬浮过程。冬季再悬浮强度大于洪季，悬沙浓度高于洪季。这一事实表明，虽然自 20 世纪 80 年代以来，长江入海泥沙大幅减少，但由于南汇东滩濒临南槽最大浑浊带和长江口东南缘的高含沙量区域，在潮流和波浪作用下，由当地泥沙再悬浮和异地泥沙再悬浮随涨落潮流输送，导致南汇浅滩及邻近水域水体含沙浓度仍然保持较高的量值，成为南汇浅滩不断淤涨的物质来源，为新一轮的南汇东滩促淤圈围工程提供了一个非常有利的条件。

根据虞志英、金镠(2007)的研究成果，估计河口泥沙再悬浮总量应达 30 亿～40 亿 t/a，认为这是决定河口水体含沙量水平的主体，与此相比，每年几亿吨的流域来沙只起次要作用，目前看来尚不足以影响河口的水体含沙量。

6.3.4 航道疏浚土

无论是崇明东滩还是九段沙湿地，潮滩植被面积与 5 m 水深以上浅滩面积相比，仅占 18%、15%左右。由于大部分滩面高程过低，风浪和水流作用抑制了潮滩的淤高和植物的生长，不利于保护良好的生态环境和提高抵御自然灾害的能力，因此加快滩面淤积速度，使滩涂高程达 +2 m 以上，促使盐沼植物群落生长。

目前有效措施是采取人工促淤(工程促淤及生物促淤)工程，促进潮滩滩面的增高，同时应充分利用长江口航道疏浚开挖的泥土吹填上滩。北漕深水航道年维护量为 2 500～3 000 万 m^3，就近对九段沙和横沙东滩吹填。

根据 2008 年 3 月国务院批准的《长江口综合整治开发规划》中的航道规划，北港航道满足 3～5 万吨的大船乘潮通过，要求航道水深达 10 m，南槽要达到乘潮通航 1～2 万吨级海轮的要求，目前北港、南槽拦门沙自然水深不足 6 m 的航道长度近 20 km。随着北港和南槽的航道开发，大量泥土需要疏浚，利用疏浚土吹填北港北沙和南汇东滩，加速滩地淤高，为盐沼植物生长创造条件，是湿地修复的一项重要措施。

疏浚土吹填上滩，一是要考虑疏浚土本身的环境质量，防止吹填上滩后造成对滩地环境的污染；二是要考虑到吹泥上滩后泥土的淤积率。这些直接与吹泥上滩后的生态效应和滩涂资源的增量有关。

6.3.5 生态促淤

(1) 综上所述，上海潮滩湿地的保护和开发利用面临着三个问题

其一，掌握、利用潮滩演变规律。

长江河口潮滩遵循潮下滩→低潮滩→中潮滩→高潮滩→潮上滩这样一个自然演变规律，崇明、长兴、横沙三岛的形成和发育成陆遵循这一规律，崇明东滩、横沙东滩、九段沙、南汇东滩也会遵循由低滩到高滩的演变过程。当潮滩淤涨到平均大潮高潮位以上高程时，受潮汐影响的几率极少，滩涂绝大部分时间暴露在空气介质中，开始生长苔藓等陆生植物，九段沙上沙已有老鼠出没。潮滩湿地高程的变化必然影响到生物多样性和生态环境的改变，对鸟类保护区、中华鲟保护区和九段沙湿地保护区的质量产生重要作用。

其二，外来物种互花米草入侵扩张带来的负面影响。

互花米草植株粗壮高大，生长密集，具有极强的扩散能力，对减缓水流加快滩面淤涨极为有利。其根系发达，抑制或阻止其他植物的生长，改变潮滩湿地生态系统的结构和功能，对潮滩的生物多样性带来明显影响，已被国家环保总局列为我国 16 种恶性外来入侵物种之一。徐晓军等(2006)认为，由于互花米草密集的群落及发达的根系，严重抑制底栖动物的生长栖息，损害了当地的底栖动物生存环境，使底栖动物亚系统出现衰退的迹象。互花米草种群的增长速度远快于长江口土著物种芦苇，海三棱藨草。2008 年夏季崇明东滩互花米草面积约占植被总面积的 30%，九段沙湿地的互花米草占植被总面积的 50%左右。我们必须正视现实，对互花米草带来的生态危机，尽快采取果断、有效的应对措施，保护、优化国家级自然保护区的生态功能。

其三，长江入海泥沙骤减与泥沙资源利用。

由于在长江流域兴建了上万个大中小型水库以及水土治理工作力度的加强，长江与世界上的许多河流一样，近30年来，入海沙量明显减少，导致长江口及杭州湾潮滩淤涨速率减缓，有的岸滩甚至由淤转冲。长江口外有广阔的水下三角洲浅滩，犹如一座巨大的“泥库”。泥沙重新悬浮后随涨潮流进入口门，维持长江口较高的含沙浓度。如何科学利用泥沙资源，加大促淤力度亟待研究。

(2) 实施“生态促淤”工程，加速潮滩淤涨

笔者认为，实施“生态促淤”工程是寻找潮滩湿地资源生态保护和开发利用契合点的一条可行途径，在加强工程可行性研究的基础上，尽早列入有关主管部门的规划中。

所谓“生态促淤”即通过工程促淤(生物促淤)，加快潮滩湿地的形成，用于补偿因围垦导致的滩涂资源减少以及互花米草入侵扩张造成的自然保护区局部区域生态功能退化，促使潮滩湿地资源的再生，达到动态平衡之目的。

(3) “生态促淤”工程示范区选择

根据长江口、杭州湾北岸潮滩分布、沙体发育演变等特性分析，北港北沙尚有提升生态服务功能的潜质，可以选为“生态促淤”工程示范区。理由为：

1) 有利于海三棱藨草等土著植物生长

北港北沙受北港水文影响，与东旺沙水域相比，盐度相对较低，不利于互花米草的生长，所以互花米草主要在崇明东滩的北部、东北部、东部生长扩散，而东南部的团结沙以芦苇藨草群落为主。

在海三棱藨草为代表的藨草群落，还包括藨草、糙叶苔草等物种，它们的高度大多在40～60 cm，可以大量拦截泥沙，促使滩涂淤涨，同时也是多种底栖动物和鸟类理想的觅食、栖息场所，可为长江口的生物多样性保护提供新的发展空间。

随着滩面的淤高，野茭白、芦苇等更为高大的植物可以定居，有望成为水草丰美，且较稳定的河口湿地，在一定程度上弥补因潮滩湿地围垦及部分湿地功能退化带来的损失。

2) 有利于北港拦门沙航道增深

根据水利部长江委的规划，2020年后，北港航道达到3～5万吨级的大船乘潮

通航的目标，相应水深要达到 10 m。北港主航道水深均在 10 m 以上，但在北港北沙与横沙东滩之间的拦门沙河段的水深却在 5～7 m 之间，严重影响了北港航运功能的发挥。横沙东滩北侧已建有促淤堤，如在北港北沙南侧也建促淤堤，不但可以加速北港北沙的淤涨，同时也有利于增加北港拦门沙航道的水深。

3）对长江口中华鲟保护区的影响

长江河口是中华鲟性成熟亲鱼进行溯河生殖洄游和幼鱼降河洄游入海的必经通道。性成熟亲鱼每年 7－8 月经长江口溯江而上，第二年 10－11 月在葛洲坝下产卵场繁殖，繁殖的幼鱼即离开产卵场，降河洄游，于次年的 5 月到达长江口，进行摄食肥育和生理调节，至 9 月中华鲟幼鱼离开长江口奔向大海。所以，中华鲟在长江口出现和停留的时间是 5－9 月。

中华鲟幼鱼在长江口主要分布在崇明东滩东旺沙、团结沙滩涂以及崇明浅滩等区域，其中东旺沙水深 3～5 m 的盐淡水区域是中华鲟幼鱼最为集中的区域。主要原因有二点：丰富的饵料生物基础，盐度变化大（受北支水域影响），适宜于幼鱼入海前的生理调节（庄平等，2009）。

目前，0 m 以上滩涂主要分布在北港北沙的西部。根据这一地形特点，生态促淤工程宜分期实施，首期工程范围宜在沙体西部 0 m 以上的滩涂。

所以，只要我们掌握了中华鲟幼鱼在长江口的停留时间及主要区域、掌控好促淤工程的时间及范围，分期实施北港北沙生态促淤工程对长江口中华鲟保护区的影响能够降至最低程度。

主要参考文献

陈吉余.长江三角洲江口段的地形发育[J].地理学报，1957.23(3).

陈吉余，王宝灿.渤海湾淤泥质海岸(海河口—黄河口)的塑造过程[M]//上海市科技论文选.上海:上海科学技术出版社，1961.

陈吉余，恽才兴，徐海根，等.两千年来长江河口发育的模式[J].海洋学报(中文版)，1979，11(1).

陈吉余，朱慧芳，董永发，等.长江口及其水下三角洲的发育[D]//长江口航道治理研究(第二期).南京:南京水利科学研究院，1983.

陈吉余等.上海市海岸带和海涂资源综合调查报告[M].上海:上海科学技术出版社，1988.

陈吉余.中国河口海岸研究与实践[M].北京:高等教育出版社，2007.

陈沈良，张国安，杨世伦，等.长江口水域悬沙浓度时空变化与泥沙再悬浮[J].地理学报，2004，59(2).

陈君，王义刚，蔡辉.江苏沿海潮滩剖面特征研究[J].海洋工程，2010，28(4).

陈才俊.江苏淤长型淤泥质潮滩的剖面发育[J].海洋与湖沼，1991，22(4).

陈家宽，马志军，李博，等.上海九段沙湿地自然保护区科学考察集[M].北京:科学出版社，2003.

曹祖德，肖辉.潮流作用下淤泥质海床冲淤演变预测及应用[J].水道港口，2009，30(1).

曹沛奎，董永发.浙南淤泥质海岸冲淤变化和泥沙运动[J].地理研究，1984，3(3).

操文颖，李红清，李迎喜.长江口湿地生态环境保护研究[J].人民长江，2008，39(23).

丁平兴，孔亚珍，朱首贤，等.波—流共同作用下的三维悬沙输运数学模型[J].自然科学进展，2001，11(2).

窦国仁.论泥沙起动流速[J].水利学报，1960年4月.

窦国仁，董凤舞.潮流和波浪的挟沙能力[J].科学通报，1995，40(5).

樊社军，虞志英，金镠.淤泥质岸滩侵蚀堆积动力机制及剖面模式——以连云港地区淤泥质海岸为例[J].海洋学报，1997，19(3).

逢自安.浙江港湾淤泥质海岸剖面若干特性[J].海洋科学，1980，12(2).

高抒，朱大奎.江苏淤泥质海岸剖面的初步研究[J].南京大学学报，1988，24(1).

郭建强，茅志昌.长江口瑞丰沙嘴演变分析[J].海洋湖沼通报，2008，(1).

巩彩兰.长江口分汊机理和南港底沙运动定量研究[D].上海:华东师范大学，2002.

华东师范大学河口海岸研究所. 河口海岸研究主要成果汇编·长江河口研究[C]第一集(2). 上海:1980.
华东师范大学河口海岸科学研究院,河口海岸学国家重点实验室. 上海市滩涂资源可持续利用研究(中期报告)[R]. 2006.
何青,马平亚. 河口海岸近底泥沙的超声波特性[J]. 泥沙研究,1997,(4).
何文珊. 河口湿地生态演替及其干扰研究:以长江口九段沙湿地为例[D]. 上海:华东师范大学,2002.
贺松林. 淤泥质潮滩剖面塑造的探讨[J]. 华东师范大学学报(自然科学版),1988(2).
洪柔嘉,徐胜三. 水流作用下的淤泥起动流速的试验研究[J]. 天津大学学报(增刊),1992.
胡凤彬,等. 长江口北支河床演变分析及航道整治设想[R]. 河海大学,2006.
黄华梅. 上海滩涂盐沼植被的分布格局和时空动态研究[D]. 上海:华东师范大学, 2009.
黄桂林,何平,侯盟. 中国河口湿地研究现状及展望[J]. 应用生态学报,2006,17(9).
黄建维. 海岸与河口黏性泥沙运动规律的研究和应用[M]. 北京:海洋出版社,2008.
黄建维. 黏性泥沙运动规律在淤泥质海岸工程中的应用[J]. 海岸工程,2011,29(2).
金镠,虞志英. 长江口河势及整治[M]//陈吉余. 21 世纪的长江河口初探. 北京:海洋出版社,2009.
金镠,虞志英,陈德昌. 关于淤泥质港口航道适航水深的研究[M]//连云港回淤研究论文集. 南京:河海大学出版社,1990.
金庆祥,劳治声,龚敏,等. 应用特征函数分析杭州湾北岸金汇港泥质潮滩随时间的波动[J]. 海洋学报,1988,10(3).
金忠贤,苏德源,顾锦祥. 试论河口滩涂的长效管理[J]. 水利发展研究,2002,2(3).
贾海林. 长江口北支沉积特征与沉积环境演变[D]. 上海:华东师范大学,2001.
刘苍字,虞志英,陈德昌. 江苏北部淤泥质潮滩沉积特征和沉积模式的探讨[J]. 上海师范大学学报(自然科学版),1980(4).
刘家驹. 在风浪和潮流作用下淤泥质浅滩含沙量的确定[J]. 水利水运科学研究,1988(2).
刘杜鹃,叶银灿,李冬,等. 基于 GIS 的长江口南支下段河势演变及稳定性分析[J]. 海岸工程,2010,29(3).
刘杰,赵德招,程海峰. 长江口九段沙近期演变及其对北槽航道回淤的影响[J]. 长江科学院院报,2010,27(7).
李九发,茅志昌,孙介民. 长江口南汇边滩及邻近水域洪季水文泥沙条件分析[M]//长江河口动力过程和地貌演变. 上海:上海科学技术出版社,1988.
林顺才,黄国玲,纪洪艳. 长江口南支下段近期河势变化及影响因素[J]. 水利水电技术,2006(1).
李平. 长江口九段沙上沙典型岸滩短期地貌动力过程研究[D]. 上海:华东师范大学,2008.
陆健健. 河口生态学[M]. 北京:海洋出版社,2003.
茅志昌. 波浪对南汇东滩冲淤作用的初步分析[J]. 海洋湖沼通报,1987(4).
茅志昌. 长江口的台风浪及其对崇明东滩的冲淤作用[J]. 东海海洋,1993,11(4).
茅志昌. 河口的界定:河口的定义与长江河口区分段[M]//陈吉余. 21 世纪的长江河口初探. 北

京:海洋出版社,2009.
钱宁,万兆惠. 泥沙运动力学[M]. 北京:科学出版社,1983.
潘定安,孙介民. 长江口拦门沙地区的泥沙运动规律[J]. 海洋鱼湖沼,1996,27(2).
潘雪峰,张鹰. 基于 GIS 的长江口北港冲淤演变及河道特征可视化分析[J]. 长江科学院报,2007,24(3).
任美锷,张忍顺,杨巨海. 江苏王港地区淤泥质潮滩的沉积作用[J]. 海洋通报,1984,3(1).
任美锷. 中国淤泥质潮滩沉积研究的若干问题[J]. 热带海洋,1985,4(2).
水利部长江水利委员会. 长江口综合整治开发规划[R]. 2008.
上海市水利工程设计研究院. 南汇东滩促淤圈围(四期)工程初步设计报告(中间成果)[R]. 2003.
沙玉清. 泥沙运动学引论[M]. 北京:中国工业出版社,1965.
沈芳,周云轩,张杰,等. 九段沙湿地植被时空遥感监测与分析[J]. 海洋与湖沼,2006,37(6).
邵虚生,严钦尚. 上海潮坪沉积[J]. 地理学报,1982,37(3).
沈焕庭,谷国传,李九发. 长江河口潮波特性及其对河槽演变的影响[M]//长江河口动力过程和地貌演变. 上海:上海科学技术出版社,1988.
史本伟,杨世伦,罗向欣,等. 淤泥质光滩—盐沼过渡带波浪衰减的观测研究——以长江口崇明东滩为例[J]. 海洋学报,2010,32(2).
唐存本. 泥沙起动的规律[J]. 水利学报,1963(2).
唐存佳,陆健健. 长江口九段沙植物群落研究[J]. 生态学报,2003,23(2).
谈泽炜,范期锦,郑文燕,等. 长江口北槽航道回淤原因分析[J]. 水运工程,2011(1).
王宝灿,金庆祥. 浙江温州地区淤泥质海岸发育的探讨[J]. 华东师范大学学报(自然科学版),1983(4).
王颖,朱大奎. 中国的潮滩[J]. 第四纪研究,1990(4).
汪松年,徐耀飞,苏德源,等. 上海地区长江口、杭州湾滩涂湿地利用和保护动态平衡的设想(上)[J]. 上海建设科技,2006(6).
吴华林,沈焕庭,茅志昌. 长江口南北港泥沙冲淤定量分析及河道演变[J]. 泥沙研究,2004(3).
武小勇,茅志昌,虞志英,等. 长江口北港河势演变分析[J]. 泥沙研究,2006(2).
徐海根,等. 上海市海岸带和海涂资源综合调查地貌专业报告[R]. 上海:华东师范大学,1986.
徐晓军,王华,由文辉,等 . 崇明东滩互花米草群落中底栖动物群落动态的初步研究[J]. 海洋湖沼通报,2006(2).
夏益民,袁文志. 徐六泾—白茆沙河段治理工程研究[J]. 海洋工程,1998,16(4).
许世远,邵虚生,洪雪晴,等. 杭州湾北部滨岸的风暴沉积[J]. 中国科学(B辑),1984(12).
杨世伦,杜景龙,郜昂,等. 近半个世纪长江口九段沙湿地的冲淤演变[J]. 地理科学,2006,26(3).
恽才兴. 长江河口潮滩冲淤和滩槽泥沙交换[J]. 泥沙研究,1983(4).
恽才兴. 长江河口近期演变的基本规律[M]. 北京:海洋出版社,2004.
虞志英,张勇,金镠. 江苏北部开敞淤泥质海岸的侵蚀过程及防护[J]. 地理学报,1994,49(2).
虞志英,等. 横沙东滩吹泥上滩促淤造地工程自然条件及促淤效果分析[R]. 华东师范大学河口海岸学国家重点实验室，2002.
虞志英，金镠，等. 长江口和杭州湾泥沙沉积一般规律研究[R]. 上海市科技咨询服务中心，2007.
虞快，唐仕华，王会志. 崇明东滩越冬鸭类的食性研究[J]. 上海师范大学学报（自然科学版），1995，24(3).
赵雨云，马志军，陈家宽. 崇明东滩越冬白头鹤食性的研究[J]. 复旦学报（自然科学版），2002，41(6).
赵常青，茅志昌，虞志英，等. 长江口崇明东滩冲淤演变分析[J]. 海洋湖沼通报，2008(3).
张高生，李克勤，战立伟. 现代黄河三角洲湿地动态变化及保护对策[J]. 生态环境学报，2009，18(1).
张利权，雍学葵. 海三棱藨草种群的物候与分布格局研究[J]. 植物生态学与地植物学学报，1992，16(1).
张勇，虞志英，金镠. 波浪作用下淤泥质海滩剖面侵蚀过程的计算模式——以江苏北部淤泥质海岸为例[J]. 海岸工程，1993，11(4).
张田雷. 大型涉水工程对九段沙湿地的冲淤效应研究[D]. 上海：华东师范大学，2011.
张田雷，茅志昌，刘蕾. 长江口深水航道治理工程对江亚南沙的冲淤效应研究[J]. 泥沙研究，2013(3).
郑宗生，周云轩，李行，等. 基于遥感及数值模拟的崇明东滩冲淤与植被关系探讨[J]. 长江口流域资源与环境，2010，19(12).
朱元生. 长江口南支河段的河床演变和整治原则探讨[R]. 水利水电部/交通部，南京水利科学研究院，1983.
朱慧芳，恽才兴，茅志昌，等. 长江河口的风浪特性和风浪经验关系[M]//长江河口动力过程和地貌演变. 上海：上海科学技术出版社，1988.
庄平，刘健，王云龙等著. 长江口中华鲟自然保护区科学考察与综合管理[M]. 北京：海洋出版社，2009.
Beverly，Z.，Packard，Akira Komoriya，Tilmann M，Brotz. Suspended sediment transport on a temperate micro-tidal mudflat the Danish Wadden Sea [J]. Marine Geology，2001，173(1 - 4).
Blanton，J. D.，Guoqin，L.，Susan，A. E.. Tidal current asymmetry in shallow estuaries and tidal creek [J]. Continental Shelf Research. 2002，22(11 - 13).
Cuvilliez Antoine，Deloffre Julien，Lafite Robert，Bessineton Christoph. Morphological responses of an estuarine intertidal mudflat to constructions since 1978 to 2005：The Seine Estuary(France) [J]. Geomorphology，2009(104).
Horton R. E. Erosional development of streams and their drainage basins：hydrophysical approach to quantitative morphology [J]. Geological Society of America Bulletin，1945，56(3).
Hir，P. L.，Roberts，W.，Cazaillet，O.，et al. Characterization of intertidal flat hydrodynamics [J]. Continental Shelf Research，2000，20(12 - 13).
Hollad，K. T.，Susana，B. V.，Lauyo，J. C. A field study of coastal dynamics on a muddy coast

offshore of casino beach Brazil [J]. Continental Shelf Research, 2009,29(3).

Migniot, C. 丁联臻译. 1968. 不同的极细沙(淤泥质)物理性质的研究及其在水动力作用下的性质, La Houille Blanche, Vol 7, 北京电力设计院印(1977).

Migniot, C. 刘泊生译. 1977. 水流、波浪和风对泥沙的作用, La Houille Blanche, No 1.

Md, A. H., Toshiyuk, A. Numerical study on wave induced filtration flow across the beach face its effects on swash zone sediment transport [J]. Ocean Engineering, 2007,34(14/15).

Postma, H. Hydrography of the Dutch Wadden Sea [J]. Arch Neerl, 1954(10).

Partheniades, E. Erosion and deposition of cohesive soils [J]. ASCE, 1965 Vol. 91, HY1, 105.

Roshanka, R., Graham, S., Kerry, B, et al. Morph-dynamics of intermediate beaches: a video imaging and numerical modeling study [J]. Coastal engineering, 2004,51(7).

Rathbone, P. A., Livingstone, D. J., Calder, M. M. Surveys monitoring the sea and beaches in the vicinity of Durban, South Africa: a case study [J]. Water Science and Technology, 1998, 38(12).

Roberts, W., Hir, P. L., Whitehouse, R. J. S. Investigation using simple mathematical model of the elect of tidal currents and waves on the profile shape of intertidal mudflats [J]. Continental Shelf Research, 2000,20(10-11).

Strahler AN. Hypsometric (area-altitude) analysis of erosional topography [J]. Geological Society America Bulletin, 1952,63(11).

Uncles, R. J., Stephens, j. A. Obervations of currents, salinity, turbidity and intertidal mudflat characteristics and properties in the Tavy Estuary, UK. [J]. Continental Shelf Research, 2000,20(12-13).

Van Straaten, L. M. J. U and Ph. H. Kuenen. Accumulation of fine grained sediments in the Dutch Wadden Sea [J]. Geel. Mijnbounw, 1957,19.

Zhang, K. Q., Jing, Q. X., Wang, B. C. Seasonal changes of the tidal flat from Jinhuigang to Caojing along the North Bank of Hangzhou Bay [J]. Chinese Journal of Oceanology and limnology, 1993,11(4).